排污单位自行监测技术指南教程

——电镀工业

生态环境部生态环境监测司

中 国 环 境 监 测 总 站　编著

江 苏 省 环 境 监 测 中 心

中国环境出版集团・北京

图书在版编目（CIP）数据

排污单位自行监测技术指南教程. 电镀工业/生态环境部生态环境监测司，中国环境监测总站，江苏省环境监测中心编著. —北京：中国环境出版集团，2021.6

ISBN 978-7-5111-4756-1

Ⅰ. ①排… Ⅱ. ①生…②中…③江… Ⅲ. ①电镀—排污—环境监测—教材 Ⅳ. ①X506②X781.1

中国版本图书馆 CIP 数据核字（2021）第 122322 号

出 版 人 武德凯
责任编辑 曲 婷
责任校对 任 丽
封面设计 宋 瑞

出版发行 中国环境出版集团
（100062 北京市东城区广渠门内大街 16 号）
网 址：http://www.cesp.com.cn
电子邮箱：bjgl@cesp.com.cn
联系电话：010-67112765（编辑管理部）
发行热线：010-67125803，010-67113405（传真）

印 刷 北京中科印刷有限公司
经 销 各地新华书店
版 次 2021 年 6 月第 1 版
印 次 2021 年 6 月第 1 次印刷
开 本 787×960 1/16
印 张 21.5
字 数 400 千字
定 价 70.00 元

《排污单位自行监测技术指南》教程
编审委员会

主　任　柏仇勇　陈善荣

副主任　蒋火华　景立新

委　员　董明丽　敬　红　王军霞　何　劲

《排污单位自行监测技术指南教程——电镀工业》
编写委员会

主　　编　邱立莉　张景明　董明丽　冯亚玲　张　静
　　　　　王军霞　敬　红　许鹏军

编写人员（以姓氏笔画排序）

王伟民　叶小会　皮宁宁　刘佳泓　刘通浩
刘　雯　刘德全　吕　卓　孔德钰　何　劲
张守斌　张　莹　李文君　李　曼　杨伟伟
陈乾坤　陈敏敏　陈鹏飞　周　晶　林燕春
罗财红　赵　菲　闻　欣　夏　青　秦承华
黄忠辉　董立鹏　董艳平　綦振华　缪蓓蓓
潘　烁

序

生态环境是关系党的使命宗旨的重大政治问题，也是关系民生的重大社会问题。党中央、国务院高度重视生态环境保护工作，党的十八大将生态文明建设作为中国特色社会主义事业“五位一体”总体布局的重要组成部分。党的十九大报告全面阐述了加快生态文明体制改革、推进绿色发展、建设美丽中国的战略部署。习近平生态文明思想开启了新时代生态环境保护工作的新阶段，习近平总书记在全国生态环境保护大会上指出生态文明建设是关系中华民族永续发展的根本大计。党的十八大以来，党中央以前所未有的力度抓生态文明建设，全党全国推动绿色发展的自觉性和主动性显著增强，美丽中国建设迈出重大步伐，我国生态环境保护发生历史性、转折性、全局性变化。

生态环境部组建以来，统一行使生态和城乡各类污染排放监管与行政执法职责，提高污染排放标准，强化排污者责任，健全环保信用评价、信息强制性披露、严惩重罚等制度，形成了政府为主导、企业为主体、社会组织和公众共同参与的环境治理体系。生态环境监测是生态环境保护工作的重要基础，是环境管理的基本手段。我国相关法律法规中明确要求排污单位对自身排污状况开展监测，排污单位开展自行监测是法定的责任和义务。

为规范和指导排污单位开展自行监测工作，生态环境部发布了一系列排污单位自行监测技术指南。同时，为让各级生态环境管理部门和排污单位更好地应用技术指南，生态环境部生态环境监测司组织中国环境监测总站等单位编写了排污单位自行监测技术指南教程系列图书，将排污单位自行监测技术指南分类解析，既突出对理论的解读，又兼顾实践的应用，具有很强的指导意义。本系列图书既可以作为各级生态环境主管部门、各研究机构、企事业单位环境监测人员的工作用书和培训教材，还可以作为大众学习的科普图书。

自行监测数据承载了大量污染排放和治理信息，是生态环保大数据重要的信息源，是排污许可证申请与核发等新时期环境管理的有力支撑。随着生态环境质量的不断改善，环境管理的不断深化，排污单位自行监测制度也将不断完善和改进。希望本系列图书的出版能为推进排污单位自行监测管理水平、落实企业自行监测主体责任发挥重要作用，为深入打好污染防治攻坚战作出应有的贡献。

编 者

2021 年 3 月

前　言

1972 年以来，我国环境保护工作从最初的意识启蒙阶段，经过环境污染蔓延、加剧和规模化、综合化治理，主要污染物总量控制等阶段，逐渐发展到了“十三五”期间以环境质量改善为核心的全面改善的环境保护思路上来。为顺应环境保护工作的发展趋势，对污染源监测的形式也由原来的以政府主导为主的监督性监测转变到以排污单位为主的自行监测轨道上来。因此，开展排污单位自行监测就成为当今污染源监测的重要方式。

排污单位自行监测是排污单位依据相关法律法规和技术规范对自身的排污状况开展监测的一系列活动。《环境保护法》第四十二条、《大气污染防治法》第二十四条、《水污染防治法》第二十三条、《环境保护税法》第十条和《控制污染物排放许可制实施方案》（国办发〔2016〕81 号）第十一条都对排污单位的自行监测提出了明确要求，排污单位开展自行监测是法律赋予的责任和义务，也是排污单位自证守法、自我保护的重要手段和途径。

2018 年 12 月，生态环境部发布了《排污单位自行监测技术指南　电镀工业》（HJ 985—2018）（以下简称《指南》）。为进一步规范排污单位自行监测，提高自行监测质量，在生态环境部生态环境监测司的指导下，中国环境监测总站和江苏省环境监测中心共同编写了本书，全书共13章。

第1章～第2章：自行监测的定位、管理要求和一般要求。排污单位自行监测是排污单位按照相关法律法规和监测规范对自身排污状况开展的监测活动，是排污单位自证守法的重要手段和依据。排污单位开展自行监测是《环境保护法》《大气污染防治法》《水污染防治法》《土壤污染防治法》等相关法律规定的法定义务。排污单位自行监测是污染源监测的重要组成部分，监测数据可用于排污许可执行报告、生态环境统计及环境保护税征收等相关工作中。

第3章：电镀工业污染排放状况。以电镀行业对社会经济贡献情况、产品产量区域分布情况、污染物治理和排放现状、行业发展趋势进行简要介绍。电镀行业的发展状况和污染排放特征是电镀环境管理与自行监测要求的重要依据，更是《指南》的重要依据。

第4章：电镀行业企业自行监测方案的制定。根据《指南》的具体要求，一方面对部分要求的来源和考虑因素进行说明，另一方面对使用过程中需要注意的重点事项进行说明，以期为《指南》使用者提供更加详细的参考信息。

第5章：监测设施设置与维护要求。立足现有的标准规范，结合污染源监测实际开展情况，对监测设施设置与维护要求进行全面梳理和总结，供开展污染源监测的相关主体参考。

第 6 章～第 10 章：手工监测、自动监测、厂界环境噪声及周边环境影响监测技术要点。分别针对废水、废气的手工监测和自动监测，以及开展厂界环境噪声、地表水、地表水体沉积物、地下水和土壤等周边环境质量监测时的基本要求和注意事项进行了介绍。

第 11 章：监测质量保证与质量控制体系。从实验室体系管理角度出发，从“人、机、料、法、环”等环节对监测的质量保证和质量控制进行了简要概述，为提高自行监测数据质量奠定了基础。

第 12 章：信息记录与报告。提出自行监测信息记录、报告和信息公开方面的相关要求，并就电镀工业生产、运行等过程中的记录信息进行了梳理。

第 13 章：自行监测数据报送。简要介绍了全国重点污染源监测数据管理与信息公开系统的总体架构和主要功能，为排污单位自行监测数据报送提供了参考。

本书在附录中列出了与自行监测相关的标准规范，以方便排污单位在使用时查询和参考。另外，还给出了一些记录样表和自行监测方案模板，以供排污单位参考。

目 录

第 1 章　排污单位自行监测定位与管理要求

污染源监测作为环境监测的重要组成部分，与我国环境保护工作同步发展，40 多年来不断发展壮大，现已基本形成了排污单位自行监测、管理部门监督/执法监测、社会公众监督的基本框架。排污单位自行监测是国家治理体系和治理能力现代化发展的需要，是排污单位应尽的社会责任，是法律明确要求的义务，也是排污许可制度的重要组成部分。我国关于排污单位自行监测的管理规定有很多，从不同层级和角度对排污单位进行了详细规定。为了保证排污单位自行监测制度的实施，指导和规范排污单位自行监测行为，我国制定了排污单位自行监测技术指南体系。《排污单位自行监测技术指南　电镀工业》（HJ 985—2018）是其中的一个行业技术指南，是按照《排污单位自行监测技术指南　总则》（HJ 819—2017）的要求和有关管理规定制定的，用于指导电镀工业排污单位开展自行监测活动。

本章围绕排污单位自行监测定位和管理要求，对排污单位自行监测在我国污染源监测管理制度中的定位、排污单位自行监测管理要求、排污单位自行监测技术指南定位及总体思路进行介绍。

1.1　我国污染源监测管理框架

1972 年以来，我国环境保护工作经历了环境保护意识启蒙阶段（1972—1978 年）、环境污染蔓延和环境保护制度建设阶段（1979—1992 年）、环境污染加剧和规模化治理阶段（1993—2001 年）、环保综合治理阶段（2002—2012 年）。[①]集中的污染治理，尤其是严格的主要污染物总量控制，有效遏制了环境质量恶化的趋势，但仍未实现环境质量的全面改善，“十三五”以来，我国环境保护的思路转向以环境质量改善为核心。

与环境保护工作相适应，我国环境监测大致经历了 3 个阶段：第一阶段是污染调查监测与研究性监测阶段；第二阶段是污染源监测与环境质量监测并重阶段；第三阶段是环境质量监测与污染源监督监测阶段。[②]

根据污染源监测在环境管理中的地位和实施情况，将污染源监测划分为 3 个阶段：严格的总量控制制度之前（“十一五”之前），污染源监测主要服务于工业污染源调查和环境管理“八项制度”；严格的总量控制制度时期（“十一五”和“十二五”），污染源监测围绕总量控制制度开展总量减排监测；以环境质量改善为核心的阶段（“十三五”以来），污染源监测主要服务于环境保护执法和排污许可制实施。

目前我国基本形成了排污单位自行监测、政府部门依法监管、社会公众监督的污染源监测管理框架（图 1-1），2021 年 3 月 1 日正式实施的《排污许可管理条例》，从法律层面确立了以排污许可制为核心的固定污染源监管制度体系，进一步完善了排污单位以自行监测为主线、政府监督监测为抓手，鼓励社会公众广泛参与的污染源监测管理模式。排污单位开展自行监测，按要求向生态环境主管部门报告，向社会公众进行公开，同时接受生态环境主管部门的监管和社会公众的监督。生态环境主管部门向社会公众公布相关信息的同时受理社会公众针对有关情况的举报。

---

① 《中国环境保护四十年回顾及思考（回顾篇）》，曲格平在香港中文大学“中国环境保护四十年”学术论坛上的演讲。

② 中国环境监测总站原副总工程师张建辉接受网易北京频道与《环境与生活》杂志采访时的讲话。

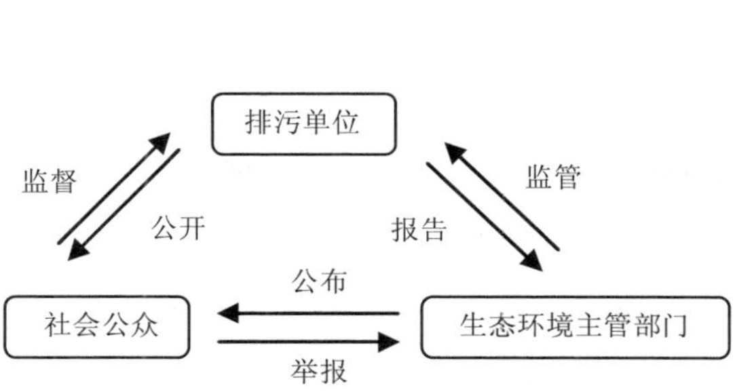

图 1-1　污染源监测管理框架

1.1.1　排污单位开展自行监测，并按照要求进行信息公开

近年来，我国大力推进排污单位自行监测和信息公开，《环境保护法》《大气污染防治法》《水污染防治法》《环境保护税法》《土壤污染防治法》《固体废物污染环境防治法》等相关法律中均明确了排污单位自行监测和信息公开的责任。

在具体的生态环境管理制度上，多项制度将排污单位自行监测和信息公开的责任进行落实和明确。2013 年，环境保护部发布了《国家重点监控企业自行监测及信息公开办法（试行）》，将国家重点监控企业自行监测和信息公开率先作为主要污染物总量减排考核的一项指标。2016 年 11 月，国务院办公厅印发了《控制污染物排放许可制实施方案》（国办发〔2016〕81 号），提出控制污染物排放许可制的一项基本原则："权责清晰，强化监管。排污许可证是企事业单位在生产运营期接受环境监管和环境保护部门实施监管的主要法律文书。企事业单位依法申领排污许可证，按证排污，自证守法。环境保护部门基于企事业单位守法承诺，依法发放排污许可证，依证强化事中事后监管，对违法排污行为实施严厉打击。"

1.1.2　生态环境主管部门组织开展执法/监督监测，实现测管协同

随着各项法律明确了排污单位自行监测的主体地位，管理部门的监测活动更加聚焦于执法和监督。《生态环境监测网络建设方案》（国办发〔2015〕56 号）要求：实现生态环境监测与执法同步。各级环境保护部门依法履行对排污单位的环

境监管职责，依托污染源监测开展监管执法，建立监测与监管执法联动快速响应机制，根据污染物排放和自动报警信息，实施现场同步监测与执法。

《生态环境监测规划纲要（2020—2035 年）》（环监测〔2019〕86 号）提出：构建“国家监督、省级统筹、市县承当、分级管理”格局。落实自行监测制度，强化自行监测数据质量监督检查，督促排污单位标准监测、依证排放，实现自行监测数据真实可靠。建立完善监督制约机制，各级生态环境部门依法开展监督监测和抽查抽测。

另外，各级生态环境主管部门根据生态环境监管需求，按照“双随机、一公开”的原则，组织开展执法监测，并将监测结果应用于执法活动。通过排污单位抽测和自行监测全过程检查，对排污单位自行监测数据质量和排放状况进行监督，对排污单位自行监测数据的质量提出意见，对排污单位自行监测工作的开展提出要求，对排污单位自行监测工作的改进进行指导，从而更好地推进排污单位自行监测。

1.1.3 社会公众参与监督，合力提升污染源监测质量

我国污染源量大面广，仅靠生态环境主管部门的监督远远不够，因此只有发动群众、实现全民监督，才能使违法排污行为无处遁形。2014 年修订的《环境保护法》更加明确地赋予了公众环保知情权和监督权：“公民、法人和其他组织依法享有获取环境信息、参与和监督环境保护的权利。各级人民政府环境保护主管部门和其他负有环境保护监督管理职责的部门，应当依法公开环境信息、完善公众参与程序，为公民、法人和其他组织参与和监督环境保护提供便利。”

排污单位通过各种方式公开自行监测结果，包括依托排污许可制度及平台、依托地方污染源监测信息公开渠道、通过本单位官方网站等。生态环境主管部门执法/监督监测结果也依托排污许可制度及平台、依托地方污染源监测信息公开渠道等方式进行公开。社会公众可通过关注各类监测数据对排污单位及管理部门进行监督，督促排污单位和管理部门提高数据质量。

1.2　排污单位自行监测的定位

1.2.1　开展自行监测是构建政府、企业、社会共治的环境治理体系的前提

（1）构建现代环境治理体系的重大意义和总体要求[①]

党的十九大报告中提出构建政府为主导、企业为主体、社会组织和公众共同参与的环境治理体系。2020 年 3 月，中共中央办公厅、国务院办公厅印发了《关于构建现代环境治理体系的指导意见》。生态环境治理体系和治理能力是生态环境保护工作推进的基础支撑。

2018 年 5 月，习近平总书记在全国生态环境保护大会上强调，要加快建立健全以治理体系和治理能力现代化为保障的生态文明制度体系，确保到 2035 年，生态环境领域国家治理体系和治理能力现代化基本实现，美丽中国目标基本实现；到本世纪中叶，生态环境领域国家治理体系和治理能力现代化全面实现，建成美丽中国。党的十九届四中全会将生态文明制度体系建设作为坚持和完善中国特色社会主义制度、推进国家治理体系和治理能力现代化的重要组成部分做出安排部署，强调实行最严格的生态环境保护制度，严明生态环境保护责任制度，要求健全源头预防、过程控制、损害赔偿、责任追究的生态环境保护体系，构建以排污许可制为核心的固定污染源监管制度体系，完善污染防治区域联动机制和陆海统筹的生态环境治理体系。

构建现代环境治理体系，是落实党的十九大和十九届二中、三中、四中全会精神，深入贯彻习近平生态文明思想和全国生态环境保护大会精神的重要举措，是持续加强生态环境保护、满足人民日益增长的优美生态环境需要、建设美丽中国的内在要求，是完善生态文明制度体系、推动国家治理体系和治理能力现代化

---

① 生态环境部党组. 构建现代环境治理体系　为建设美丽中国提供有力制度保障[J]. 旗帜，2020（6）：8-10.

的重要内容，还将充分展现生态环境治理的中国智慧、中国方案和中国贡献，对全球生态环境治理进程产生重要影响。

坚决落实构建现代环境治理体系，要把握构建现代环境治理体系的总体要求。以习近平新时代中国特色社会主义思想为指导，深入贯彻习近平生态文明思想，坚定不移地贯彻新发展理念，以坚持党的集中统一领导为统领，以强化政府主导作用为关键，以深化企业主体作用为根本，以更好动员社会组织和公众共同参与为支撑，实现政府治理和社会调节、企业自治良性互动，完善体制机制，强化源头治理，形成工作合力。

（2）对排污单位自行监测的要求

污染源监测是污染防治的重要支撑，需要各方共同参与。为适应环境治理体系变革的需要，自行监测应发挥相应的作用，补齐短板，提供便利，为社会共治提供条件。

应改变传统生态环境治理模式中污染治理主体监测缺位现象。长期以来，污染源监测以政府部门监督性监测为主，尤其在“十一五”“十二五”总量减排时期，监督性监测得到快速发展，每年对国家重点监控企业按季度开展主要污染物监测，但排污单位在污染源监测中严重缺位。2013 年，为了解决单纯依靠环保部门有限的人力和资源难以全面掌握企业污染源状况的问题，环境保护部组织编制了《国家重点监控企业自行监测及信息公开办法（试行）》，大力推进企业开展自行监测。2014 年以来，多部生态环境保护相关法律均明确了排污单位自行监测的责任和要求。但是，自行监测数据的法定地位以及如何在环境管理中应用并没有明确，自行监测数据在环境管理中的应用更是不足，并没有从根本上解决排污单位在环境治理体系中监测缺位的现象。新的环境治理体系应改变这一现状，使自行监测数据得到充分应用，才能保持多方参与的生命力和活力。

为公众提供便于获取、易于理解的自行监测信息。公众是社会共治环境治理体系的重要主体，公众参与的基础是及时获取信息，自行监测数据是反映排放状况的重要信息。社会的变革为公众参与提供了外在便利条件，为了提高自行监测在环境治理体系中的作用，就要充分利用自媒体、社交媒体等各种先进、便利的条件，为公众提供便于获取、易于理解的自行监测数据和基于数据加工而成的相关信息，为公众高效参与提供重要依据。

1.2.2　开展自行监测是社会责任和法定义务

企业是最主要的生产者，是社会财富的创造者，企业在追求自身利润的同时，向社会提供了产品，满足了人民的日常所需，推进了社会的进步。当然，在当代社会，由于企业是社会中普遍存在的社会组织，其数量众多、类型各异、存在范围广、对社会影响大。在这种情况下，社会的发展不仅要求企业承担生产经营和创造财富的义务，还要求其承担环境保护、社区建设和消费者权益维护等多方面的责任，这也是企业的社会责任。企业社会责任具有道义责任的属性和法律义务的属性。法律作为一种调整人们行为的规则，其调整作用是通过设置权利义务而实现的。因而，法律义务并非一种道义上的宣示，其有具体的、明确的规则指引人的行为。基于此，企业社会责任一旦进入环境法视域，即被分解为具体的法律义务。

企业开展排污状况自行监测是法定的责任和义务。《环境保护法》第四十二条明确提出，“重点排污单位应当按照国家有关规定和监测规范安装使用监测设备，保证监测设备正常运行，保存原始监测记录”；第五十五条要求，“重点排污单位应当如实向社会公开其主要污染物的名称、排放方式、排放浓度和总量、超标排放情况，以及防治污染设施的建设和运行情况，接受社会监督”。《大气污染防治法》《水污染防治法》《环境保护税法》《土壤污染防治法》《固体废物污染环境防治法》等相关法律中也均有关于排污单位自行监测的相关要求。

1.2.3　开展自行监测是自证守法和自我保护的重要手段和途径

排污许可制度作为固定污染源核心管理制度，其明确了排污单位自证守法的权利和责任，排污单位可以通过以下途径进行“自证”。一是依法开展自行监测，保证数据合法有效，妥善保存原始记录；二是建立准确完整的环境管理台账，记录能够证明其排污状况的相关信息，形成一套完整的证据链；三是定期、如实向生态环境部门报告排污许可证执行情况。可以看出，自行监测贯穿自证守法的全过程，是自证守法的重要手段和途径。

首先，排污单位被允许在标准限值下排放污染物，排放状况应该透明公开且合规。随着管理模式的改变，管理部门不对企业全面开展监测，仅对企业进行抽查抽测。排污单位对排放状况进行说明时，就需要开展自行监测。

其次，一旦出现排污单位对管理部门出具的监测数据或其他证明材料被质疑的情况，或者对公众举报等相关信息提出异议时，就需要出具自身排污状况的相关材料进行证明，而自行监测数据是非常重要的证明材料。

最后，自行监测可以对自身排污状况定期监控，也可对周边环境质量影响进行监测，及时掌握实际排污状况和对周边环境质量的影响，了解周边环境质量的变化趋势和承受能力，可以及时识别潜在环境风险，以便提前应对，避免引起更大的、无法挽救的环境事故或对人民群众、生态环境和排污单位自身造成的巨大损害和损失。

1.2.4 开展自行监测是精细化管理与大数据时代信息输入与信息产品输出的需要

随着环境管理向精细化发展，强化数据应用、根据数据分析识别潜在的环境问题，做出更加科学精准的环境管理决策是环境管理面临的重大命题。大数据时代信息化水平的提升，为监测数据的加工分析提供了条件，也对数据输入提出了更高的需求。

自行监测数据承载了大量污染排放和治理信息，然而这些信息长期以来并没有得到充分的收集和利用，这是生态环境大数据中缺失的一项重要信息源。通过收集各类污染源长时间的监测数据，对同类污染源监测数据进行统计分析，可以更全面地判定污染源的实际排放水平，从而为制定排放标准、产排污系数提供科学依据。另外，通过监测数据与其他数据的关联分析，还能获得更多、更有价值的信息，为环境管理提供更有力的支撑。

1.2.5　开展自行监测是排污许可制度的重要组成部分

《控制污染物排放许可制实施方案》（国办发〔2016〕81 号）明确了排污单位应实行自行监测和定期发布报告。《排污许可管理条例》第十九条规定：“排污单位应当按照排污许可证规定和有关标准规范，依法开展自行监测，并保存原始监测记录。原始监测记录保存期限不得少于 5 年。排污单位应当对自行监测数据的真实性、准确性负责，不得篡改、伪造。”

因此，自行监测既是有明确法律法规要求的一项管理制度，也是固定污染源基础与核心管理制度——排污许可制度的重要组成部分。

1.3　排污单位自行监测的管理规定

我国现行法律法规、管理办法中有很多涉及排污单位自行监测的规定，具体见表 1-1。

表 1-1　我国现行与排污单位自行监测相关的法律法规和管理办法

名称	颁布机关	实施时间	主要相关内容
《环境保护法》	全国人民代表大会常务委员会	2015 年 1 月 1 日	规定了重点排污单位应当安装使用监测设备，保证监测设备正常运行，保存原始监测记录，并进行信息公开
《环境保护税法》	全国人民代表大会常务委员会	2018 年 1 月 1 日（2018 年 10 月 26 日修正）	规定了纳税人按季申报缴纳时，向税务机关报送所排放应税污染物浓度值
《海洋环境保护法》	全国人民代表大会常务委员会	2000 年 4 月 1 日（2017 年 11 月 4 日修正）	规定了排污单位应当依法公开排污信息
《水污染防治法》	全国人民代表大会常务委员会	2008 年 6 月 1 日（2017 年 6 月 27 日修正）	规定了实行排污许可管理的企业事业单位和其他生产经营者应当对所排放的水污染物自行监测，并保存原始监测记录，排放有毒有害水污染物的还应开展周边环境监测，上述条款均设有对应罚则

名称	颁布机关	实施时间	主要相关内容
《大气污染防治法》	全国人民代表大会常务委员会	2016年1月1日（2018年10月26日修正）	规定了企业事业单位和其他生产经营者应当对大气污染物进行监测，并保存原始监测记录
《土壤污染防治法》	全国人民代表大会常务委员会	2019年1月1日	规定了土壤污染重点监管单位应制定、实施自行监测方案，并将监测数据报生态环境主管部门
《固体废物污染环境防治法》	全国人民代表大会常务委员会	2020年9月1日	规定了产生、收集、贮存、运输、利用、处置固体废物的单位，应当依法及时公开固体废物污染环境防治信息，主动接受社会监督。 生活垃圾处理单位应当按照国家有关规定，安装使用监测设备，实时监测污染物的排放情况，将污染排放数据实时公开。监测设备应当与所在地生态环境主管部门的监控设备联网
《刑法修正案（十一）》	全国人民代表大会常务委员会	2021年3月1日	规定了环境监测造假的法律责任
《城镇排水与污水处理条例》	国务院	2014年1月1日	规定了排水户应按照国家有关规定建设水质、水量检测设施
《畜禽规模养殖污染防治条例》	国务院	2014年1月1日	规定了畜禽养殖场、养殖小区应当定期将畜禽养殖废弃物排放情况报县级人民政府环境保护主管部门备案
《环境保护税法实施条例》	国务院	2018年1月1日	规定了未安装自动监测设备的纳税人，自行对污染物进行监测且所获取的监测数据符合国家有关规定和监测规范的，视同监测机构出具的监测数据，可作为计税依据
《排污许可管理条例》	国务院	2021年3月1日	规定了持证单位自行监测责任，管理部门依证监管责任
《最高人民法院、最高人民检察院关于办理环境污染刑事案件适用法律若干问题的解释》	最高人民法院、最高人民检察院	2017年1月1日	规定了重点排污单位篡改、伪造自动监测数据或者干扰自动监测设施的视为严重污染环境，并依据《刑法》有关规定予以处罚
《生态环境监测网络建设方案》	国务院办公厅	2015年7月26日	规定了重点排污单位必须落实污染物排放自行监测及信息公开的法定责任，严格执行排放标准和相关法律法规的监测要求

名称	颁布机关	实施时间	主要相关内容
《关于深化环境监测改革　提高环境监测数据质量的意见》	中共中央办公厅、国务院办公厅	2017 年 9 月 21 日	规定了环境保护部要加快完善排污单位自行监测标准规范；排污单位要开展自行监测，并按规定公开相关监测信息，对弄虚作假行为要依法处罚；重点排污单位应当建设污染源自动监测设备，并公开自动监测结果
《关于支持环境监测体制改革的实施意见》	财政部、环境保护部	2015 年 11 月 2 日	规定了企业应落实其主体责任，企业应依法自行监测或委托社会化检测机构开展监测，及时向环保部门报告排污数据，重点企业还应定期向社会公开监测信息
《控制污染物排放许可制实施方案》	国务院办公厅	2016 年 11 月 10 日	规定了企事业单位应依法开展自行监测，安装或使用的监测设备应符合国家有关环境监测、计量认证规定和技术规范，建立准确完整的环境管理台账，安装在线监测设备的应与环境保护部门联网
《环境监测管理办法》	国家环境保护总局	2007 年 9 月 1 日	规定了排污者必须按照国家及技术规范的要求，开展排污状况自我监测；不具备环境监测能力的排污者，应当委托环境保护部门所属环境监测机构或者经省级环境保护部门认定的环境监测机构进行监测
《关于加强化工企业等重点排污单位特征污染物监测工作的通知》	环境保护部办公厅	2016 年 9 月 20 日	规定了：①化工企业等排污单位应制定自行监测方案，对污染物排放及周边环境开展自行监测，并公开监测信息；②监测内容应包含排放标准的规定项目和涉及的列入污染物名录库的全部项目；③监测频次，自动监测的应全天连续监测，手工监测的，废水特征污染物每月开展一次，废气特征污染物每季度开展一次，周边环境监测按照环评及其批复执行，可根据实际情况适当增加监测频次
《污染源自动监控设施现场监督检查办法》	环境保护部	2012 年 4 月 1 日	规定了：①排污单位或运营单位应当保证自动监测设备正常运行；②污染源自动监控设施发生故障停运期间，排污单位或者运营单位应当采用手工监测等方式，对污染物排放状况进行监测，并报送监测数据

名称	颁布机关	实施时间	主要相关内容
《环境保护主管部门实施限制生产、停产整治办法》	环境保护部	2015 年 1 月 1 日	规定了被限制生产的排污者在整改期间按照环境监测技术规范进行监测或者委托有条件的环境监测机构开展监测，保存监测记录，并上报监测报告
《关于实施工业污染源全面达标排放计划的通知》	环境保护部	2016 年 11 月 29 日	规定了：①各级环保部门应督促、指导企业开展自行监测，并向社会公开排放信息；②对超标排放的企业要督促其开展自行监测，加大对超标因子的监测频次，并及时向环保部门报告；③企业应安装和运行污染源在线监控设备，并与环保部门联网
《企业事业单位环境信息公开办法》	环境保护部	2015 年 1 月 1 日	规定了重点排污单位应当公开排污信息，列入国家重点监控企业名单的重点排污单位还应当公开其环境自行监测方案
《关于印发〈国家重点监控企业自行监测及信息公开办法（试行）〉和〈国家重点监控企业污染源监督性监测及信息公开办法（试行）〉的通知》	环境保护部	2014 年 1 月 1 日	规定了企业开展自行监测及信息公开的各项要求，包括自行监测内容、自行监测方案，对手工监测和自动监测两种方式开展的自行监测分别提出了监测频次要求，自行监测记录内容，自行监测年度报告内容，自行监测信息公开的途径、内容及时间要求等
《关于加强污染源环境监管信息公开工作的通知》	环境保护部	2013 年 7 月 12 日	规定了各级环保部门应积极鼓励引导企业进一步增强社会责任感，主动自愿公开环境信息。同时严格督促超标或者超总量的污染严重企业，以及排放有毒有害物质的企业主动公开相关信息，对不依法主动公布或不按规定公布的要依法严肃查处

1.4 《排污单位自行监测技术指南》的定位

1.4.1 排污许可制度配套的技术支撑文件

排污许可证制度是各国普遍采用的控制污染的法律制度。从美国等发达国家实施排污许可制度的经验来看，监督检查是排污许可制度实施效果的重要保障，污染源监测是监督检查的重要组成部分和基础；自行监测是污染源监测的主体形式，其管理备受重视，并作为重要的内容在排污许可证中载明。

我国当前推行的排污许可制度明确了企业应“自证守法”，其中自行监测是排污单位自证守法的重要手段和方法。只有在特定监测方案和要求下的监测数据才能够支撑排污许可“自证”的要求。因此，在排污许可制度中，自行监测要求是必不可少的一部分。

重点排污单位自行监测法律地位得到明确，自行监测制度初步建立，而自行监测的有效实施还需要有配套的技术文件作为支撑，《排污单位自行监测技术指南》是基础而重要的技术指导性文件。因此，制定《排污单位自行监测技术指南》是落实相关法律法规的需要。

1.4.2 对现有标准和管理文件中关于排污单位自行监测规定的补充

对每个排污单位来说，生产工艺产生的污染物、不同监测点位执行排放标准和控制指标、环评报告要求的内容都有不同情况及独特内容。虽然各种监测技术标准与规范已从不同角度对排污单位的监测内容作出了规定，但不够全面。

为提高监测效率，应针对不同排放源污染物排放特性确定监测要求。监测是污染排放监管必不可少的技术支撑，具有重要的意义，但是监测是需要成本的，所以应在监测效果和成本间寻找合理的平衡点。“一刀切”的监测要求必然会造成部分排放源监测要求过高，从而造成浪费；或者对部分排放源要求过低，从而达不到监管需求。因此，需要专门的技术文件，从排污单位监测要求进行系统分析和设计，使监测更精细化，从而提高监测效率。

1.4.3 对排污单位自行监测行为指导和规范的技术要求

我国自2014年起开始推行《国家重点监控企业自行监测及信息公开办法(试行)》，从实施情况来看存在诸多问题，需要加强对排污单位自行监测行为的指导和规范。

污染源监测与环境质量监测相比，涉及的行业较多，监测内容更复杂。我国目前仅国家污染物排放标准就有近200项，且数量还在持续增加；省级人民政府依法制定并报生态环境部备案的地方污染物排放标准也有100多项，数量也在不断增加。排放标准中的控制项目种类繁杂，水气污染物均在100项以上。

由于国家发布的有关规定必须有普适性和原则性的特点，因此排污单位在开展自行监测过程中如何结合企业具体情况合理确定监测点位、监测项目和监测频次等实际问题时存在诸多疑问。

生态环境部在对全国各地自行监测及信息公开平台的日常监督检查及现场检查等工作中发现，部分排污单位自行监测方案的内容、监测数据的质量稍差，存在排污单位未包括全部排放口、监测点位设置不合理、监测项目仅开展主要污染物、随意设置排放标准限值、自行监测数据弄虚作假等问题。为解决排污单位自行监测过程中遇到的问题，需要进一步加强对排污单位自行监测的工作指导和行为规范，建立和完善排污单位自行监测相关规范内容，因此有必要制定自行监测技术指南，将自行监测要求进一步明确和细化。

1.5 行业技术指南在自行监测技术指南体系中的定位和制定思路

1.5.1 自行监测技术指南体系

排污单位自行监测指南体系以《排污单位自行监测技术指南　总则》（HJ 819—

2017）（以下简称《总则》）为统领，包括一系列重点行业的分行业排污单位自行监测技术指南，共同组成排污单位自行监测技术体系，具体如图 1-2 所示。

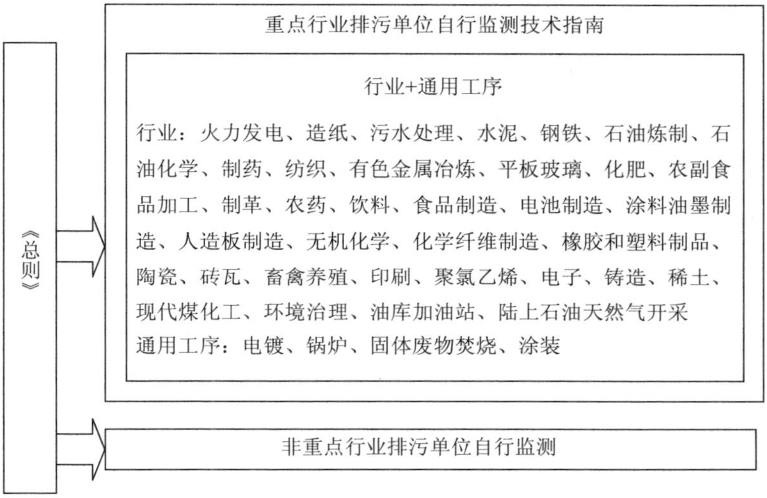

图 1-2　排污单位自行监测技术指南体系

《总则》在排污单位自行监测指南体系中属于纲领性文件，起到统一思路和要求的作用。第一，对行业技术指南总体性原则进行规定，是行业技术指南的参考性文件；第二，对于行业技术指南中必不可少但要求比较一致的内容，可以在《总则》中体现，在行业技术指南中加以引用，既保证一致性，也减少重复；第三，对于部分污染差异大、企业数量少的行业，单独制定行业技术指南意义不大，这类行业排污单位可以参照《总则》开展自行监测。技术指南未发布的行业，也应参照《总则》开展自行监测。

1.5.2　行业排污单位自行监测技术指南是对总则的细化

行业技术指南是在《总则》的统一原则要求下，考虑该行业企业所有废水、废气、噪声污染源的监测活动，在指南中进行统一规定。行业排污单位自行监测技术指南的核心内容包括以下两个方面：

①监测方案。在指南中明确行业的监测方案。首先明确行业的主要污染源、各污染源的主要污染因子，针对各污染源的各污染因子提出监测方案设置的基本要求，包括点位、监测指标、监测频次、监测技术等。

②数据记录、报告和公开要求。根据行业特点，参照各参数或指标与校核污染物排放的相关性，提出监测相关数据记录要求。

除了行业技术指南中规定的内容，还应执行《总则》的要求。

1.5.3 电镀工业自行监测技术指南制定原则与思路

1.5.3.1 以《总则》为指导，根据行业特点进行细化

电镀工业自行监测技术指南中的主体内容是以《总则》为指导，根据《总则》中确定的基本原则和方法，在对电镀工业产排污环节进行分析的基础上，结合电镀工业企业的排污特点，将电镀工业监测方案、信息记录的内容具体化和明确化。

1.5.3.2 以污染物排放标准为基础，全指标覆盖

污染物排放标准规定的内容是行业自行监测技术指南制定的重要基础。在污染物指标确定时，行业技术指南主要以当前实施的、适用于电镀工业的污染物排放标准为依据。同时，根据实地调研以及相关数据分析结果，对实际排放的或地方实际监管的污染物指标进行适当的考虑，在标准中列明，但标明为选测，或由排污单位根据实际监测结果判定是否排放，若实际生产中排放，则应进行监测。

1.5.3.3 以满足排污许可制度实施为主要目标

电镀工业自行监测技术指南的制定以能够满足电镀工业排污许可制度实施为主要目标。

由于电镀工业不同企业实际存在的废气排放源差异较大，有些类型的废气源

仅在少数电镀企业中存在，电镀工业排污许可证申请与核发技术规范中将常见的废气排放源纳入管控。电镀工业自行监测技术指南中对常见废气排放源监测点位、指标、频次进行了规定。

排污许可制度对主要污染物提出排放量许可限值，其他污染物仅有浓度限值要求。为了支撑排污许可证制度实施对排放量核算的需求，有排放量许可限值的污染物，监测频次一般高于其他污染物。

第 2 章　自行监测的一般要求

按照开展自行监测活动的一般流程，排污单位应查清本单位的污染源、污染物指标及潜在的环境影响，制定监测方案，设置和维护监测设施，按照监测方案开展自行监测，做好质量保证和质量控制，记录和保存监测数据，依法向社会公开监测结果。

本章围绕排污单位自行监测流程中的关键节点，对其中的关键问题进行介绍。制定监测方案时，应重点保证监测内容、监测指标、监测频次的全面性、科学性，确保监测数据的代表性，这样才能全面反映排污单位的实际排放状况；设置和维护监测设施时，应能够满足监测要求，同时为监测的开展提供便利条件；自行监测开展过程中，应该根据本单位实际情况自行监测或者委托有资质的单位开展监测，所有监测活动要严格按照监测技术规范执行；开展监测的过程中，应做好质量保证和质量控制，确保监测数据质量；监测信息记录与公开时，应保证监测过程可溯，同时按要求报送和公开监测结果，接受管理部门和公众的监督。

2.1　制定监测方案

2.1.1　自行监测内容

排污单位自行监测不仅限于污染物排放监测，还应该围绕本单位污染物排放状况、污染治理情况、对周边环境质量影响监测状况来确定监测内容。但考虑到排污单位自行监测的实际情况，排污单位可根据管理要求，逐步开展。

2.1.1.1　污染物排放监测

污染物排放监测是排污单位自行监测的基本要求，包括废气污染物、废水污染物和噪声污染。废气污染物主要来源于有组织废气污染物排放和无组织废气污染物排放。废水污染物主要来源于直接排入环境的企业，包括直接排放企业和排入公共污水处理系统的间接排放企业。

2.1.1.2　周边环境质量影响监测

排污单位应根据自身排放对周边环境质量的影响开展周边环境质量影响状况监测，从而掌握自身排放状况对周边环境质量影响的实际情况和变化趋势。

《大气污染防治法》第七十八条规定，排放前款名录中所列有毒有害大气污染物的企业事业单位，应当按照国家有关规定建设环境风险预警体系，对排放口和周边环境定期进行监测，评估环境风险，排查环境安全隐患，并采取有效措施防范环境风险。《水污染防治法》第三十二条规定，排放前款名录中所列有毒有害水污染物的企业事业单位和其他生产经营者，应当对排污口和周边环境进行监测，评估环境风险，排查环境安全隐患，并公开有毒有害水污染物信息，采取有效措施防范环境风险。

目前我国已发布第一批有毒有害大气污染物名录和有毒有害水污染物名录。第一批有毒有害大气污染物包括二氯甲烷、甲醛、三氯甲烷、三氯乙烯、四氯乙烯、乙醛、镉及其化合物、铬及其化合物、汞及其化合物、铅及其化合物、砷及其化合物。第一批有毒有害水污染物包括二氯甲烷、三氯甲烷、三氯乙烯、四氯乙烯、甲醛、镉及镉化合物、汞及汞化合物、六价铬化合物、铅及铅化合物、砷及砷化合物。因此，排污单位可根据本单位实际情况，自行确定监测指标和内容。

对于污染物排放标准、环境影响评价文件及其批复或其他环境管理制度有明确要求的，排污单位应按照要求对其周边相应的空气、地表水、地下水、土壤等环境质量开展监测。对于相关管理制度没有明确要求的，排污单位应依据《大气污染防治法》《水污染防治法》的要求，根据实际情况确定是否开展周边环境质量影响监测。

2.1.1.3 关键工艺参数监测

污染物排放监测需要专门的仪器设备、人力物力，经济成本较高。污染物排放状况与生产工艺、设备参数等相关指标有一定的关联性，而这些工艺或设备相关参数的监测，有些是生产控制中必须监测的，有些虽然不是生产过程中必须监测的指标，但开展监测相对容易，成本较低。因此，在部分排放源或污染物指标监测成本相对较高、难以实现高频次监测的情况下，可以通过对与污染物产生和排放密切相关的关键工艺参数进行测试以补充污染物排放监测数据。

2.1.1.4 污染治理设施处理效果监测

有些排放标准对污染治理设施处理效果有限值要求，这就需要通过监测结果进行处理效果的评价。另外，有些情况下，排污单位需要掌握污染处理设施的处理效果，从而可以更好地调试生产和污染治理设施。因此，若污染物排放标准等环境管理文件对污染治理设施有特别要求的，或排污单位认为有必要的，应对污染治理设施处理效果进行监测。

2.1.2 自行监测方案内容

排污单位应当对本单位污染源排放状况进行全面梳理，分析潜在的环境风险，根据自行监测方案制定能够反映本单位实际排放状况的监测方案，以此作为开展自行监测的依据。

监测方案内容包括单位基本情况、监测点位及示意图、监测指标、执行标准及其限值、监测频次、采样和样品保存方法、监测分析方法和仪器、质量保证与质量控制等。

所有按照规定开展自行监测的排污单位，在投入生产或使用并产生实际排污行为之前，应完成自行监测方案的编制及相关准备工作。一旦发生排污行为，就应按照监测方案开展监测活动。

当有以下情况发生时，应变更监测方案：执行的排放标准发生变化；排放口位置、监测点位、监测指标、监测频次、监测技术任意一项内容发生变化；污染源、生产工艺或处理设施发生变化。

2.2　设置和维护监测设施

开展监测必须有相应的监测设施，为了保证监测活动的正常开展，排污单位应按照规定设置满足监测所需要的设施。

2.2.1　监测设施应符合监测规范要求

开展废水、废气污染物排放监测，应保证监测数据不受监测环境的干扰，因此，废水排放口、废气监测断面及监测孔的设置都有相应的要求，要保证水流、气流不受干扰且混合均匀，采样点位的监测数据能够反映监测时点污染物排放的实际情况。

我国废水、废气监测相关标准规范中规定了监测设施必须满足的条件，排污单位可根据具体的监测项目，对照监测方法标准和技术规范确定监测设施的具体设置要求。有些地方出台了相关的标准规范，如北京市出台了《固定污染源监测点位设置技术规范》（DB 11/1195—2015），对固定污染源监测点位监测设施设置规范进行了全面规定，这也可以作为排污单位设置监测设施的重要参考。但总体来说，相关标准规范对监测设施的规定还是比较零散、不够系统的。

2.2.2 监测平台应便于开展监测活动

开展监测活动时需要一定的空间，有时还需要可供仪器设备使用的直流供电，因此排污单位应设置方便开展监测活动的平台，包括以下要求：一是到达监测平台要方便，可以随时开展监测活动；二是监测平台的空间要足够大，能够保证各类监测设备摆放和人员活动；三是监测平台要备有需要的电源等辅助设施，确保监测活动开展所必需的各类仪器设备和辅助设备能够正常工作。

2.2.3 监测平台应能保证监测人员的安全

开展监测活动的同时，必须保证监测人员的人身安全，因此监测平台要设有必要的防护设施。一是高空监测平台，周边要有能够保障人员安全的围栏，监测平台底部的空隙不应过大；二是监测平台附近有造成人体机械伤害、灼烫、腐蚀、触电等危险源的，应在平台相应位置设置防护装置；三是监测平台上方有坠落物体隐患时，应在监测平台上方设置防护装置；四是排放剧毒、致癌物及对人体有严重危害物质的监测点位，应储备相应安全防护装备。所有围栏、底板、防护装置使用的材料要符合相关质量要求，能够承受预估的最大冲击力，从而保障人员的安全。

2.2.4 废水排放量大于 100 t/d 的，应安装自动测流设施并开展流量自动监测

废水流量监测是废水污染物监测的重要内容，从某种程度上来说，流量监测比污染物浓度监测更重要。流量监测易受环境影响、监测结果存在一定的不确定性是国际上普遍存在的技术问题。但总体来看，流量监测技术日趋成熟，能够满足各种流量监测需要，也能满足自动测流的需要。废水流量的监测方法有多种，根据废水排放形式，分为电磁流量计和明渠流量计两种。其中，电磁流量计适用于管道排放，对流量范围的适用性较广。明渠流量计中，三角堰适用于流量较小

的情况，监测范围低至 1.08 m^3/h 即能够满足 30 t/d 的排放量。根据环境统计数据，废水排放量大于 30 t/d 的企业有 7.5 万家，约占企业总数的 79%；废水排放量大于 50 t/d 的企业有 6.7 万家，约占企业总数的 71%；废水排放量大于 100 t/d 的企业有 5.7 万家，约占企业总数的 60%。从监测技术稳定性和当前基础来看，建议废水排放量大于 100 t/d 的企业采取自动测流的方式。

2.3 开展自行监测

2.3.1 开展自行监测的一般要求

排污单位应依据最新的自行监测方案安排监测计划，开展相应的监测活动。对于排污状况或管理要求发生变化的，排污单位应变更监测方案，并按照新的监测方案开展监测活动。

开展监测活动的技术依据是监测技术规范。除了监测方法中的规定，我国还有一些系统性的监测技术规范对监测全过程进行规定，或者专门针对监测的某个方面进行技术规定。为了保证监测数据准确可靠，能够客观反映实际情况，无论是自行开展监测，还是委托其他社会化检测机构，都应该按照国家发布的环境监测技术规范、监测方法标准来开展。

开展监测活动的机构和人员由排污单位根据实际情况决定。排污单位可根据自身条件和能力，利用自有人员、场所和设备自行监测，排污单位自行实施监测时不需要通过国家的实验室资质认定，目前国家层面不要求检测报告必须加盖中国质量认证（CMA）印章。个别或者全部项目不具备自行监测能力时，也可委托其他有资质的社会化检测机构代其开展。

无论是排污单位自行监测，还是委托社会化检测机构开展监测，排污单位都应对自行监测数据的真实性负责。如果社会化检测机构未按照相应技术规范、监测方法的标准开展监测，或者存在造假等行为，排污单位可以依据合同追究所委托的社会化检测机构的责任。

2.3.2 监测活动开展方式分类

监测活动开展是自行监测的核心。在监测组织方式上，开展监测活动可以依托自有人员、设备、场地自行开展监测，也可以委托有资质的社会化检测机构开展监测。在监测技术手段上，无论是自行监测还是委托监测，都可以采用手工监测和自动监测的方式。排污单位自行监测活动开展方式选择流程如图 2-1 所示。

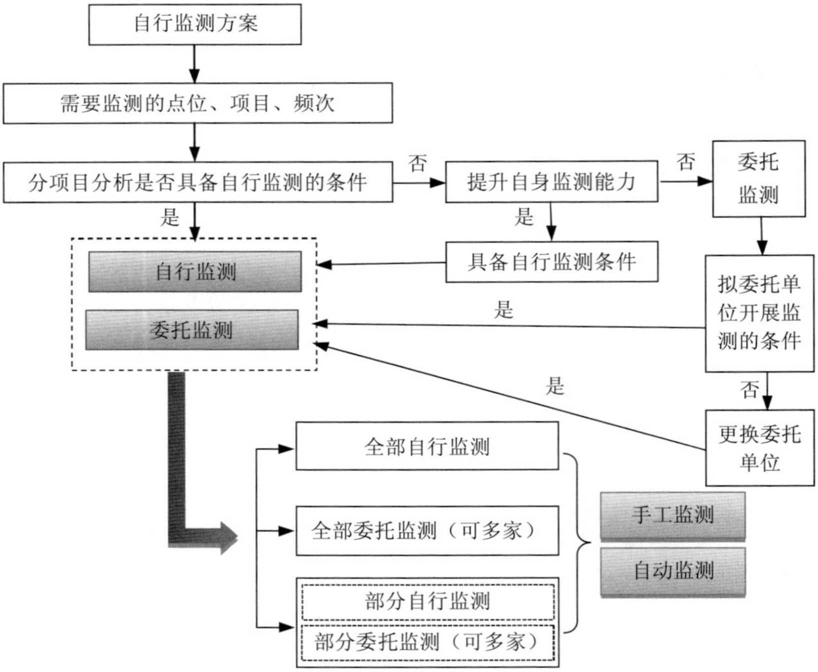

图 2-1 排污单位自行监测活动开展方式选择流程

排污单位首先根据自行监测方案明确监测点位、监测项目、监测频次，在此基础上根据不同监测项目的监测要求分析本单位是否具备开展自行监测的条件。具备监测条件的项目，可选择自行监测；不具备监测条件的项目，排污单位可根据自身实际情况，决定是否提升自身监测能力，以满足自行监测的条件。如果通过筹建实验室、购买仪器、聘用人员等方式可达到开展自行监测条件的，可以选择自行监测。若排污单位委托社会化检测机构开展监测，需要按照不同监测项目检查拟委托的社会化检测机构是否具备承担委托监测任务的条件。若拟委托的社会化检测机构符合条件，则可委托社会化检测机构开展监测；若不符合条件，则应更换具备条件的社会化检测机构承担相应的监测任务。由此来说，同一排污单位有 3 种可选方式：全部自行监测、全部委托监测、部分自行监测部分委托监测。同一排污单位、不同监测项目，可委托多家社会化检测机构开展监测。

无论是自行监测还是委托监测，都应当按照自行监测方案要求，确定各监测点位、监测项目的监测技术手段。对于明确要求开展自动监测的点位及项目，应采用自动监测的方式，其他点位和项目可根据排污单位实际情况，确定是否采用自动监测的方式。若采用自动监测的方式，应该按照相应技术规范的要求，定期采用手工监测方式进行校验。不进行自动监测的项目，应采用手工监测方式开展监测。

2.3.3　监测活动开展应具备的条件

2.3.3.1　自行监测应具备的条件

自行承担监测活动的排污单位，应具备开展相应监测项目的能力，主要从以下几个方面考虑。

（1）人员

自行监测作为排污单位环境管理的关键环节和重要基础，人才是关键，高素质的环境监测人员队伍为排污单位自行监测事业提供了坚实的人才保障。

排污单位应有承担环境监测职责的机构，落实环境监测经费，赋予相应的工作定位和职能，配备充足的环境监测技术人员和管理人员。在人员比例上，要考虑各类技术人员的构成，如可要求高级技术人员占技术人员总数的比例不低于

20%，中级技术人员占比不低于 50%。

排污单位应与其工作人员建立固定的劳动关系，明确技术人员和管理人员的岗位职责、任职要求和工作关系，使其满足岗位要求并具有所需的权力和资源，履行建立、实施、保持和持续改进管理体系的职责。

排污单位监测机构最高管理者应组织和负责管理体系的建立和有效运行。排污单位应对操作设备、监测、签发监测报告等人员进行能力确认，由熟悉监测目的、程序、方法和结果评价的人员对监测人员进行质量监督。排污单位应制订人员培训计划，明确培训需求和实施人员培训，并评价这些培训活动的有效性。排污单位应保留技术人员的相关资质、能力确认、授权、教育、培训和监督的记录。

（2）设施与环境条件

排污单位应配备用于监测的设施，包括能源、照明和环境条件等，实验室设施应有助于监测的正确实施。

实验室宜集中布置，做到功能分区明确、布局合理、互不干扰，对于有温湿度控制要求的实验室，建筑设计应采取相应技术措施；实验室应有相应的安全消防保障措施。

实验室设计必须执行国家现行有关安全、卫生及环境保护法规和规定，对限制人员进入的实验区域应在其显眼区域设置警告装置或标志。

凡是进入含有对人体有害的气体、蒸气、气味、烟雾、挥发物质的实验室，应设置通风柜，实验室需维持负压，向室外排风时必须经特殊过滤；凡是经常使用强酸、强碱、有化学品烧伤的实验室，应在出口就近设置应急喷淋器和应急洗眼器等装置。

实验室用房一般照明的照度均匀，其最低照度与平均照度之比不宜小于 0.7，微生物实验室宜设置紫外灭菌灯，其控制开关应设在门外并与一般照明灯具的控制开关分开安装。

为了确保监测结果的准确性，排污单位应做到：对影响监测结果的设施和环境条件，应制定相应的标准文件。如果规范、方法和程序有要求，或对结果的质量有影响时，实验室应监测、控制和记录环境条件。当环境条件影响监测结果时，应停止监测。应将不相容活动的相邻区域进行有效隔离。对进入和使用影响监测质量的区域，应加以控制。应采取措施确保实验室的良好内务，必要时应制定专门的程序。

（3）仪器设备

排污单位应配备监测（包括采样、样品前处理、数据处理与分析）所需的所有设备，用于监测的设备及其软件应达到要求的准确度，并符合监测相应的规范要求。根据监测项目，应配备的仪器设备包括气相色谱仪、液相色谱仪、离子色谱仪、原子吸收光谱仪、原子荧光光谱仪、红外测油仪、分光光度计、万分之一天平、马弗炉、烘箱、烟气烟尘测定仪、pH 计等。对结果有重要影响的仪器的分量或值，应制订校准计划。设备在投入工作前应进行校准或核查，以保证其满足实验室的规范要求和相应的标准规范。

仪器设备应由经过授权的人员操作，大型仪器设备应配有仪器设备操作规程和仪器设备运行与保养记录；每台仪器设备及其软件应有唯一性标识；应保存对监测具有重要影响的每台仪器设备及软件的记录，并存档。

（4）实验室质量体系

排污单位应建立实验室质量体系文件，制定质量手册、程序说明、作业指导书等文件，采取质量保证和质量控制措施，确保自行监测数据可靠。可根据实际情况确定是否需要取得实验室计量认证和实验室认可等资质。

2.3.3.2　委托单位相关要求

排污单位委托社会化检测机构开展自行监测的，也应对自行监测数据的真实性负责，因此排污单位应重视对被委托单位的监督管理。其中，具备监测资质是被委托单位承接监测活动的前提和基本要求。

接受自行监测任务的社会化检测机构应具备监测相应项目的资质，即所出具的监测报告必须能够加盖 CMA 印章。排污单位除应对资质进行检查外，还应该加强对被委托单位的事前、事中、事后监督管理。

选择拟委托的社会化检测机构前，应对其既往业绩、实验室条件、人员条件等进行检查，重点考虑社会化检测机构是否具有开展本单位委托项目的经验，是否具备承担本单位委托任务的能力，是否存在弄虚作假的行为等。

被委托单位开展监测活动过程中，排污单位应定期或不定期抽检被委托单位的监测记录，若有存疑的地方，可现场检查。

每年报送全年监测报告前，排污单位应对被委托单位的监测数据进行全面检查，包括监测的全面性、记录的规范性、监测数据的可靠性等，确保被委托单位能够按照要求开展监测。

2.4 监测质量保证与质量控制

无论是自行开展监测还是委托社会化检测机构开展监测，都应该根据相关监测技术规范、监测方法标准等要求做好质量保证与质量控制。

自行开展监测的排污单位应根据本单位自行监测的工作需求，设置监测机构，梳理并制定监测方案、样品采集、样品分析、出具监测结果、样品留存、相关记录的保存等各个环节，制定工作流程、管理措施与监督措施，建立自行监测质量体系，确保监测工作质量。质量体系应包括对以下内容的具体描述：监测机构、人员、出具监测数据所需仪器设备、监测辅助设施和实验室环境、监测方法技术能力验证、监测活动质量控制与质量保证等。

委托其他有资质的社会化检测机构代其开展自行监测的，排污单位不用建立监测质量体系，但应对社会化检测机构的资质进行确认。

2.5　记录和保存监测数据

记录监测数据与监测期间的工况信息，整理成台账资料，以备管理部门检查。手工监测时应保留全部原始记录信息，全过程留痕。自动监测时除了通过仪器全面记录监测数据外，还应记录运行维护记录。另外，为了更好地梳理污染物排放状况、了解监测数据的代表性、对监测数据进行交叉印证、形成完整证据链，还应详细记录监测期间的生产和污染治理状况。

排污单位应将自行监测数据接入全国污染源监测信息管理与共享平台，公开监测信息。此外，可以采取以下一种或者几种方式让公众更便捷地获取监测信息：公告或者公开发行的信息专刊；广播、电视等新闻媒体；信息公开服务、监督热线电话；本单位的资料索取点、信息公开栏、信息亭、电子屏幕、电子触摸屏等场所或者设施；其他便于公众及时、准确获得信息的方式。

第 3 章　电镀工业污染排放状况

电镀是国民经济重要基础工业的通用工序，是环境管理重点关注的行业之一。本章围绕电镀行业对社会经济贡献情况、产品产量区域分布情况、污染物排放现状、行业发展趋势进行简要介绍。同时针对电镀行业主要环境污染关注点，从废水、废气、噪声、工业固体废物排放总体特征进行概述，并对典型工艺过程中污染物的产排污节点和污染治理技术进行简要说明。电镀行业的发展状况和污染排放特征是电镀环境管理与自行监测要求的重要基础，更是《排污单位自行监测技术指南　电镀工业》制定的重要依据。

3.1　行业概况及发展趋势

3.1.1　规模以上电镀企业数量呈逐年增长趋势

电镀在钢铁、机械、电子、精密仪器、兵器、航空航天、船舶和日用五金等各个领域具有广泛的应用。电镀企业主要分布在华南、华东、沿海以及工业制造业比较发达的地区，广东、浙江、江苏、福建、山东、上海、天津、重庆等是我国电镀行业较强的省（市）。

我国电镀加工涉及最广的是镀锌、镀铜、镀镍、镀铬。其中，镀锌占 45%～50%，镀铜、镀镍、镀铬占 30%，电子产品镀铅、镀锡、镀金约占 5%，铝化学氧化、铝及其合金阳极化占 15%。近年来化学镀作为一种新型的金属表面处理技术，因其工艺简便、节能、环保而日益受到人们的关注。

电镀生产企业有两种类型：一类是专业电镀企业，即专门从事电镀加工的企业；另一类是配套电镀工序的企业，即在该类企业中电镀加工只是生产流程中的一道工序。其中，配套电镀工序的企业数量巨大，如航空航天、兵器、船舶、装备制造业等将电镀作为中间工序，建有电镀车间和电镀生产线，其数量占全国电镀企业总数的 50%以上；广东省 2013 年配套电镀企业占电镀企业总数的 55%；深圳市配套电镀企业占电镀企业总数的 56%。

3.1.2　电镀加工面积呈增长趋势

电镀属于制造业的基础工艺，电镀行业是现代工业体系中不可缺少的组成部分。电镀产品涉及的行业广泛，在电子、五金、塑胶、装饰、涂装、家具、珠宝等各行业发挥着非常重要的作用，小到螺丝钉，大到汽车、飞机、船舶都离不开电镀。

根据中国表面处理工程协会的数据，2017 年我国规模以上的电镀企业（含电镀车间）约 2 万家，产品加工面积约为 12.38 亿 m^2，同比增长 9.85%；2018 年电镀行业产品加工面积约为 13.23 亿 m^2，同比增长 6.87%，连续 4 年维持在 10 亿 m^2 以上，详见图 3-1。

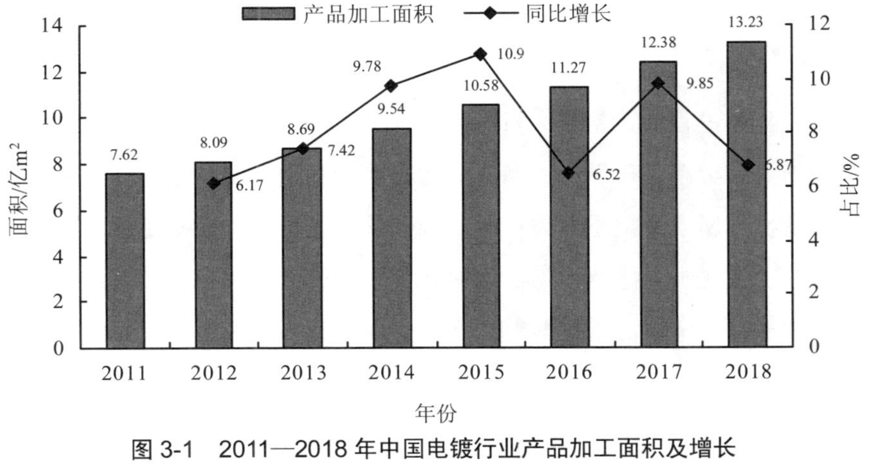

图 3-1　2011—2018 年中国电镀行业产品加工面积及增长

3.1.3 电镀工艺技术不断发展

电化学加工特有的技术、经济优势，使得电镀不仅很难被取代，而且还将在电子、钢铁等领域获得新的突破性发展，拥有更广阔的应用前景，如芯片中的铜互联，先进封装中的通孔非金属电镀，钢铁制造行业中的镀锡、镀锌、镀铬，手机中天线电镀，LED 框架电镀以及铝镁轻合金的表面加工等。

先进制造业必然会推动先进的电镀业。随着电镀工艺技术的不断发展，电镀应用的热点领域将有所改变，未来企业数量可能会大幅减少，但产值、利润有上升的趋势。未来我国电镀工业的发展趋势基本可归纳为以下 4 点：

①随着汽车、电子、家用电器、航空航天工业、建筑工业、装饰工业的发展，以及人们对美好生活的需求，电镀产品的装饰性和高抗蚀性工艺技术将不断发展，需求明显增加；

②某些传统装饰性电镀可能被喷涂、物理气相沉积等取代，而功能性电镀产品需求则有上升趋势；

③某些污染严重的电镀工艺可能被清洁的电镀工艺，如无氰电镀、三价铬镀铬以及代镉、代铬镀层所取代；

④某些性能好、无污染的表面工程高新技术将会进入我国市场。

3.1.4 电镀对环境的影响及其发展新形式

电镀在生产过程中，使用大量强酸、强碱、含重金属溶液，甚至包括铬酐、镉、氰化物等有毒有害化学品，并排放污染环境和危害人类健康的废水、废气和危险固体废物，属于典型重污染行业。因此长期以来，电镀都是国家重点监管和规范整治的行业之一。电镀污染源主要是废水和废气，其中电镀废水包括含氰废水、含铬废水、重金属污水、酸碱废水等，涉及较多的重金属污染问题，常见重金属包括铬、镉、铅、汞、银、镍、铜、锌等；电镀废气包括酸性废气、铬酸雾废气、含氰废气等。据不完全统计，我国电镀行业每年排放各种电镀废水约上亿吨，电镀废气达 3 000 亿 m^3，对大气、水和土壤等生态环境造成严重污染。

近几年，在有关部门的督查下，大部分电镀企业均投入大笔资金建造了污染治理设施，但环保投入还未能跟上企业生产扩张步伐，部分企业污染治理设施不完整或简陋陈旧、污染物得不到有效治理、超标排放或偷排漏排等现象时有发生。部分企业虽然拥有较完善的污染治理设施，但是为了减少运行费用、降低成本，设施经常处于闲置或不正常运行状态，有些企业甚至把治污设施作为展示或应付检查的摆设品。

目前电镀污染治理最突出的问题是未能实现污染物的集中处置，难以控制对环境的影响。因此，建设电镀集聚区全面调整电镀行业布局，引导电镀企业进行集中生产、集中治理，实行清洁生产，提高企业管理水平，走集约化经营道路，有利于电镀行业上规模、上档次，实现规模集聚效应，促进经济可持续发展。近年来，随着各地政府对重污染企业的规范整治，电镀园区建设成为热门话题。不少地区建立了电镀集中区，将分散的电镀企业集中在一个区域内，实行电镀生产的合理分工与协作，同时对产生的废水、废渣和废镀液统一收集、集中处理与处置。目前全国十多个省份建有电镀集中区近百个（包括已建成、在建、通过环评批复），主要分布在浙江、广东、江苏等地。

整体而言，由于我国电镀行业长期以来缺乏合理布局，企业市场和技术管理工作薄弱，导致行业发展水平参差不齐，存在企业数量多、规模小、分布为点多面广、污染物产生量大等问题。目前电镀行业已成为我国主要的污染源之一，电镀污染纳污水体已经不堪重负，但电镀污染治理的长效机制却未能建立起来。

3.2　典型工艺及污染排放特征

3.2.1　典型电镀工艺

电镀分为单层金属电镀和多层（复合）金属电镀。电镀生产工艺流程分为镀前、电镀和镀后 3 个阶段，以镀锌和装饰性电镀为例，典型的电镀生产工艺流程及产污环节如图 3-2 和图 3-3 所示。

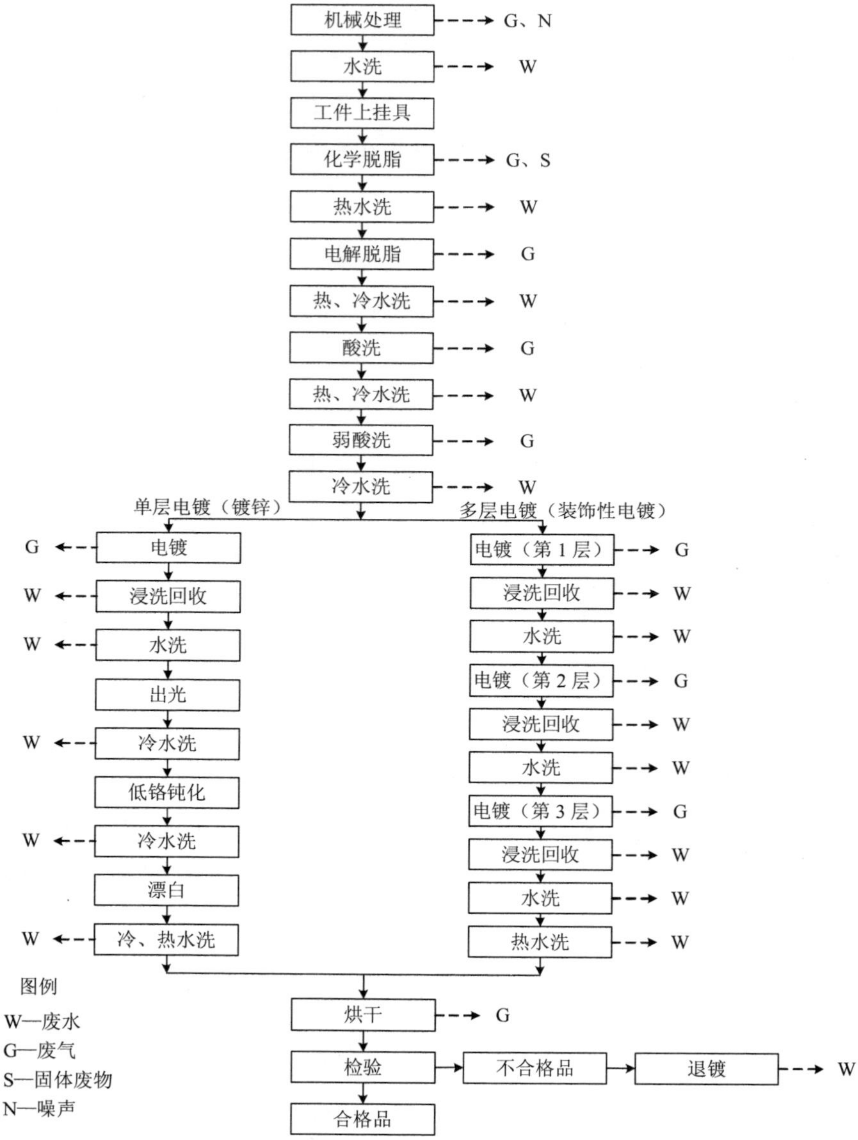

图 3-2　典型的电镀生产工艺流程及产污环节

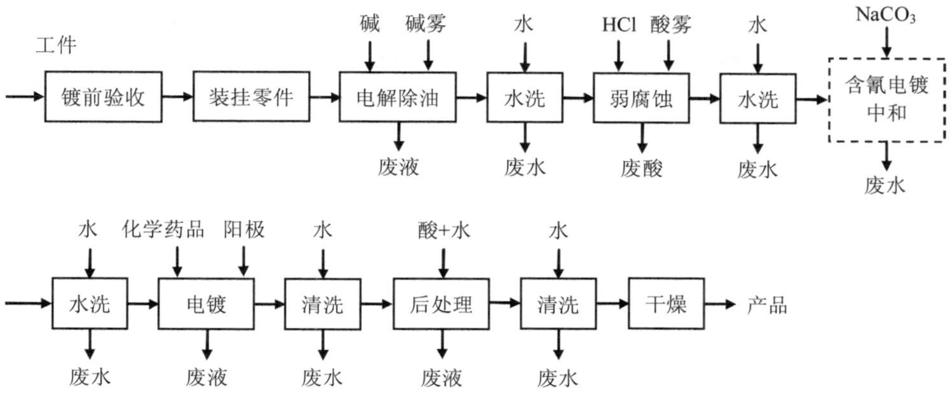

图 3-3　典型电镀企业工艺流程及产污环节

电镀生产工艺流程主要包括工件机械处理（抛光、吹砂）→空气吹扫→人工擦拭→上挂具→化学脱脂→热水洗→电解脱脂→热水洗→冷水洗→酸洗→冷水洗→弱酸洗→冷水洗（2 级）→电镀锌→回收→热水洗→冷水洗→出光→冷水洗→钝化→冷水洗→封闭→热水洗→烘干等生产过程。

3.2.2　污染物排放特征

3.2.2.1　废水

电镀废水含有数十种无机和有机污染物，其中无机污染物主要为铜、锌、铬、镍、镉等重金属离子以及酸、碱、氰化物等；有机污染物主要为化学需氧量、氨氮、油脂等。电镀废水主要分为以下几类：

酸碱废水：包括预处理及其他酸洗槽、碱洗槽的废水，主要污染物为盐酸、硫酸、氢氧化钠、碳酸钠、磷酸钠等。

有机废水：包括工件除锈、脱脂、除蜡等电镀前处理工序产生的废水，主要污染物为有机物、悬浮物等。

含氰废水：包括氰化镀铜，碱性氰化物镀金，中性和酸性镀金、银、铜、锡合金，仿金电镀等氰化电镀工序产生的废水，主要污染物为氰化物、络合态重金属离子等。该类废水剧毒，须单独收集，并经破氰氧化处理。

含铬废水：包括镀铬、镀黑铬、退镀以及塑料电镀前处理粗化、铬酸阳极化、电抛光等工序产生的废水，主要污染物为六价铬、总铬等。该类废水毒性大，须单独收集、处理。

其他重金属废水：包括镀镍、镉、铜、锌等金属及其合金产生的废水，焦磷酸盐镀铜废水，钯镍合金电镀废水，化学镀废水以及阳极氧化，磷化工艺产生的废水，主要污染物为铬、镍、镉、铜、锌等金属盐，金属络合物和有机络合剂（如柠檬酸、酒石酸和乙二胺四乙酸等）。

混合废水：包括多种工序镀种混排的清洗废水和难以分开收集的地面废水。组分复杂多变，主要污染物因厂而异，一般含有镀种配方的成分材料，如镀种金属离子、添加剂、络合剂、分散剂等物质。

某电镀企业的排污口及污染物指标见表 3-1。

表 3-1 某电镀企业废水污染源、排放口及污染物指标

<table>
<tr><th>污染源</th><th>废水排放口</th><th>污染物指标</th></tr>
<tr><td>酸碱废水</td><td rowspan="5">废水总排放口</td><td rowspan="4">pH、悬浮物、化学需氧量（COD_{Cr}）、氨氮、总氮、总磷、石油类、氟化物、总氰化物</td></tr>
<tr><td>有机废水</td></tr>
<tr><td>含氰废水（单独处理，破氰氧化后）</td></tr>
<tr><td>混合废水</td></tr>
<tr><td rowspan="2">重金属废水</td><td>总铜、总锌、总铁、总铝</td></tr>
<tr><td>车间或生产设施排放口</td><td>总铬、六价铬、总镍、总镉、总银、总铅、总汞</td></tr>
</table>

镀种不同，产生的金属污染物也不相同。主要镀种及其相应的金属污染物详见表 3-2。

表 3-2　主要镀种及其金属污染物

镀种	主要金属污染物
镀锌	总铬、六价铬、总锌
镀铜	总铜
镀镍	总镍
镀铬	总铬、六价铬
镀银	总银

其中，总铬、六价铬、总镍、总镉、总银、总铅、总汞、总铜、总锌是《重金属污染综合防治“十二五”规划》中列出的重点污染物，对环境危害较严重，属于重点管控对象；氰化物作为最优良的络合剂在电镀企业中被广泛应用，具有剧毒性。因此，它们是电镀废水的特征污染物指标，需要加强控制。

在电镀除油工序中，一般的除油溶液含有氢氧化钠、碳酸钠、磷酸钠，从而导致总磷的产生与排放。而涉及航空航天的电镀工序，为提高油漆和底层的结合力，需对涂装前的底层进行磷化，这一环节也排放较多的总磷。此外，在化学镀镍生产过程中，为获得更好的电镀效果，通常会以低价磷酸盐作为还原剂，这也是产生总磷的一种渠道。

电镀废水中的氨氮主要来源于酸洗液中含氨或苯胺类的缓蚀剂、电镀液中的铵盐、镀后漂洗液中的整平剂、光亮剂以及退镀液等。

为改善镀层质量、提高镀层性能，电镀企业在生产过程中普遍使用表面活性剂、光亮剂、添加剂等。这些物质基本都是有机物，是电镀废水中 COD 的主要来源。

铝合金产品阳极化过程常使用氢氟酸或氢氟酸盐清除金属中的硅，导致废水中含有氟化物。

铁、铝是镀件的常规材质，在酸洗、碱洗及阳极化过程中易析出总铁、总铝。

由于电镀工艺、镀种千差万别，导致各企业的电镀废水水质也有所差别。通过现场调研、统计信息公开数据等相结合的方式，对电镀企业主要污染物的浓度进行了汇总（表 3-3）。

表 3-3 电镀废水水质

污染物指标	六价铬	总镍	总锌	总镉	总铜	总铅	总银
监测浓度/（mg/L）	10～200	≤100	≤50	≤50	≤100	150	≤50
污染物指标	pH	COD	总磷	氟化物	总氰化物	—	—
监测浓度/（mg/L）	3～6	100～300	≤50	≤20	10～50	—	—

此外，随着电镀集中区的发展，集中区内的电镀企业不再各自单独处理电镀废水，而是将分类收集的电镀废水送往专门处理电镀废水的集中式污水处理厂统一分质处理。因此专门处理电镀废水的集中式污水处理厂应针对电镀企业类型，根据上游企业废水水质，确定污染物指标。表 3-4 对专门处理电镀废水的集中式污水处理厂废水可能涉及的污染物进行了汇总。

表 3-4 专门处理电镀废水的集中式污水处理厂废水排放口及污染物指标

废水排放口	污染物指标
车间或生产设施排放口	总铬、六价铬、总镍、总镉、总银、总铅、总汞
废水总排放口	总铜、总锌、总铁、总铝、pH、氨氮、化学需氧量、总氮、总磷、总氰化物、氟化物、悬浮物、石油类

3.2.2.2 废气

（1）有组织废气

从生产工艺来看，电镀企业的有组织废气包括抛光、拉丝工序产生的含尘废气，脱脂除油工序产生的碱性废气，酸洗、活化、出光工序产生的酸性废气，电镀工序产生的酸性、碱性废气，以及镀铬产生的铬酸雾废气、氰化电镀产生的含氰废气、供热锅炉等产生的废气。无组织废气包括电镀各工序产生的废气因无法完全收集而导致无组织排放，以及污水处理过程中产生的恶臭废气。电镀企业废气排放源及主要污染物见表 3-5。

表 3-5　电镀企业废气排放源及主要污染物

排放源	废气种类	排放形式	主要污染物
抛光、拉丝工序	含尘废气	有组织	粒状污染物、金属氧化物、纤维性粉尘
脱脂除油工序/电镀工序	碱性废气	有组织	氢氧化钠、碳酸钠等
酸洗、活化、出光工序/电镀工序	酸性废气	有组织	氯化氢、硫酸雾、氮氧化物、氟化物、硝酸雾等
镀铬工序	铬酸雾废气	有组织	铬酸雾
氰化工序	含氰废气	有组织	氰化氢
供热锅炉	锅炉废气	有组织	烟尘、二氧化硫、氮氧化物、汞及其化合物、烟气黑度
电镀各工序	—	无组织	氯化氢、铬酸雾、硫酸雾、氰化氢、氮氧化物、氟化物、颗粒物
污水处理设施	—	无组织	恶臭

在废气处理过程中，碱性废气可与酸性废气中和而被吸收掉，故不再考虑。而酸洗、活化、出光工序使用硝酸较少，因此硝酸雾也不再考虑。自备电厂、配套动力锅炉的自行监测要求按照《排污单位自行监测技术指南　火力发电及锅炉》（HJ 820—2017）执行。

结合《电镀污染物排放标准》（GB 21900—2008）充分考虑管理需求，确定电镀企业废气有组织排放涉及的主要污染物因子（表 3-6）。

表 3-6　电镀企业有组织废气排放源及污染物指标

排放源	污染物指标
酸洗、活化、出光工序/电镀工序	氯化氢、硫酸雾、氮氧化物、氟化物
镀铬工序	铬酸雾
氰化工序	氰化氢
抛光、拉丝工序	颗粒物

（2）无组织废气

电镀企业的无组织废气排放主要是企业边界大气污染物的无组织排放（表 3-7），有电镀工序企业的无组织废气排放监测可参照执行。专门处理电镀废水的集中式污水处理厂主要涉及的无组织废气排放见表 3-8，2015 年 1 月 1 日（含）后取得环境影响评价批复的排污单位还应根据环境影响评价文件及其批复或其他环境管理要求确定是否监测《恶臭污染物排放标准》（GB 14554—1993）中的其他恶臭污染物。

表 3-7　电镀企业无组织废气排放源及污染物指标

排放源	污染物指标
电镀各工序	氯化氢、铬酸雾、硫酸雾、氰化氢、氟化物
废水处理设施	臭气浓度

表 3-8　专门处理电镀废水的集中式污水处理厂无组织废气排放源及污染物指标

排放源	污染物指标
废水处理设施	臭气浓度

3.2.2.3　噪声

电镀企业噪声源主要有 3 类：

①生产设备：各生产线的磨、抛、滚光机，空压机、水泵、过滤机、电镀通风机、烘干机等；

②锅炉：锅炉鼓风设备等；

③环保设施：废气处理风机、污水处理曝气设备、污泥脱水设备等。

专门处理电镀废水的集中式污水处理厂噪声主要是污水处理厂运行机械噪声。

3.2.2.4　工业固体废物

电镀企业的工业固体废物来源如下：

（1）一般工业固体废物

生产过程中产生的废包装物，热镀锌锌灰、锌渣，以及生活垃圾等。

（2）危险废物

生产过程中产生的危险废物包括槽液过滤产生的废渣、废弃槽液、废退镀液，废活性炭、废反渗透膜、废树脂、脱脂油泥、接触危险废物的弃用劳保用品及包装物；废水/废气处理过程中产生的电镀污泥，废水手工监测时产生的废水、废试剂等。

其他工艺可能产生的危险废物按照《国家危险废物名录》或国家规定的危险废物鉴别标准和鉴别方法认定。

3.3　污染治理技术

3.3.1　废水污染治理技术

电镀废水的治理在国内外普遍受到重视，专家学者们研制出多种治理技术，通过将有毒治理为无毒、将有害转化为无害、回收贵重金属、水循环使用等措施消除和减少重金属的产生及排放量。随着电镀工业的快速发展和环保要求的日益提高，目前，电镀废水治理已开始进入清洁生产工艺、总量控制和循环经济整合阶段，资源回收利用和闭路循环是发展的主流方向。

电镀废水成分复杂，水质变化幅度大，废水污染物种类多样，COD 变化系数大，氰化物和重金属离子毒性大，且重金属通常经处理后无法分解破坏，而只是转移其存在的位置、转变其物理和化学形态。经统计，我国目前电镀行业广泛采用的电镀废水处理技术，主要包括化学法处理技术、物化法处理技术、生化法处理技术和反渗透深度处理技术四大类。

针对不同的废水特点，需选择不同的处理技术。如针对含氰废水的处理方法主要有碱性氯化法、臭氧法、电解法等；对电镀六价铬废水的处理方法主要有化学还原法处理技术及电解法处理技术，通常是将六价铬用化学法或电解法还原成三价铬，然后经化学沉淀去除。

3.3.1.1 化学法处理技术

（1）碱性氯化法处理技术

废水中含有氰化物时，将废水调控在碱性（pH 为 9.5～11）条件下，加入适量的氧化剂氧化废水中的氰化物，消除氰的毒性。经过两次破氰，氰化物被完全氧化。氧化剂多采用次氯酸钠、二氧化氯、液氯等。该技术具有稳定、可靠、易于实现自动控制等特点，适用于电镀企业含氰废水的处理。

（2）臭氧法处理技术

臭氧法处理技术是利用臭氧的强氧化性能，在碱性（pH 为 9～11）条件下，将含氰废水中的游离氰根氧化为二氧化碳和氮气，氧化接触时间为 15～20 min，游离氰根去除率达 97%～99%。投加亚铜离子催化剂，可缩短反应时间。反应池尾气须收集并经碱液吸收后排放。该技术处理含氰废水时，实际投药量通常要比理论值大，设备复杂，较难控制，适用于含氰废水的处理。

（3）化学还原法处理技术

化学还原法是在酸性（pH 为 2.5～3.0）条件下，加入一定量的还原剂（如亚硫酸氢钠）将废水中的六价铬还原成低毒的三价铬，再调整 pH 至 8～9.5，使其以氢氧化铬沉淀的形态去除。该技术可消除含铬废水的毒性，具有稳定、可靠、易于实现自动控制等特点，适用于电镀企业含铬废水的处理。

（4）化学沉淀法处理技术

化学沉淀法处理技术是通过向废水中投加化学药剂，使其与水中的某些溶解物质发生反应，生成难溶于水的盐类沉淀，从而使污染物分离去除的方法。常用的化学药剂有氢氧化钠和硫化钠等。各种金属氢氧化物或硫化物沉淀的 pH 不同，选取各自的最佳沉淀的 pH 范围才能取得最佳沉淀效果。该技术处理效果好，但是工艺流程较长、控制复杂、污泥量大，适用于电镀企业重金属废水和混合废水的处理。

3.3.1.2　物化法处理技术

（1）化学法+膜分离法处理技术

含氰废水经化学破氰、含铬废水经化学还原后与其他重金属废水混合，在碱性状态下，形成金属氢氧化物沉淀，再采用膜分离技术截留沉淀并收集重金属。微滤/超滤膜作为固液分离的介质，可回收含重金属固体物 90%以上，水回收率大于 60%。该技术占地少，省去沉淀池和污泥池，节省工程总投资，并具有污泥量少、运行费用低等特点，适用于电镀企业重金属废水和混合废水的处理。

（2）电解法处理技术

电解法处理技术是应用电化学原理对废水中的污染物进行处理的方法。当处理含氰废水时，调节进水 pH 为 9～10，按氰浓度的 30～60 倍投加氯化钠，在直流电场的作用下，游离氰根被氧化分解。当处理含铬废水时，控制进水 pH 为 2～4，微电解装置出水 pH 为 8～9。该技术适用于电镀企业含氰废水、含铬废水、含银废水的处理，但铁屑作为电解池中的填料极易氧化、板结，会影响处理效果。

3.3.1.3　生化法处理技术

（1）缺氧/好氧（A/O）生物处理技术

废水在调节池内通过曝气搅拌，均匀水质，兼有初曝气作用，然后依次进入缺氧池和好氧池，利用活性污泥中的微生物降解废水中的有机污染物。通常缺氧池采用水解酸化工艺，好氧池采用接触氧化工艺。当进水 COD_{Cr} 低于 500 mg/L 时，COD_{Cr} 去除率大于 80%，出水 COD_{Cr} 低于 100 mg/L。该技术可有效去除有机物，但缺氧池抗冲击负荷能力较差。

（2）厌氧—缺氧/好氧（A^2/O）生物处理技术

A^2/O 工艺是在 A/O 工艺中缺氧池前增加一个厌氧池，利用厌氧微生物先将复杂的长链大分子有机物降解为小分子，提高废水的可生物降解性，利于后续生物处理。当进水 COD_{Cr} 低于 500 mg/L、氨氮低于 50 mg/L 时，COD_{Cr} 去除率为 80%～

90%，氨氮去除率为 80%～90%，出水 COD_{Cr} 为 50～100 mg/L、氨氮为 5～10 mg/L。该技术可有效去除 COD、氨氮等污染物，比 A/O 工艺占地面积稍大，工艺流程稍长。

（3）好氧膜生物处理技术

好氧膜生物处理技术是将活性污泥法与膜分离技术相结合，利用膜高效截留的特性，控制生物反应池内污泥浓度为 3 000～6 000 mg/L，污水经过好氧生物反应池降解，从而充分地氧化有机物，膜分离代替二沉池，高品质出水。当进水 COD_{Cr} 低于 500 mg/L、氨氮低于 50 mg/L、总磷低于 5 mg/L 时，COD_{Cr} 去除率为 90%～95%，氨氮去除率为 85%～90%，总磷去除率为 70%～75%，出水 COD_{Cr} 为 50～75 mg/L、氨氮为 5～7.5 mg/L、总磷为 1.25～1.5 mg/L。该技术可有效去除 COD_{Cr}、氨氮等有机污染物，但去除总磷效果较差，运行费用较高。

（4）缺氧（或兼氧）膜生物处理技术

缺氧膜生物处理技术是使污水不断经受缺氧生物和好氧生物的交替氧化，从而充分降解有机污染物。膜生物反应池处于缺氧状态，控制溶解氧 0.2～0.5 mg/L，膜箱内处于好氧状态，控制溶解氧不低于 2.0 mg/L。生物反应池内污泥浓度为 8 000～12 000 mg/L，在曝气的搅动下，池内形成旋流，实现高效微生物定向富集培养，增强污泥活性。

与好氧膜生物处理技术相比，该技术湿污泥减量 95%以上，容积负荷提高一倍以上。当进水 COD_{Cr} 低于 500 mg/L、氨氮低于 50 mg/L、总磷低于 5 mg/L 时，COD_{Cr} 去除率为 93%～95%，氨氮去除率为 90%～95%，总磷去除率为 90%～95%，出水 COD_{Cr} 为 25～35 mg/L、氨氮为 2.5～5.0 mg/L、总磷小于 0.5 mg/L。该技术可有效去除 COD、氨氮、总磷等污染物。

（5）厌氧—缺氧（或兼氧）膜生物处理技术

在缺氧膜生物反应池前增加厌氧池，厌氧池采用水解酸化工艺，生物反应池内污泥浓度为 10 000～15 000 mg/L，污泥回流达 100%～500%，该技术有机污泥排放量少，且降解有机污染物的同时具有除磷脱氮、节能降耗等效果。

当进水 COD_{Cr} 低于 500 mg/L、氨氮低于 50 mg/L、总磷低于 5 mg/L、总氮低

于 60 mg/L 时，COD_{Cr} 去除率为 93%～95%，氨氮去除率为 90%～95%，总磷去除率为 90%～95%，总氮去除率大于 90%，出水 COD_{Cr} 为 25～35 mg/L、氨氮为 2.5～5.0 mg/L、总磷为 0.25～0.5 mg/L、总氮小于 6 mg/L。该技术可有效去除 COD、氨氮、总磷、总氮等污染物。

3.3.1.4　反渗透深度处理技术

反渗透膜分离技术是利用高压泵在浓溶液侧施加高于自然渗透压的操作压力，逆转水分子自然渗透的方向，迫使浓溶液中的水分子通过半透膜参与稀溶液侧净化产水过程。其工艺过程包括盘式过滤器或精密过滤器、微滤或超滤、反渗透等。

反渗透系统产生的淡水可回用于生产线，浓水可经独立处理系统处理后排放，也可将浓水排入生化处理系统或混合废水调节池进一步处理。该技术工艺流程短，占地面积小。全过程均属物理法，不发生相变，适用于电镀企业各种电镀生产线废水的深度脱盐处理。

3.3.2　废气污染治理技术

电镀废气治理技术主要包括喷淋和除尘两种。

3.3.2.1　喷淋塔电镀废气治理技术

（1）中和法治理酸性废气技术

喷淋塔中和法是根据酸碱中和原理，将酸性废气在喷淋塔中与碱性材料中和。喷淋塔由塔体、液箱、喷雾系统、填料、气液分离器等构成，废气由进风口进入塔体，通过填料层和喷雾装置使废气被吸收液净化，净化后气体再经气液分离器，由通风机排至大气。该技术对各种酸性废气均具有高效率吸收净化的特点，适用于酸洗、钝化、出光等工序产生的酸性气体的净化。

（2）凝聚回收法治理铬酸废气技术

喷淋塔凝聚回收法是利用滤网过滤、阻挡废气中的铬酸微粒。铬酸废气通过滤网时，微粒受多层塑料网板的阻挡而凝聚成液体，顺着网板壁流入下导槽，通过导管流入回收容器内。冷却后，经碰撞、聚合、吸附等一系列布朗运动后，凝成液滴，同时气液分离被回收。残余废气经循环喷淋化学处理达到排放要求后，由塑料风机排放。该技术铬酸废气回收率约 95%，具有自动化程度高、铬回收率高的特点，适用于处理镀铬、镀黑铬、铬酸阳极化、电抛光等工序产生的铬酸废气。

（3）吸收氧化法治理氰化物废气技术

喷淋塔吸收氧化法是用 15%氢氧化钠和次氯酸钠溶液或硫酸亚铁溶液，在碱性状态下吸收、氧化氰化物废气，处理后生成氨、二氧化碳和水。该技术氰化物净化率达 90%～96%，具有技术成熟、操作简便、氰化物去除率高的特点，适用于处理氰化镀铜、碱性氰化物镀金、中性和酸性镀金、氰化物镀银、氰化镀铜锡合金、仿金电镀等含氰电镀生产线产生的氰化物废气。

3.3.2.2 除尘技术

（1）袋式除尘技术

袋式除尘技术利用纤维织物的过滤作用对含尘气体进行净化。该技术除尘效率高，适用范围广，可同时去除烟气中的颗粒物，适用于抛/磨光系统的粉尘治理。

（2）高效湿式除尘技术

高效湿式除尘技术是指粉尘颗粒通过与水雾强力碰撞、凝聚成大颗粒后被除掉，或通过惯性和离心力作用被捕获。该技术运行成本低，适用于抛/磨光系统的粉尘治理。

3.3.3 固体废物污染治理技术

3.3.3.1 熔炼技术

熔炼技术是将电镀废水处理所产生的污泥经干化后同铁矿石、铜矿石、石灰石等辅助材料装入炉内，以煤炭、焦炭为燃料和还原物质进行还原反应，炼出所需重金属。该技术适用于化学法处理含氰、含铬、含镍、含铜、含镉废水以及退镀废水时产生的电镀废水污泥。

3.3.3.2 氨水浸出技术

氨水浸出技术是指用氨水从电镀废水处理污泥中浸出铜和镍，再用氢氧化物沉淀法、溶剂萃取法或碳酸盐沉淀法将铜和镍分离。

该技术对铜和镍的浸出选择性好，浸出效率高，铜离子和镍离子在氨水中极易生成铜氨和镍氨络合离子，溶解于浸出液中，氨浸出液如只有含铜的铜氨溶液，可直接用作生产氢氧化铜或硫酸铜的原料。该技术适用于处理处置含铜、镍等重金属废水污泥。

3.3.3.3 硫酸（硫酸铁）浸出技术

硫酸（硫酸铁）浸出技术是指用硫酸或硫酸铁从电镀废水处理污泥中浸出铜和镍，再用溶剂萃取法或碳酸盐沉淀法将铜和镍分离。浸出的铜和镍以硫酸盐的形式存在，该方法反应时间较短，效率较高。

如果电镀废水处理污泥的硫酸浸出液富含铜，不含或只含微量的镍，可直接采用置换反应生产铜金属，即采用与铜有一定电位差的金属如铁、铝等置换铜金属。该技术可得到品位为 90%以上的海绵铜粉，铜的回收率达 95%；但该技术置换效率低，且对铬等其他金属未能有效回收，有一定的局限性。

该技术过程较简单，且废水可循环使用，基本无二次污染；但硫酸具有较强的腐蚀性，因此对反应容器防腐要求较高；同时，浸出时温度达到 80～100℃时，会产生蒸汽和酸性气体；溶剂萃取法的操作过程和设备较复杂，成本较高。该技术适用于处理含铜、镍等重金属废水污泥。

3.3.4 噪声污染治理技术

通常从声源、传播途径和受体防护 3 个方面进行噪声污染防治。尽可能选用低噪声设备，采用消声、隔振、减震等措施从声源上控制噪声；采用隔声、吸声、绿化等措施在传播途径上降噪。

第 4 章　电镀行业企业自行监测方案的制定

立足排污单位自行监测在我国污染源监测管理制度中的定位，根据电镀行业发展概况和污染排放特征，我国发布了《排污单位自行监测技术指南　总则》（HJ 819—2017）、《排污单位自行监测技术指南　火力发电及锅炉》（HJ 820—2017）、《排污单位自行监测技术指南　电镀工业》（HJ 985—2018）等相关标准规范，这是电镀行业企业制定自行监测方案的依据。为了让标准规范的使用者更好地理解标准中规定的内容，本章重点围绕《排污单位自行监测技术指南　电镀工业》中的具体要求，一方面对其中部分要求的来源和考虑因素进行说明，另一方面对使用过程中需要注意的重点事项进行说明，以期为指南使用者提供更加详细的信息。

4.1　监测方案制定的依据

2017 年 4 月，环境保护部发布了《排污单位自行监测技术指南　总则》（HJ 819—2017）、《排污单位自行监测技术指南　火力发电及锅炉》（HJ 820—2017），2018 年 12 月，生态环境部发布了《排污单位自行监测技术指南　电镀工业》（HJ 985—2018），这是电镀工业排污单位制定监测方案的重要依据。

根据自行监测技术指南体系设计思路，电镀工业排污单位主要按照 HJ 985—2018 制定监测方案，其中 HJ 985—2018 中未规定，但 HJ 819—2017 中进行了明确规定的内容，应按照 HJ 819—2017 执行。

另外，由于锅炉广泛分布在各类工业企业中，电镀工业排污单位中也会有自备电厂或工业锅炉。对于电镀工业排污单位中的自备电厂和工业锅炉，应按照 HJ 820—2017 制定监测方案。

4.2 废水排放监测

电镀工业废水排放的主体包括电镀工业排污单位和专门处理电镀废水的集中式污水处理厂，其中电镀工业排污单位是有电镀、化学镀、化学转化膜等生产工序和设施的排污单位，包括专业电镀排污单位和有电镀工序的排污单位；专门处理电镀废水的集中式污水处理厂指位于电镀集中区内并拥有专门处理电镀废水集中处理设施的单位。本节主要以电镀工业排污单位和专门处理电镀废水的集中式污水处理厂为研究对象，对废水监测点位、监测指标以及监测频次设置进行介绍。

4.2.1 监测点位的确定

根据第 3 章的分析概括，电镀工业排污单位废水主要有以下几个来源：镀前处理工序主要产生于镀件脱脂除油、酸洗、活化、中和等的废水；电镀工序产生漂洗废水；镀后处理工序产生处理后废水等；辅助工序产生废气洗涤废水、纯水制备系统树脂再生废水、实验室排水等；在冲刷时，主要有生产车间的冲洗废水、初期雨水等；此外，还有生活污水。不同电镀企业根据生产工艺及镀种的不同，包含上述一项或多项来源的废水。

按照我国水污染物排放标准相关规定，污染物监测点位包括企业废水总排放口、车间或生产设施废水排放口两类。对于毒性较大、环境风险较高、仅是特定工序产生的重金属等污染物，监测点位在车间或生产设施废水排放口，这样可以避免污染物在未得到有效治理的情况下因其他废水混合后造成稀释而排放，避免在污染物未得到有效治理的情况下实现浓度达标。其他多数工序都会产生的、毒性相对较小、环境风险相对较低的污染物指标，监测点位多为企业废水总排放口。

根据电镀工业的不同组织形式，应分别设置不同的监测点位。对于专业电镀企业，需重点关注车间或生产设施排放口以及废水总排放口；对于有电镀工序的企业，需重点关注电镀车间或电镀生产设施排放口；对于专门处理电镀废水的集中式污水处理厂，需重点关注车间或生产设施排放口以及废水总排放口，其中车间或生产设施排放口是指含总铬、六价铬、总镍、总镉、总银、总铅、总汞废水分质处理的特定处理单元出水口（与其他废水混合前）。

4.2.2　监测指标的确定

根据《电镀污染物排放标准》（GB 21900—2008），纳入国家排放标准管控的废水污染物指标包括总铬、六价铬、总镍、总镉、总银、总铅、总汞、总铜、总锌、总铁、总铝、pH、悬浮物、化学需氧量、氨氮、总氮、总磷、石油类、氟化物、总氰化物。

根据 2016 年全国电镀企业自行监测情况统计结果（表 4-1），开展废水自行监测的电镀企业共计 1 259 家，其中直接排放 558 家、间接排放 701 家，废水中总铬、六价铬、总镍、总镉、总铅、总汞、总铜、总锌监测比例超过 50%，特征污染因子与常规监测因子大多出现超标现象，其中总镍超标比例较高。

表 4-1　全国电镀企业废水自行监测开展情况

监测指标	监测情况		超标情况	
	企业数/家	监测比例/%	企业数/家	监测比例/%
总铬	1 040	82.6	13	1.0
六价铬	1 140	90.5	8	0.6
总镍	1 139	90.4	143	11.3
总镉	851	67.6	4	0.3
总银	554	44.0	0	0
总铅	861	68.4	1	0.08
总汞	820	65.1	0	0
总铜	871	69.2	17	1.4
总锌	831	66.0	12	0.9

监测指标	监测情况		超标情况	
	企业数/家	监测比例/%	企业数/家	监测比例/%
总铁	414	32.9	3	0.2
总铝	309	24.5	2	0.2
pH	618	49.1	0	0
悬浮物	415	33.0	10	0.8
化学需氧量	491	39.0	17	1.4
氨氮	435	34.6	6	0.5
总氮	337	26.8	15	1.2
总磷	364	28.9	18	1.4
石油类	372	29.5	4	0.3
氟化物	314	24.9	1	0.1
总氰化物	464	36.9	6	0.5

综合考虑以上因素，专业电镀企业和专门处理电镀废水的集中式污水处理厂均需在废水总排放口和车间或生产设施排放口设置监测点位和污染物指标，而有电镀工序的企业仅需在车间或生产设施排放口设置监测点位和污染物指标，详见表 4-2。

表 4-2　电镀工业废水排放口及污染物指标

废水排放口	污染物指标
废水总排放口	pH、悬浮物、化学需氧量（COD_{Cr}）、氨氮、总氮、总磷、石油类、氟化物、总氰化物
	总铜、总锌、总铁、总铝
车间或生产设施排放口	总铬、六价铬、总镍、总镉、总银、总铅、总汞

4.2.3　最低监测频次的确定

4.2.3.1　电镀工业排污单位分类

《环境保护法》《大气污染防治法》《水污染防治法》中对重点排污单位的监测责任提出了明确要求，并提出重点排污单位的确认由国务院环境保护主管部门规定。为了落实《环境保护法》《大气污染防治法》《水污染防治法》，2017 年，环境保护部印发了《重点排污单位名录管理规定（试行）》（环办监测〔2017〕86 号），明确了重点排污单位筛选条件，规范了重点排污单位名录管理。

根据《重点排污单位名录管理规定（试行）》，重点排污单位名录由地方人民政府环境保护主管部门确定并公开。设区的市级地方人民政府环境保护主管部门依据本行政区域的环境承载力、环境质量改善要求和本规定的筛选条件，每年由有关部门筛选污染物排放量较大、排放有毒有害污染物等具有较大环境风险的企业事业单位确定下一年度本行政区域重点排污单位名录。重点排污单位名录实行分类管理，按照受污染的环境要素分为水环境重点排污单位名录、大气环境重点排污单位名录、土壤环境污染重点监管单位名录、声环境重点排污单位名录以及其他重点排污单位名录 5 类，同一家企业事业单位因排污种类不同可以同时属于不同类别重点排污单位。纳入重点排污单位名录的企业事业单位应明确所属类别和主要污染物指标。

由于电镀工业废水污染严重，电镀企业是典型的水环境重点排污单位，因此在《排污单位自行监测技术指南　电镀工业》中，对废水的监测频次按照水环境重点排污单位要求提出，对气、声以及其他污染物的监测频次按照一般排污单位要求提出，若地方有更高要求则从严从高要求。

专栏一

根据《关于印发〈重点排污单位名录管理规定（试行）〉的通知》（环办监测〔2017〕86 号），具备下列条件之一的企业事业单位，纳入水环境重点排污单位名录。

①一种或几种废水主要污染物年排放量大于设区的市级环境保护主管部门设定的筛选排放量限值。废水主要污染物指标是指化学需氧量、氨氮、总磷、总氮以及汞、镉、砷、铬、铅等重金属。筛选排放量限值根据环境质量状况确定，排污总量占比不得低于行政区域工业排污总量的 65%。

②有事实排污且属于废水污染重点监管行业的所有大中型企业。废水污染重点监管行业包括制浆造纸，焦化，氮肥制造，磷肥制造，有色金属冶炼，石油化工，化学原料和化学制品制造，化学纤维制造，有漂白、染色、印花、洗水、后整理等工艺的纺织印染，农副食品加工，原料药制造，皮革鞣制加工，毛皮鞣制加工，毛

（绒）加工，农药，电镀，磷矿采选，有色金属矿采选，乳制品制造，调味品和发酵制品制造，酒和饮料制造，有表面涂装工序的汽车制造，有表面涂装工序的半导体液晶面板制造等。各地可根据本地实际情况增加相关废水污染重点监管行业。

③实行排污许可重点管理的已发放排污许可证的产生废水污染物的单位。

④设有污水排放口的规模化畜禽养殖场、养殖小区。

⑤所有规模的工业废水集中处理厂、日处理 10 万 t 及以上或接纳工业废水日处理 2 万 t 以上的城镇生活污水处理厂。各地可根据本地实际情况降低城镇污水集中处理设施的规模限值。

⑥产生含有汞、镉、砷、铬、铅、氰化物、黄磷等可溶性剧毒废渣的企业。

⑦设区的市级以上地方人民政府水污染防治目标责任书中承担污染治理任务的企业事业单位。

⑧3 年内发生较大及以上突发水环境污染事件或者因水环境污染问题造成重大社会影响的企业事业单位。

⑨3 年内超过水污染物排放标准和重点水污染物排放总量控制指标被环境保护主管部门予以“黄牌”警示的企业，以及整治后仍不能达到要求且情节严重被环境保护主管部门予以“红牌”处罚的企业。

4.2.3.2 废水监测频次

（1）监测频次的一般要求

根据《排污单位自行监测技术指南　电镀工业》（HJ 985—2018），电镀工业排污单位废水排放口各监测指标最低监测频次按表 4-3 执行。排污单位可根据管理要求或实际情况在表 4-3 的基础上提高监测频次。

专门处理电镀废水的集中式污水处理厂的车间或生产设施排放口以及废水总排放口的监测指标及最低监测频次按照表 4-4 执行。

表 4-3　电镀工业排污单位废水监测指标最低监测频次

监测点位	监测指标	监测频次
车间或生产设施排放口	流量	自动监测
	总铬、六价铬、总镍、总镉、总银、总铅、总汞	日[a]
废水总排放口	流量	自动监测
	pH、化学需氧量、总氰化物、总铜、总锌	日
	总磷、总氮	月（日[a]）
	总铁、总铝、氨氮、氟化物、悬浮物、石油类	月
雨水排放口[b]	pH、悬浮物	日

注：1. 根据原辅料使用等实际生产情况，确定具体的重金属监测指标。
2. 设区的市级及以上环保主管部门明确要求安装自动监测设备的污染物指标，须采取自动监测。
[a] 总氮/总磷实施总量控制的区域，总氮/总磷最低监测频次按日执行。
[b] 雨水排放口有流动水排放时按日监测。若监测一年无异常情况，可放宽至每季度开展一次监测。

表 4-4　专门处理电镀废水的集中式污水处理厂废水监测指标最低监测频次

监测点位	监测指标	监测频次
车间或生产设施排放口[a]	流量	自动监测
	总铬、六价铬、总镍、总镉、总银、总铅、总汞	日
废水总排放口	流量、pH、化学需氧量	自动监测
	氨氮、总氮、总磷、总氰化物、总铜、总锌	日
	总铁、总铝、氟化物、悬浮物、石油类	月

注：1. 根据专门处理电镀废水的集中式污水处理厂上游企业排放废水涉及的污染物指标，确定应开展监测的金属指标。
2. 设区的市级及以上环保主管部门明确要求安装自动监测设备的污染物指标，须采取自动监测。
[a] 车间或生产设施排放口指含总铬、六价铬、总镍、总镉、总银、总铅、总汞废水分质处理的特定处理单元出水口（与其他废水混合前）。

（2）确定监测频次的主要考虑因素

一是基于《总则》。根据《总则》对监测频次的原则要求，重点排污单位主要监测指标的监测频次为日—月，其他监测指标的监测频次为季度—半年。电镀工业属于废水重点排污单位，因此主要监测指标的监测频次范围为日—月。

二是基于电镀工业的实际排放情况与管理要求。考虑企业手工监测能力及委托监测成本，按照主要污染物监测频次高于非主要污染物、直接排放监测频次高于间接排放监测频次的总体原则，分别确定电镀排污单位及专门处理电镀废水的集中式污水处理厂各排污口不同污染物的监测频次。

1）电镀工业排污单位

车间排口的总铬、六价铬、总镍、总镉、总银、总铅、总汞是电镀特征污染物，是《重金属污染综合防治“十二五”规划》中列出的重点污染物。它们对环境危害较严重，属于重点控制对象。因此，对这 7 项污染物指标的监测频次要求较高。根据《总则》对废水重点排污单位的主要监测指标确定的最低频次为日—月，并结合电镀企业的实际情况，确定应按日开展监测；设区的市级及以上环保主管部门明确要求安装自动监测设备的污染物指标，或企业根据自身需求，可安装在线监测系统开展连续监测。

电镀废水绝大部分是酸碱废水，pH 可充分表征其排水安全，是电镀一项很重要的特征指标。化学需氧量是我国总量减排控制主要污染物，可反映电镀废水的有机物可生化性。氰化物作为最优良的络合剂在电镀企业中广泛应用，具有剧毒性。镀锌在我国电镀加工涉及最广，占 45%～50%，镀铜也较多，同时总铜、总锌也是《重金属污染综合防治“十二五”规划》中的重点污染物。故对 pH、化学需氧量、氰化物、总铜、总锌这 5 项指标的监测频次提出较高要求。考虑到电镀企业普遍规模较小、层次偏低，监测成本负担不宜过重，因此最低监测频次可按日执行；设区的市级及以上环保主管部门明确要求安装自动监测设备的污染物指标，可安装在线监测系统开展连续监测。

氨氮也是我国总量减排控制的主要污染物，但由于其主要来源于电镀过程中缓蚀剂、整平剂、光亮剂等有机胺类的清洗废水，因此产生总量不多。电镀废水中的磷主要来源于除油工序的除油溶液，以及航空航天电镀的磷化、化学镀镍的低价磷酸盐。一般情况下通过处理，总磷可达标，排放量也不大。故对氨氮、总氮、总磷这 3 项污染物指标监测频次要求相对低一些，可按月开展监测。但对于总氮或总磷实施总量控制的区域，可提高相应指标的监测频次。

铁、铝常被用作镀件材料，在除油、酸洗中容易析出总铁、总铝。氟化物、悬浮物、石油类也在电镀过程中有所产生，但产生量均不大，且对环境危害较小。因此，这些指标可适当降低监测频次。

2）专门处理电镀废水的集中式污水处理厂

由于专门处理电镀废水的集中式污水处理厂作为集中排污单位，是当地重点监控的对象，因此车间或生产设施排放口的总铬、六价铬、总镍、总镉、总银、总铅、总汞须按日开展监测；设区的市级及以上环保主管部门明确要求安装自动监测设备的污染物指标，须采取自动监测。

pH 是电镀废水的特征指标之一，化学需氧量是反映水体有机污染的一项重要指标，因此要求专门处理电镀废水的集中式污水处理厂的总排口设置自动监测设备，对此 2 项指标开展连续自动监测。

专门处理电镀废水的集中式污水处理厂相对单独的电镀企业来说，氨氮、总氮、总磷的排放量较大，因此要求其与总氰化物、总铜、总锌一样按日开展监测。设区的市级及以上环保主管部门明确要求安装自动监测设备的污染物指标，须采取自动监测。其他监测指标的监测频次可适当降低。

根据当前环境管理状况，对电镀污染治理设施处理效果没有明确要求，《排污单位自行监测技术指南　电镀工业》暂未考虑。各地或排污单位有需要的，可根据《总则》确定内部监测的监测点位、监测指标和频次。

4.2.3.3　自动监测

《排污单位自行监测技术指南　电镀工业》仅对电镀工业排污单位的车间或生产设施排放口、废水总排放口的流量，对专门处理电镀废水的集中式污水处理厂的车间或生产设施排放口的流量，以及废水总排放口的流量、pH、化学需氧量等指标提出了自动监测要求，其他指标均按手工监测提出最低监测频次要求。但由于各地水环境质量现状和要求不同，自动监测要求有所差异，因此提出“设区的市级及以上环保主管部门明确要求安装自动监测设备的污染物指标，须采取自动监测”。

4.3 废气排放监测

根据专业电镀企业、有电镀工序的企业以及专门处理电镀废水的集中式污水处理厂涉及的废气排放源及排放方式，分别对有组织废气、无组织废气的排放布设监测点位，对所排放废气中的污染物及其监测频次进行了明确。

4.3.1 有组织废气

4.3.1.1 监测点位

根据第 3 章的分析，有组织废气包括酸碱废气，含氰废气，铬酸雾废气，供热锅炉、自备电厂锅炉废气等。供热锅炉和电厂锅炉的各项监测要求参见《排污单位自行监测技术指南 火力发电及锅炉》(HJ 820—2017)，本书不再对此进行详细介绍。

专业电镀企业、有电镀工序的企业排放有组织废气，均需在车间或生产设施排气筒设置监测点位。根据实际生产情况，应分别安装酸碱废气排气筒、铬酸雾废气排气筒、含氰废气排气筒以及粉尘废气排气筒，对废气进行集中排放。

4.3.1.2 监测指标

根据《电镀污染物排放标准》(GB 21900—2008)，针对各监测点位排放的污染物，分别设置不同的监测指标。其中，酸碱废气排气筒的主要监测指标为氯化氢、氮氧化物、硫酸雾和氟化物；铬酸雾废气排气筒的监测指标为铬酸雾；含氰废气排气筒的监测指标为氰化氢；粉尘废气排气筒的监测指标为颗粒物。

2015 年 1 月 1 日（含）后取得环境影响评价批复的排污单位，还应根据环境影响评价文件及其批复以及实际生产情况等，确定具体的监测指标。

4.3.1.3　监测频次

针对废气主要监测指标,《总则》对重点排污单位确定的监测频次为月—季度，对非重点排污单位确定的监测频次为半年—年。由于电镀企业的废气治理工艺较为成熟，一般很少作为废气重点排污单位，因此要求专业电镀企业及有电镀工序企业的各类有组织废气按半年开展监测。若监测结果超标，应适当增加相应指标的监测频次。废气排放口监测指标最低监测频次见表 4-5。

表 4-5　废气排放口监测指标最低监测频次

监测点位	监测指标	监测频次
酸碱废气排气筒	氯化氢、氮氧化物、硫酸雾、氟化物	半年
铬酸雾废气排气筒	铬酸雾	半年
含氰废气排气筒	氰化氢	半年
粉尘废气排气筒	颗粒物	半年

在开展废气污染物排放监测时，应根据《固定污染源排气中颗粒物和气态污染物采样方法》(GB/T 16157—1996)、《固定源废气监测技术规范》(HJ/T 397—2007）和相应排放标准的要求同步开展烟气参数监测，以便计算污染物的排放速率，满足排放标准评价要求等。烟气参数主要包括监测断面截面积、排气筒高度、烟道中烟气温度、水分含量、动压、静压和大气压等，其中监测断面截面积、排气筒高度静态参数仅需监测一次，其他动态排气参数监测频次与污染物监测频次相同，应同步开展监测。

4.3.2　无组织废气

4.3.2.1　监测点位

根据《总则》《大气污染物无组织排放监测技术导则》(HJ/T 55—2000）的规

定，无组织废气的监控点设在无组织排放源下风向 2～50 m 范围内的浓度最高点，相对应的参照点设在排放源上风向 2～50 m 范围内。监控点最多可设 4 个，参照点只设 1 个。

4.3.2.2 监测指标

电镀工业产生的无组织废气具有刺激性气味，易对周边居民产生不良影响。专业电镀企业的无组织废气主要因有组织废气无法完全收集而产生，因此无组织废气的监测指标可以根据有组织废气的实际排放情况而确定，一般包括氯化氢、铬酸雾、硫酸雾、氰化氢以及氟化物等。专门处理电镀废水的集中式污水处理厂的无组织废气主要是在废水生化处理过程中产生的恶臭，一般监测指标为臭气浓度；2015 年 1 月 1 日（含）后取得环境影响评价批复的排污单位，还应根据环境影响评价文件及其批复或其他环境管理要求，确定是否需要监测 GB 14554—1993 中的其他恶臭污染物。

4.3.2.3 监测频次

由于电镀工业不在《总则》要求的无组织废气排放较重的行业之列，因此各项无组织废气监测指标可按年开展监测。监测结果超标的，应增加相应监测指标的监测频次。若周边有居民区等敏感点，应适当增加监测频次。具体监测指标及监测频次见表 4-6。

表 4-6 无组织废气监测指标最低监测频次

类型	监测指标	监测频次
专业电镀企业厂界	氯化氢、铬酸雾、硫酸雾、氰化氢、氟化物、臭气浓度	年
专门处理电镀废水的集中式污水处理厂厂界	臭气浓度	年

有电镀工序的企业，由于电镀无组织废气只是整个企业的一部分，因此无组织废气排放的部分特征污染物监测可参照专业电镀企业的标准执行。

4.4　厂界环境噪声监测

4.4.1　监测点位

根据电镀工业噪声源在厂区内的分布情况以及周边环境敏感点的位置，遵循《总则》中的原则设置厂界环境噪声监测点位。

《总则》中规定的相关原则包括根据厂内主要噪声源距厂界位置布点；根据厂界周围敏感目标布点；“厂中厂”是否需要监测由内部和外围排污单位协商确定；面临海洋、大江、大河的厂界原则上不布点；厂界紧邻交通干线不布点；厂界紧邻另一排污单位的，在临近另一排污单位侧是否布点由排污单位协商确定。

对于电镀工业排污单位及专门处理电镀废水的集中式污水处理厂，主要考虑 3.2.2.3 中所列出的各种噪声源在厂区内的分布情况，若还存在其他噪声源，应一并考虑，同时根据不同噪声源的强度选择对周边居民影响最大的位置开展监测。

4.4.2　监测指标及频次

厂界环境噪声的监测指标为等效 A 声级，每季度至少应开展一次昼夜监测，确保排污单位做好降噪措施，降低对周边居民的影响。因此周边有敏感点的，应提高监测频次，具体的监测频次可由周边居民、排污单位、管理部门共同协商确定。

4.5　周边环境质量影响监测

对环境影响评价文件及其批复［仅限 2015 年 1 月 1 日（含）后取得的环境影响评价批复］、相关环境管理政策有明确要求的，排污单位应按要求开展相应的周边环境质量要素的监测。

对管理上没有明确要求，但排污单位认为说清楚废水直接排入地表水对周边环境质量影响状况确有必要的，可按照《环境影响评价技术导则　地表水环境》（HJ 2.3—2018）、《污水监测技术规范》（HJ/T 91.1—2019）、《地下水环境监测技术规范》（HJ/T 164—2020）、《土壤环境监测技术规范》（HJ/T 166—2004）及受纳水体环境管理要求设置地表水、地表水体沉积物、地下水和土壤的监测点位。对设置各类监测指标及监测频次的考虑如下：

①地表水：电镀工业排污单位以及专门处理电镀废水的集中式污水处理厂对地表水的影响主要在于重金属污染。因此，选取总铬、六价铬、总镍、总镉、总银、总铅、总汞、总铜、总锌以及 pH 10 个监测指标；监测频次为每季度开展 1 次监测。

②地表水体沉积物、土壤：同地表水一样，重点考虑重金属污染，同时根据《土壤环境质量标准》《2016 年国家环境监测及数据共享方案》中对土壤环境质量监测规定的监测指标及电镀工业的特征污染物，选定 pH、总铬、总镍、总镉、总银、总铅、总汞、总铜、总锌等监测指标；监测频次为每年 1 次。

③地下水：我国电镀加工涉及最广的是镀锌、镀铜、镀镍、镀铬，其中镀锌占 45%～50%，镀铜、镀镍、镀铬占 30%，因此相应的含锌废水、含铜废水、含镍废水、含铬废水的排放量也较大，且这 4 种金属的水溶性也较大。氰化物是电镀工业排放的特征污染物，总铁易在除油、酸洗中析出，pH 和高锰酸盐指数是地下水的常规性指标。因此综合而得地下水环境质量监测指标为水位、pH、高锰酸盐指数、氰化物、总铬、六价铬、总铜、总锌、总镍、总铁等，监测频次为每年 1 次。

4.6　其他要求

（1）《排污单位自行监测技术指南　电镀工业》（HJ 985—2018）中未规定的污染物指标

电镀工业排污单位所持的排污许可证中载明的其他污染物指标或其他环境管理明确要求管控的污染物指标，也应纳入自行监测范围内。另外，对于除 HJ 985—2018 中所规定的典型工艺所涉及的污染物指标，排污单位根据生产过程的原辅用料、生产工艺、中间及最终产品类型、监测结果确定实际排放，同时又存在于有毒有害或优先控制污染物相关名录中的污染物指标，或其他有毒污染物指标，也应纳入自行监测范围。这些纳入自行监测范围的污染物指标应参照 HJ 985—2018 中表 1～表 5 以及《总则》确定监测点位和监测频次。

（2）监测频次的确定

HJ 985—2018 中的监测频次均为最低监测频次。排污单位在确保各指标的监测频次满足上述要求的基础上，可根据《总则》中监测频次的确定原则提高监测频次。监测频次的确定原则为：不应低于国家或地方发布的标准、规范性文件、规划、环境影响评价文件及其批复等明确规定的监测频次；主要排放口的监测频次高于非主要排放口；主要监测指标的监测频次高于其他监测指标；排向敏感地区的应适当增加监测频次；排放状况波动大的，应适当增加监测频次；历史稳定达标状况较差的需增加监测频次，达标状况良好的可以适当降低监测频次；监测成本应与排污企业自身能力一致，尽量避免重复监测。

（3）其他要求

对于 HJ 985—2018 中未规定的内容，如内部监测点位设置及监测要求、采样方法、监测分析方法、监测质量保证与质量控制，监测方案的描述、变更等按照《总则》执行。

4.7 自行监测方案示例

为了便于正确掌握和应用本章的监测方案示例，本书附录 5 列出了可供参考的完整监测方案模板示例，排污单位可根据示例和本单位实际情况进行相应的调整和完善，作为本单位的监测方案使用。本章重点针对附录 5 中的监测点位、监测指标、监测频次、监测方法等内容给出示例，对于共性较大的描述性内容和质量控制等相关内容，虽然未在本章列举，但并不意味着不重要或者不需要。

4.7.1 示例 1：某电镀企业（直接排放）

（1）企业基本情况

该企业电镀的镀种有电镀铜、电镀锡、化学镀铜、电镀镍。第一层厂房用作开料、钻孔、仓库等；第二层主要布置电镀线、沉铜线、蚀刻线、磨板、清洗等；第三层布置测试、GC 检验房、显影房、曝光房、干膜房、丝印房等；第四层为办公区。

生产废水和生活污水经厂内废水处理站处理后排入地表水。废气处理塔均布置在生产厂房楼顶，板料开料、钻孔、锣边和成型机设备产生的工业粉尘经除尘设施处理后排放，含酸废气经过喷淋处理后排放，含氰废气通过喷淋塔吸收氧化处理后排放，图形转移、印字符、焗炉等设备产生的有机废气经配套净化装置处理后排放，执行《电镀污染物排放标准》（GB 21900—2008）表 5 标准。选用低噪声设备，废气净化塔布置在远离宿舍区的厂房楼顶南侧，同时对生产设备采取减震措施，削减设备运行振动产生的噪声。

（2）自行监测方案

1）废水

针对镀镍车间排放口、企业废水总排放口、雨水排放口设置监测方案，见表 4-7。

表 4-7　废水排放监测方案

监测点位	监测指标	监测频次	监测方式	分析方法
镀镍车间废水排放口（DW001）	流量	自动监测	自动监测	—
	总镍	日	手工监测	《水质　镍的测定　火焰原子吸收分光光度法》（GB 11912—1989）
废水总排放口（DW002）	流量	自动监测	自动监测	—
	悬浮物	月	手工监测	《水质　悬浮物的测定　重量法》（GB 11901—1989）
	氨氮	月	手工监测	《水质　氨氮的测定　纳氏试剂分光光度法》（HJ 535—2009）
	总氮	日	手工监测	《水质　总氮的测定　碱性过硫酸钾消解紫外分光光度法》（HJ 636—2012）
	总磷	日	手工监测	《水质　总磷的测定　钼酸铵分光光度法》（GB 11893—1989）
	pH	日	手工监测	《水质　pH 值的测定　电极法》（HJ 1147—2020）
	氟化物	月	手工监测	《水质　氟化物的测定　离子选择电极法》（GB 7484—1987）
	石油类	月	手工监测	《水质　石油类的测定　紫红分光光度法》（HJ 970—2018）
	化学需氧量（COD_{Cr}）	日	手工监测	《水质　化学需氧量的测定　重铬酸盐法》（HJ 828—2017）
	总氰化物（以 CN^- 计）	日	手工监测	《水质　氰化物的测定　容量法和分光光度法》（HJ 484—2009）
	总铜	日	手工监测	《水质　铜、锌、铅、镉的测定　原子吸收分光光度法》（GB 7475—1987）
	总铁	月	手工监测	《水质　铁、锰的测定　火焰原子吸收分光光度法》（GB 11911—1989）
雨水排放口（DW003）	pH	日	手工监测	《水质　pH 值的测定　电极法》（HJ 1147—2020）
	悬浮物	日	手工监测	《水质　悬浮物的测定　重量法》（GB 11901—1989）

2）废气

针对镀镍车间的有组织废气排放口设置废气排放监测方案，见表 4-8。厂界无组织废气排放监测方案见表 4-9。

表 4-8　镀镍车间有组织废气排放监测方案

监测点位	监测指标	监测频次	监测方式	分析方法
FQ001 酸碱废气排气筒	氯化氢	半年	手工监测	《环境空气和废气　氯化氢的测定　离子色谱法》（HJ 549—2016）
	氮氧化物	半年	手工监测	《固定污染源排气中氮氧化物的测定　盐酸萘乙二胺分光光度法》（HJ/T 43—1999）
	硫酸雾	半年	手工监测	《固定污染源废气　硫酸雾的测定　离子色谱法》（HJ 544—2016）
	氟化物	半年	手工监测	《大气固定污染源　氟化物的测定　离子选择电极法》（HJ/T 67—2001）
FQ004 含氰废气排气筒	氰化氢	半年	手工监测	《固定污染源排气中氰化氢的测定　异烟酸-吡唑啉酮分光光度法》（HJ/T 28—1999）
FQ007 粉尘废气排气筒	颗粒物	半年	手工监测	《固定污染源排气中颗粒物测定与气态污染物采样方法》及其修改单（生态环境部公告　2017 年第 87 号）（GB/T 16157—1996）

表 4-9　无组织废气排放监测方案

监测点位	监测指标	监测频次	监测方式	分析方法
厂界上风向 1#	氯化氢	年	手工监测	《环境空气和废气　氯化氢的测定　离子色谱法》（HJ 549—2016）
	硫酸雾	年	手工监测	《固定污染源废气　硫酸雾的测定　离子色谱法》（HJ 544—2016）
	氰化氢	年	手工监测	《固定污染源排气中氰化氢的测定　异烟酸-吡唑啉酮分光光度法》（HJ/T 28—1999）
	氟化物	年	手工监测	《环境空气　氟化物的测定　滤膜采样/氟离子选择电极法》（HJ 955—2018）

监测点位	监测指标	监测频次	监测方式	分析方法
厂界上风向 1#	氮氧化物	年	手工监测	《环境空气　氮氧化物（一氧化氮和二氧化氮）的测定　盐酸萘乙二胺分光光度法》及其修改单(生态环境部公告　2018年第31号）（HJ 479—2009）
	颗粒物	年	手工监测	《环境空气　总悬浮颗粒物的测定　重量法》及其修改单（生态环境部公告　2018 年第 31 号）（GB/T 15432—1995）
厂界下风向 2#	氯化氢	年	手工监测	《环境空气和废气　氯化氢的测定　离子色谱法》（HJ 549—2016）
	硫酸雾	年	手工监测	《固定污染源废气　硫酸雾的测定　离子色谱法》（HJ 544—2016）
	氰化氢	年	手工监测	《固定污染源排气中氰化氢的测定　异烟酸-吡唑啉酮分光光度法》（HJ/T 28—1999）
	氟化物	年	手工监测	《环境空气　氟化物的测定　滤膜采样/氟离子选择电极法》（HJ 955—2018）
	氮氧化物	年	手工监测	《环境空气　氮氧化物（一氧化氮和二氧化氮）的测定　盐酸萘乙二胺分光光度法》及其修改单（生态环境部公告　2018 年第 31 号）（HJ 479—2009）
	颗粒物	年	手工监测	《环境空气　总悬浮颗粒物的测定　重量法》及其修改单（生态环境部公告　2018 年第 31 号）（GB/T 15432—1995）
厂界下风向 3#	氯化氢	年	手工监测	《环境空气和废气　氯化氢的测定　离子色谱法》（HJ 549—2016）
	硫酸雾	年	手工监测	《固定污染源废气　硫酸雾的测定　离子色谱法》（HJ 544—2016）
	氰化氢	年	手工监测	《固定污染源排气中氰化氢的测定　异烟酸-吡唑啉酮分光光度法》（HJ/T 28—1999）
	氟化物	年	手工监测	《环境空气　氟化物的测定　滤膜采样/氟离子选择电极法》（HJ 955—2018）
	氮氧化物	年	手工监测	《环境空气　氮氧化物（一氧化氮和二氧化氮）的测定　盐酸萘乙二胺分光光度法》及其修改单（生态环境部公告　2018 年第 31 号）（HJ 479—2009）
	颗粒物	年	手工监测	《环境空气　总悬浮颗粒物的测定　重量法》及其修改单（生态环境部公告　2018 年第 31 号）（GB/T 15432—1995）

3）厂界环境噪声

对工厂周围环境噪声开展监测，监测方案见表 4-10。

表 4-10　厂界环境噪声监测方案

监测点位	监测指标	监测频次	监测方式	监测方法
厂界北外 1 m 处	连续等效 A 声级	季度	手工监测	《工业企业厂界环境噪声排放标准》（GB 12348—2008）
厂界西外 1 m 处				
厂界南外 1 m 处				
厂界东外 1 m 处				

4）周边环境质量影响

在排入的地表水上游、下游分别设置监测点位，对周边地表水环境质量影响状况开展监测；同时对企业周边土壤环境影响情况开展监测，见表 4-11。

表 4-11　周边环境质量影响监测方案

监测点位	监测指标	监测频次	监测方式	监测方法
污水入××河至上游 100 m	pH	季度	手工监测	《水质　pH 值的测定　电极法》（HJ 1147—2020）
	总镍	季度	手工监测	《水质　镍的测定　火焰原子吸收分光光度法》（GB 11912—1989）
	总铜	季度	手工监测	《水质　铜、锌、铅、镉的测定　原子吸收分光光度法》（GB 7475—1987）
污水入××河至下游 150 m	pH	季度	手工监测	《水质　pH 值的测定　玻璃电极法》（HJ 1147—2020）
	总镍	季度	手工监测	《水质　镍的测定　火焰原子吸收分光光度法》（GB 11912—1989）
	总铜	季度	手工监测	《水质　铜、锌、铅、镉的测定　原子吸收分光光度法》（GB 7475—1987）
厂界外土壤	pH	年	手工监测	《土壤 pH 值的测定　电位法》（HJ 962—2018）
	总镍	年	手工监测	《土壤和沉积物　铜、锌、铅、镍、铬的测定　火焰原子吸收分光光度法》（HJ 491—2019）
	总铜	年	手工监测	《土壤和沉积物　铜、锌、铅、镍、铬的测定　火焰原子吸收分光光度法》（HJ 491—2019）

4.7.2 示例 2：有专门处理电镀废水的集中式污水处理厂的电镀集中区

（1）企业基本情况

某电镀集中区占地 200 亩，建有电镀企业 50 余家，镀件以铁质、塑料为主，加工范围涉及镀铜、镀镍、镀银、镀铬、镀锌、塑料电镀等，配套服务于汽车、电器电子以及五金等行业。集中区内设有一个专门处理电镀废水的集中式污水处理厂，对园区内的电镀废水进行集中处理，处理能力为 1 万 t/d。各企业的电镀废水经预处理达到相应接管标准后排入该集中式污水处理厂，其中含总镍、总银、总铬、六价铬的废水分流排入污水处理厂相应的特定处理单元进行分质处理，其他废水则排入污水处理厂进行综合处理，达标后排入附近河流。

（2）自行监测方案

1）废水

位于该电镀集中区的电镀企业废水排放方式为间接排放，无须单独制定监测方案。专门处理电镀废水的集中式污水处理厂需开展废水监测，根据 HJ 985—2018、本电镀集中区电镀企业的实际原辅料生产情况，以及当地环保主管部门要求氨氮、总氮、总磷等污染物指标需安装自动监测设备等规定，制定监测方案（表 4-12）。

表 4-12　某专门处理电镀废水的集中式污水处理厂的废水监测方案

监测点位		监测指标	监测频次	监测方式	分析方法
总镍废水分质处理特定处理单元	进水口（1#）	流量	自动监测	自动监测	—
	出水口（2#）	总镍	日	手工监测	《水质　镍的测定　火焰原子吸收分光光度法》（GB/T 11912—1989）
总银废水分质处理特定处理单元	进水口（3#）	流量	自动监测	自动监测	—
	出水口（4#）	总银	日	手工监测	《水质　银的测定　火焰原子吸收分光光度法》（GB/T 11907—1989）

监测点位		监测指标	监测频次	监测方式	分析方法
总铬废水分质处理特定处理单元	进水口（5#）	流量	自动监测	自动监测	—
	经脱泥沉淀后的出水口（6#）	六价铬	日	手工监测	《水质　六价铬的测定　二苯碳酰二肼分光光度法》（GB 7467—1987）
		总铬	日	手工监测	《水质　铬的测定　火焰原子吸收分光光度法》（HJ 757—2015）
废水总排放口（7#）		流量	自动监测	自动监测	—
		pH	自动监测	自动监测	《水污染源在线监测系统（COD_{Cr}、NH_3-N 等）运行技术规范》（HJ 355—2019）
		化学需氧量	自动监测	自动监测	
		氨氮	自动监测	自动监测	
		总氮	自动监测	自动监测	
		总磷	自动监测	自动监测	
		总氰化物（以 CN^- 计）	日	手工监测	《水质　氰化物的测定　容量法和分光光度法》（HJ 484—2009）
		总铜	日	手工监测	《水质　铜、锌、铅、镉的测定　原子吸收分光光度法》（GB 7475—1987）
		总锌	日	手工监测	《水质　铜、锌、铅、镉的测定　原子吸收分光光度法》（GB 7475—1987）
		氟化物	月	手工监测	《水质　氟化物的测定　离子选择电极法》（GB 7484—1987）
		悬浮物	月	手工监测	《水质　悬浮物的测定　重量法》（GB 11901—1989）
		石油类	月	手工监测	《水质　石油类和动植物油类的测定　红外分光光度法》（HJ 637—2018）
		总铁	月	手工监测	《水质　铁、锰的测定　火焰原子吸收分光光度法》（GB/T 11911—1989）

2）废气

电镀集中区内的电镀企业，根据实际生产情况对废气排气筒及无组织废气开展监测，监测方案参见示例 1 的废气监测部分。

专门处理电镀废水的集中式污水处理厂，可根据实际情况开展无组织废气监测，监测方案见表 4-13。

表 4-13　某专门处理电镀废水的集中式污水处理厂的无组织废气排放监测方案

监测点位	监测指标	监测频次	监测方式	分析方法
厂界上风向 1#	臭气浓度	年	手工监测	《空气质量　恶臭的测定　三点比较式臭袋法》（GB/T 14675—1993）
厂界下风向 2#				
厂界下风向 3#				
厂界下风向 4#				

3）厂界环境噪声

电镀集中区内的电镀企业，根据实际生产情况开展厂界噪声监测，监测方案参见示例 1 的厂界环境噪声部分。专门处理电镀废水的集中式污水处理厂可参照《排污单位自行监测技术指南总则》（HJ 819—2017）执行。

4）周边环境质量影响

对周边××河及其地表水体沉积物，以及周边土壤环境影响情况开展监测，见表 4-14。

表 4-14　周边环境质量影响监测方案

监测点位	监测指标	监测频次	监测方式	监测方法
污水入××河至上游 100 m	pH	季度	手工监测	《水质　pH 值的测定　玻璃电极法》（GB 6920—1986）
	总镍	季度	手工监测	《水质　镍的测定　火焰原子吸收分光光度法》（GB 11912—1989）
	总银	季度	手工监测	《水质　银的测定　火焰原子吸收分光光度法》（GB/T 11907—1989）
	总铬	季度	手工监测	《水质　铬的测定　火焰原子吸收分光光度法》（HJ 757—2015）
	六价铬	季度	手工监测	《水质　六价铬的测定　二苯碳酰二肼分光光度法》（GB 7467—1987）
	总铜	季度	手工监测	《水质　铜、锌、铅、镉的测定　原子吸收分光光度法》（GB 7475—1987）
	总铁	季度	手工监测	《水质　铁、锰的测定　火焰原子吸收分光光度法》（GB 11911—1989）
	总锌	季度	手工监测	《水质　铜、锌、铅、镉的测定　原子吸收分光光度法》（GB 7475—1987）

监测点位	监测指标	监测频次	监测方式	监测方法
污水入××河至下游150 m	pH	季度	手工监测	《水质　pH值的测定　玻璃电极法》（GB 6920—1986）
	总镍	季度	手工监测	《水质　镍的测定　火焰原子吸收分光光度法》（GB 11912—1989）
	总银	季度	手工监测	《水质　银的测定　火焰原子吸收分光光度法》（GB/T 11907—1989）
	总铬	季度	手工监测	《水质　铬的测定　火焰原子吸收分光光度法》（HJ 757—2015）
	六价铬	季度	手工监测	《水质　六价铬的测定　二苯碳酰二肼分光光度法》（GB 7467—1987）
	总铁	季度	手工监测	《水质　铁、锰的测定　火焰原子吸收分光光度法》（GB 11911—1989）
	总铜	季度	手工监测	《水质　铜、锌、铅、镉的测定　原子吸收分光光度法》（GB 7475—1987）
	总锌	季度	手工监测	《水质　铜、锌、铅、镉的测定　原子吸收分光光度法》（GB 7475—1987）
污水入××河处底泥	pH	年	手工监测	《土壤　pH值的测定　电位法》（HJ 962—2018）
	总镍	年	手工监测	《土壤和沉积物　铜、锌、铅、镍、铬的测定　火焰原子吸收分光光度法》（HJ 491—2019）
	总铬	年	手工监测	《土壤和沉积物　铜、锌、铅、镍、铬的测定　火焰原子吸收分光光度法》（HJ 491—2019）
	总银	年	手工监测	《土壤和沉积物　铜、锌、铅、镍、铬的测定　火焰原子吸收分光光度法》（HJ 491—2019）
	总铜	年	手工监测	《土壤和沉积物　铜、锌、铅、镍、铬的测定　火焰原子吸收分光光度法》（HJ 491—2019）
	总锌	年	手工监测	《土壤和沉积物　铜、锌、铅、镍、铬的测定　火焰原子吸收分光光度法》（HJ 491—2019）
厂界外土壤	pH	年	手工监测	《土壤　pH值的测定　电位法》（HJ 962—2018）
	总镍	年	手工监测	《土壤和沉积物　铜、锌、铅、镍、铬的测定　火焰原子吸收分光光度法》（HJ 491—2019）
	总铬	年	手工监测	《土壤和沉积物　铜、锌、铅、镍、铬的测定　火焰原子吸收分光光度法》（HJ 491—2019）
	总银	年	手工监测	《土壤和沉积物　铜、锌、铅、镍、铬的测定　火焰原子吸收分光光度法》（HJ 491—2019）
	总铜	年	手工监测	《土壤和沉积物　铜、锌、铅、镍、铬的测定　火焰原子吸收分光光度法》（HJ 491—2019）
	总锌	年	手工监测	《土壤和沉积物　铜、锌、铅、镍、铬的测定　火焰原子吸收分光光度法》（HJ 491—2019）

第 5 章　监测设施设置与维护要求

5.1　基本原则和依据

5.1.1　基本原则

排污单位应当依据国家污染源监测相关标准规范、污染物排放标准、自行监测相关技术指南和其他相关规定等进行监测点位的确定和排污口规范化设置；地方颁布执行的污染源监测标准规范、污染物排放标准等对监测点位的确定和排污口规范化设置有要求时，可按照地方规范、标准从严执行。

5.1.2　相关依据

排污单位的排污口主要包括废水排放口和废气排放口。

目前，国家有关废水监测点位确定及排污口规范化设置的标准规范主要包括《污水监测技术规范》（HJ 91.1—2019）、《水污染物排放总量监测技术规范》（HJ/T 92—2002）、《固定污染源监测质量保证与质量控制技术规范（试行）》（HJ/T 373—2007）、《水污染源在线监测系统（COD_{Cr}、NH_3-N 等）安装技术规范》（HJ 353—2019）等。

废气监测点位确定及规范化设置的标准规范主要包括《固定污染源排气中颗粒

物测定与气态污染物采样方法》(GB/T 16157—1996)、《固定源废气监测技术规范》（HJ/T 397—2007）、《固定污染源监测质量保证与质量控制技术规范（试行）》（HJ/T 373—2007）、《固定污染源烟气（SO_2、NO_x、颗粒物）排放连续监测技术规范》（HJ 75—2017）、《固定污染源烟气（SO_2、NO_x、颗粒物）排放连续监测系统技术要求及检测方法》（HJ 76—2017）等。

对于各类污染物排放口监测点位标志牌的规范化设置，主要依据国家环境保护总局于2003年发布的《排放口标志牌技术规格》（2003年10月15日，国家环保总局 环办〔2003〕95号），以及《环境保护图形标志——排放口（源）》（GB 15562.1—1995）等执行。

此外，国家环境保护局于1996年发布的《排污口规范化整治技术要求（试行）》（1996年5月20日，国家环保局 环监〔1996〕470号）对排污口规范化整治技术提出了总体要求，部分省、自治区、直辖市、地级市也针对本辖区排污口的规范化管理发布了技术规定、标准；各行业污染物排放标准以及各重点行业的排污单位自行监测的相关技术指南则对废水、废气排放口监测点位进行了进一步明确。

5.2 废水监测点位的确定及排污口规范化设置

5.2.1 废水排放口的类型及监测点位确定

排污单位的废水排放口一般包括排污单位废水总排口、排污单位车间废水排放口、雨水排放口、生活污水排放口等。

废水总排口排放的废水一般应包括排污单位的生产废水、生活污水、初期雨水、事故废水等，开展自行监测的排污单位均须在废水总排口设置监测点位。

对于排放第一类污染物的排污单位，即排放环境中难以降解或能在动植物体内蓄积，对人体健康和生态环境产生长远不良影响，具有致癌、致畸、致突变污染物的排污单位，必须在车间废水排放口设置监测点位，对第一类污染物进行监测。

考虑到排污单位生产过程中可能会有部分污染物通过雨排系统排入外环境，因此排污单位还应在雨水排口设置监测点位，并在雨水排口排放期间开展监测。

部分排污单位的生产污水和生活污水分别设置排放口，对于此类排污单位，除在生产废水排放口设置监测点位外，还应在生活污水排放口设置监测点位。

此外，排污单位还应根据各行业自行监测技术指南的相关要求设置监测点位。

5.2.2　废水排放口的规范化设置

废水排放口的设置应达到如下要求：

①废水排放口可以是矩形、圆管形或梯形，一般使用混凝土、钢板或钢管等原料。

②废水排放口应设置规范的、便于测量流量和流速的测流段，测流段水流应平直、稳定、集中，无下游水流顶托影响，上游顺直长度应大于 5 倍测流段最大水面宽度，同时测流段水深应大于 0.1 m 且不超过 1 m。

③废水排放口应能够方便安装三角堰、矩形堰、测流槽等测流装置或其他计量装置。

④有废水自动监测设施的排放口，还应能够满足安装污水水量自动计量装置（如超声波明渠流量计、管道式电磁流量计等）、采样取水系统、水质自动采样器等设备、设施的要求。

⑤排污单位应单独设置各类废水排放口，避免多家不同排污单位共用一个废水排放口。

5.2.3　采样点及监测平台的规范化设置

各类废水排放口监测点位的实际具体采样位置即采样点，一般应设在厂界内或厂界外不超过 10 m 范围内。压力管道式排放口应安装取样阀门；废水直接从暗渠排入市政管道的，应在企业界内或排入市政管道前设置取样口。有条件的排污单位应尽量设置一段能满足采样条件的明渠，以方便采样。

污水面在地下或距地面超过 1 m，应建取样台阶或梯架。

废水监测平台面积应不小于 1 m^2，平台应设置高度不低于 1.2 m 的防护栏、高度不低于 10 cm 的脚部挡板。监测平台、梯架通道及防护栏的相关设计载荷及制造安装应符合《固定式钢梯及平台安全要求　第 3 部分：工业防护栏杆及钢平台》（GB 4053.3—2009）的要求。

应保证污水监测点位场所通风、照明正常，应在有毒有害气体的监测场所设置强制通风系统，并安装相应的气体浓度报警装置。

5.2.4　废水自动监测设施的规范化设置

5.2.4.1　监测站房的设置

废水自动监测站房的设置应达到如下要求：

①新建监测站房面积应不小于 7 m^2。监测站房应尽量靠近采样点，与采样点的距离不宜大于 50 m。监测站房应做到专室专用。

②监测站房应密闭，安装空调，保证室内清洁，环境温度、相对湿度和大气压等应符合《工业过程测量和控制装置　工作条件　第 1 部分：气候条件》（GB/T 17214.1—1998）的要求。

③监测站房内应有安全合格的配电设备，能提供足够的电力负荷，不小于 5 kW，站房内应配置稳压电源。

④监测站房内应有合格的给排水设施，应使用自来水清洗仪器及有关装置。

⑤监测站房应有完善规范的接地装置和避雷措施、防盗和防止人为破坏的设施。

⑥监测站房如采用彩钢夹芯板搭建，应符合相关临时性建（构）筑物设计和建造要求。

⑦监测站房内应配备灭火器箱、手提式二氧化碳灭火器、干粉灭火器或沙桶等。

⑧监测站房不能位于通信盲区。

⑨监测站房的设置应避免对企业安全生产和环境造成影响。

5.2.4.2　采样取水系统的设置

废水自动监测设备的采样取水系统设置应达到如下要求：

①采样取水系统应保证采集有代表性的水样，并保证将水样无变质地输送至监测站房供水质自动分析仪取样分析或采样器采样保存。

②采样取水系统应尽量设在废水排放堰槽取水口头部的流路中央，采水的前端设在下流的方向，减少采水部前端的堵塞；测量合流排水时，在合流后充分混合的场所采水；采样取水系统宜设置成可随水面的涨落而上下移动的形式；应同时设置人工采样口，以便进行比对试验。

③采样取水系统的构造应有必要的防冻和防腐设施。

④采样取水管材料应对所监测项目没有干扰，并且耐腐蚀；取水管应能保证水质自动分析仪所需的流量；采样管路应采用优质的硬质 PVC 或 PPR 管材，严禁使用软管做采样管。

⑤采样泵应根据采样流量、采样取水系统的水头损失及水位差合理选择；取水采样泵应对水质参数没有影响，并且使用寿命长、易维护；采样取水系统的安装应便于采样泵的安置及维护。

⑥采样取水系统宜设有过滤设施，防止杂物和粗颗粒悬浮物损坏采样泵。

⑦氨氮水质自动分析仪采样取水系统的管路设计应具有自动清洗功能，宜采用加臭氧、二氧化氯或加氯等冲洗方式；应尽量缩短采样取水系统与氨氮水质自动分析仪之间输送管路的长度。

5.2.4.3　现场废水自动分析仪的设置

现场废水自动分析仪的设置应达到如下要求：

①现场水质自动分析仪应落地或壁挂式安装，有必要的防震措施，保证设备

安装牢固稳定。在仪器周围应留有足够空间，方便仪器维护。现场水质自动分析仪的安装还应满足《自动化仪表工程施工及质量验收规范》（GB 50093—2013）的相关要求。其他要求参照仪器相应说明书内容。

②安装高温加热装置的现场水质自动分析仪，应避开可燃物和严禁烟火的场所。

③现场水质自动分析仪与数据采集传输仪的电缆连接应可靠稳定，并尽量缩短信号传输距离，减少信号损失。

④各种电缆和管路应加保护管辅于地下或空中架设，空中架设的电缆应附着在牢固的桥架上，并在电缆和管路及其两端做明显标识。电缆线路的施工还应满足《电气装置安装工程　电缆线路施工及验收标准》（GB 50168—2018）的相关要求。

⑤现场水质自动分析仪工作所必需的高压气体钢瓶，应稳固固定在监测站房的墙上，防止钢瓶跌倒。

⑥必要时（如南方的雷电多发区），仪器和电源也应设置防雷设施。

5.3 废气监测点位的确定及规范化设置

5.3.1 废气排放口类型及监测点位的确定

排污单位的废气排放口一般包括生产设施工艺废气排放口、自备火力发电机组（厂）或配套动力锅炉废气排放口、污染处理设施排放口（如自备危险废物焚烧炉废气排放口、污水处理设施废气排放口）等。

排气筒（烟道）是目前排污单位废气有组织排放的主要排放口，因此，有组织废气的监测点位通常设置在排气筒（烟道）的横截断面（监测断面）上，并通过监测断面上的监测孔完成废气污染物的采样监测及流速、流量等废气参数的测量。

废气排放口监测点位的确定包括设置监测断面和监测孔两个部分。排污单位应按照相关技术规范、标准的规定，根据监测污染物的类别和技术手段的不同，先确定具体的废气排放口监测断面位置，再确定监测断面上监测孔的位置和数量。

5.3.2　监测断面规范化设置

5.3.2.1　基本要求

废气排放口监测断面包括手工监测断面和自动监测断面，监测断面设置应满足以下基本要求：

①监测断面应避开对测试人员操作有危险的场所，并在满足相关监测技术规范、标准规定的前提下，尽量选择方便监测人员操作、设备运输、安装的位置。

②若一个固定污染源排放的废气先通过多个烟道或管道后进入该固定污染源的总排气管时，应尽可能将废气监测断面设置在总排气管上，不得只在其中的一个烟道或管道上设置监测断面开展监测，并将测定值作为该源的排放结果；但允许在每个烟道或管道上均设置监测断面同步开展废气污染物排放监测。

③一般优先选择设置在烟道垂直管段和负压区域，应避开烟道弯头和断面急剧变化的部位，确保所采集样品的代表性。

5.3.2.2　手工监测断面设置的具体要求

对于废气手工监测断面，在满足 5.3.2.1 中基本要求的同时，还应按照以下具体规定进行设置：

（1）颗粒态污染物及流速、流量监测断面

1）监测断面的流速应不小于 5 m/s。

2）监测断面位置应位于在距弯头、阀门、变径管下游方向不小于 6 倍直径（当量直径）处和距上述部件上游方向不小于 3 倍直径（当量直径）处。

对矩形烟道，其当量直径按式（5-1）计算：

$$D = \frac{2AB}{A+B} \quad (5\text{-}1)$$

式中：A、B——边长，m。

3）当现场空间位置有限，很难满足 2）中要求时，可选择比较适宜的管段采样。手工监测位置与弯头、阀门、变径管等的距离至少是烟道直径的 1.5 倍，并适当增加测点的数量和采样频次。

（2）气态污染物监测断面

手工监测时若需要同步监测颗粒态污染物及流速、流量，则监测断面应按照 5.3.2.2（1）中相关要求设置；否则，可不按上述要求设置，但要避开涡流区。

5.3.2.3 自动监测断面设置的具体要求

对于废气自动监测断面，在满足 5.3.2.1 中基本要求的同时，还应按照以下具体规定进行设置：

（1）一般要求

1）位于固定污染源排放控制设备的下游和比对监测断面、比对采样监测孔的上游，且便于用参比方法进行校验。

2）不受环境光线和电磁辐射的影响。

3）烟道振动幅度尽可能小。

4）安装位置应尽量避开烟气中水滴和水雾的干扰，如不能避开，应选用能够适用的检测探头及仪器。

5）安装位置不漏风。

6）固定污染源烟气净化设备设置有旁路烟道时，应在旁路烟道内安装自动监测设备采样和分析探头。

（2）颗粒态污染物及流速、流量监测断面

1）监测断面的流速应不小于 5 m/s。

2）用于颗粒物及流速自动监测设备采样和分析探头安装的监测断面位置应设置在距弯头、阀门、变径管下游方向不小于 4 倍烟道直径处，以及距上述部件上游方向不小于 2 倍烟道直径处。矩形烟道当量直径可按式（5-1）计算。

3）当无法满足 2）中要求时，颗粒物及流速自动监测设备采样和分析探头的安装位置尽可能选择在气流稳定的断面，并采取相应措施保证监测断面烟气分布相对均匀，断面无紊流。对烟气分布均匀程度的判定采用相对均方根 σ_r 法，当 $\sigma_r \leqslant$ 0.15 时视为烟气分布均匀，σ_r 按式（5-2）计算。

$$\sigma_r = \sqrt{\frac{\sum_{i=1}^{n}(v_i - \bar{v})^2}{(n-1)\times \bar{v}^2}} \qquad (5\text{-}2)$$

式中：v_i——测点烟气流速，m/s；

$\bar{v}$——截面烟气平均流速，m/s；

n——截面上的速度测点数目，测点选择按照《固定污染源排气中颗粒物测定与气态污染物采样方法》（GB/T 16157—1996）执行。

（3）气态污染物监测断面

1）气态污染物自动监测设备采样和分析探头的安装位置应设置在距弯头、阀门、变径管下游方向不小于 2 倍烟道直径，以及距上述部件上游方向不小于 0.5 倍烟道直径处。矩形烟道当量直径可按式（5-1）计算。

2）当无法满足 1）中要求时，应按照 5.3.2.3（2）3）中的相关要求及式（5-2），设置监测断面。

3）同步进行颗粒态污染物及流速、流量监测的，应优先满足颗粒态污染物及流速、流量监测断面的设置条件，监测断面的流速应不小于 5 m/s。

5.3.3 监测孔的规范化设置

5.3.3.1 监测孔规范化设置的基本要求

监测孔一般包括用于废气污染物排放监测的手工监测孔、用于废气自动监测设备校验的参比方法采样监测孔。

监测孔的设置应满足以下基本要求：

①监测孔位置应便于人员开展监测工作，应设置在规则的圆形或矩形烟道上，不宜设置在烟道的顶层。

②对于输送高温或有毒有害气体的烟道，监测孔应开在烟道的负压段；若负压段下满足不了开孔需求，对正压下输送高温和有毒气体的烟道应安装带有闸板阀的密封监测孔。

③监测孔的内径一般不小于 80 mm，新建或改建污染源废气排放口监测孔的内径应不小于 90 mm；监测孔管长不大于 50 mm（安装闸板阀的监测孔管除外）。监测孔在不使用时用盖板或管帽封闭，在监测使用时应易开合（图 5-1）。

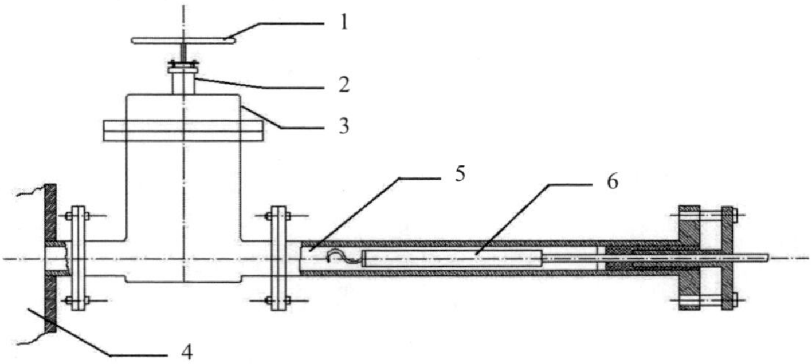

1—闸板阀手轮；2—闸板阀阀杆；3—闸板阀阀体；4—烟道；5—监测孔管；6—采样枪。

图 5-1 带有闸板阀的密封监测孔

5.3.3.2　手工监测开孔的具体要求

在确定的监测断面上设置手工监测的监测孔时，应在满足 5.3.3.1 中基本要求的同时，按照以下具体规定设置：

①若监测断面为圆形的烟道，监测孔应设在包括各测点在内的互相垂直的直径线上，其中，断面直径小于 3 m 时，应设置相互垂直的 2 个监测孔；断面直径大于 3 m 时，应尽量设置相互垂直的 4 个监测孔（图 5-2）。

②若监测断面为矩形烟道，监测孔应设在包括各测点在内的延长线上（图 5-3），其中，监测断面宽度大于 3 m 时，应尽量在烟道两侧对开监测孔，具体监测孔数量按照《固定污染源排气中颗粒物测定与气态污染物采样方法》（GB/T 16157—1996）的要求确定。

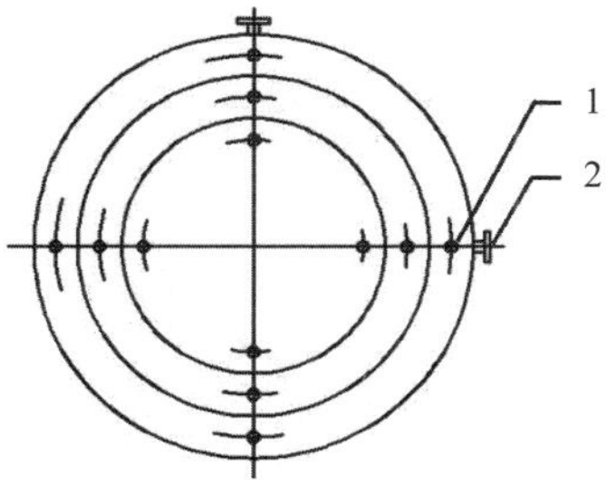

1—测点；2—监测孔。

图 5-2　圆形断面测点与监测孔示意图

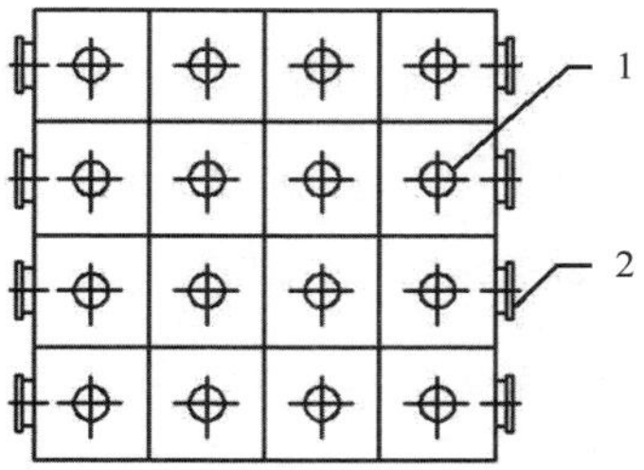

1—测点；2—监测孔。

图 5-3　矩形断面测点与监测孔示意图

5.3.3.3　自动监测设备参比方法采样监测开孔的具体要求

废气自动监测设备参比方法采样监测孔的设置，在满足 5.3.3.1 中基本要求的同时，还应按照以下具体规定设置：

①应在自动监测断面下游预留参比方法采样监测孔，在互不影响测量的前提下，参比方法采样监测孔应尽可能靠近废气自动监测断面，距离约 0.5 m 为宜。

②对于监测断面为圆形的烟道，参比方法采样监测孔应设在包括各测点在内的互相垂直的直径线上，其中，断面直径小于 4 m 时，应设置相互垂直的 2 个监测孔；断面直径大于 4 m 时，应尽量设置相互垂直的 4 个监测孔。

③若监测断面为矩形烟道，参比方法采样监测孔应设在包括各测点在内的延长线上，监测断面宽度大于 4 m 时，应尽量在烟道两侧对开监测孔，具体监测孔数量按照《固定污染源排气中颗粒物测定与气态污染物采样方法》（GB/T 16157—1996）的要求确定。

5.3.4 监测平台的规范化设置

监测平台应设置在监测孔的正下方 1.2～1.3 m 处，应安全、便于开展监测活动，必要时应设置多层平台以满足与监测孔距离的要求。

仅用于手工监测的平台可操作面积至少应大于 1.5 m^2（长度、宽度均不小 1.2 m），最好应在 2 m^2 以上。用于安装废气自动监测设备和进行参比方法采样监测的平台面积至少在 4 m^2 以上（长度、宽度均不小 2 m），或不小于采样枪长度外延 1 m。

监测平台应易于人员和监测仪器到达。应根据平台高度，按照《固定式钢梯及平台安全要求 第 1 部分：钢直梯》（GB 4053.1—2009）、《固定式钢梯及平台安全要求 第 2 部分：钢斜梯》（GB 4053.2—2009）的要求，设置直梯或斜梯。当监测平台距离地面或其他坠落面距离超过 2 m 时，不应设置直梯，应有通往平台的斜梯、旋梯或通过升降梯、电梯到达，斜梯、旋梯宽度应不小于 0.9 m，梯子倾角不超过 45°，其他具体指标详见 GB 4053.1—2009、GB 4053.2—2009。监测平台距离地面或其他坠落面距离超过 20 m 时，应有通往平台的升降梯（图 5-4）。

监测平台、通道的防护栏杆的高度应不低于 1.2 m，脚部挡板不低于 10 cm。监测平台、通道、防护栏的设计载荷、制造安装、材料、结构及防护要求应符合《固定式钢梯及平台安全要求 第 3 部分：工业防护栏杆及钢平台》（GB 4053.3—2009）的要求（图 5-5）。

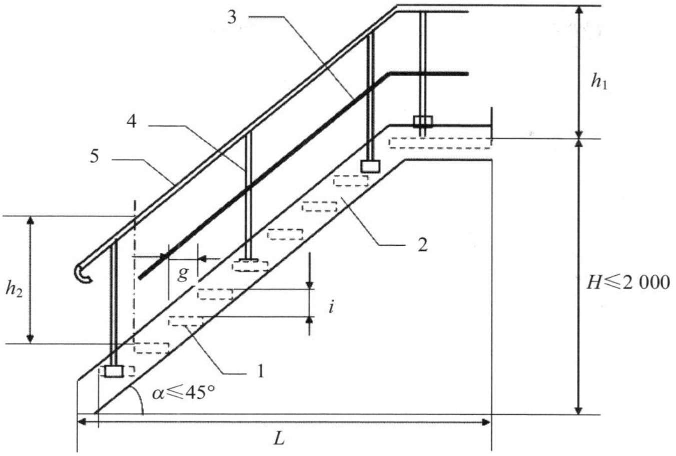

1—踏板；2—梯梁；3—中间栏杆；4—立柱；5—扶手；H—梯高；L—梯跨；

h_1—栏杆高；h_2—扶手高；α—梯子倾角；i—踏步高；g—踏步宽。

图 5-4　固定式钢斜梯

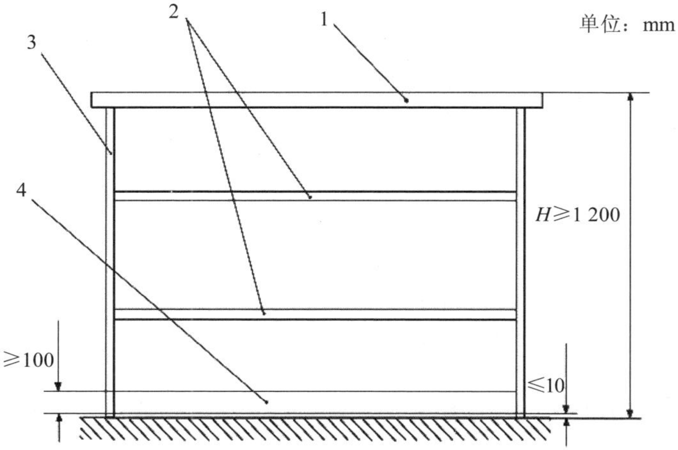

1—扶手（顶部栏杆）；2—中间栏杆；3—立柱；4—踢脚板；H—栏杆高度。

图 5-5　防护栏杆

监测平台应设置一个防水低压配电箱，内设漏电保护器、不少于 2 个 16 A 插座及 2 个 10 A 插座，保证监测设备所需电力。

监测平台附近有造成人体机械伤害、灼烫、腐蚀、触电等危险源的，应在平台相应位置设置防护装置。监测平台上方有坠落物体隐患时，应在监测平台上方高处设置防护装置。防护装置的设计与制造应符合《机械安全　防护装置　固定式和活动式防护装置的设计与制造一般要求》（GB/T 8196—2018）的要求。

排放剧毒、致癌物及对人体有严重危害物质的监测点位应储备相应安全防护装备。

5.3.5　废气自动监测设施的规范化设置

5.3.5.1　监测站房的设置

废气自动监测站房的设置应达到如下要求：

①应为室外的废气自动监测系统提供独立站房，监测站房与采样点之间距离应尽可能近，原则上不超过 70 m。

②监测站房的基础荷载强度应不小于 2 000 kg/m^2。若站房内仅放置单台机柜，面积应不小于 2.5 m×2.5 m。若同一站房放置多套分析仪表的，每增加一台机柜，站房面积应至少增加 3 m^2，便于开展运维操作。站房空间高度应不小于 2.8 m，站房建在标高不小于 0 处。

③监测站房内应安装空调和采暖设备，室内温度应保持在 15～30℃，相对湿度应不大于 60%，空调应具有来电自动重启功能，站房内应安装排风扇或其他通风设施。

④监测站房内配电功率能够满足仪表实际要求，功率不少于 8 kW，至少预留三孔插座 5 个、稳压电源 1 个、UPS 电源 1 个。

⑤监测站房内应配备不同浓度的有证标准气体，且在有效期内。标准气体应当包含零气（即含二氧化硫、氮氧化物浓度均≤0.1 μmol/mol 的标准气体，一般为高纯氮气，

纯度≥99.999%；当测量烟气中二氧化碳时，零气中二氧化碳浓度≤400 μmol/mol，含有其他气体的浓度不得干扰仪器的读数）和 CEMS 测量的各种气体（SO_2、NO_x、O_2）的量程标气，以满足日常零点、量程校准、校验的需要。低浓度标准气体可由高浓度标准气体通过经校准合格的等比例稀释设备获得（精密度≤1%），也可单独配备。

⑥监测站房应有必要的防水、防潮、隔热、保温措施，在特定场合还应具备防爆功能。

⑦监测站房应具有能够满足废气自动监测系统数据传输要求的通信条件。

5.3.5.2　自动监测设备的安装施工要求

①废气自动监测系统安装施工应符合《自动化仪表工程施工及质量验收规范》（GB 50093—2013）、《电气装置安装工程　电缆线路施工及验收标准》（GB 50168—2018）的规定。

②施工单位应熟悉废气自动监测系统的原理、结构、性能，编制施工方案、施工技术流程图、设备技术文件、设计图样、监测设备及配件货物清单交接明细表、施工安全细则等有关文件。

③设备技术文件应包括资料清单、产品合格证、机械结构、电气、仪表安装的技术说明书、装箱清单、配套件、外购件检验合格证和使用说明书等。

④设计图样应符合技术制图、机械制图、电气制图、建筑结构制图等标准的规定。

⑤设备安装前的清理、检查及保养应符合以下要求。

a）按交货清单和安装图样明细表清点检查设备及零部件，缺损件应及时处理，更换补齐。

b）运转部件如取样泵、压缩机、监测仪器等，滑动部位均需清洗、注油润滑防护。

c）因运输造成变形的仪器、设备的结构件应校正，并重新涂刷防锈漆及表面油漆，保养完毕后应恢复原标记。

⑥现场端连接材料（垫片、螺母、螺栓、短管、法兰等）为焊件组对成焊时，壁（板）的错边量应符合以下要求：

a）管子或管件对口、内壁齐平，最大错边量≤1 mm；

b）采样孔的法兰与连接法兰几何尺寸极限偏差不超过±5 mm，法兰端面的垂直度极限偏差≤0.2%；

c）采用透射法原理颗粒物监测仪器发射单元和颗粒物监测仪反射单元，测量光束从发射孔的中心出射到对面中心线相叠合的极限偏差≤0.2%。

⑦从探头到分析仪的整条采样管线的铺设应采用桥架或穿管等方式，保证整条管线具有良好的支撑。管线倾斜度≥5º，防止管线内积水，在每隔 4～5 m 处装线卡箍。当使用伴热管线时应具备稳定、均匀加热和保温的功能；其设置加热温度≥120℃，且应高于烟气露点温度 10℃以上，其实际温度值应能够在机柜或系统软件中显示查询。

⑧电缆桥架安装应满足最大直径电缆的最小弯曲半径要求。电缆桥架的连接应采用连接片。配电套管应采用钢管和 PVC 管材质配线管，其弯曲半径应满足最小弯曲半径要求。

⑨应将动力与信号电缆分开敷设，保证电缆通路及电缆保护管的密封，自控电缆应符合输入和输出分开、数字信号和模拟信号分开的配线和敷设的要求。

⑩安装精度和连接部件坐标尺寸应符合技术文件和图样规定。监测站房仪器应排列整齐，监测仪器顶平直度和平面度应不大于 5 mm，监测仪器牢固固定，可靠接地。二次接线正确、牢固可靠，配导线的端部应标明回路编号。配线工艺整齐，绑扎牢固，绝缘性好。

⑪各连接管路、法兰、阀门封口垫圈应牢固完整，均不得有漏气、漏水现象。保持所有管路畅通，保证气路阀门、排水系统安装后应畅通和启闭灵活。自动监测系统空载运行 24 h 后，管路不得出现脱落、渗漏、振动强烈现象。

⑫反吹气应为干燥清洁气体，反吹系统应进行耐压强度试验，试验压力为常

用工作压力的 1.5 倍。

⑬电气控制和电气负载设备的外壳防护应符合《外壳防护等级（IP 代码）》（GB/T 4208—2017）的技术要求，户内达到防护等级 IP 24 级，户外达到防护等级 IP 54 级。

⑭防雷、绝缘要求：

a）系统仪器设备的工作电源应有良好的接地措施，接地电缆应采用大于 4 mm^2 的独芯护套电缆，接地电阻小于 4 Ω，且不能和避雷接地线共用。

b）平台、监测站房、交流电源设备、机柜、仪表和设备金属外壳、管缆屏蔽层和套管的防雷接地，可利用厂内区域保护接地网，采用多点接地方式。厂区内不能提供接地线或提供的接地线达不到要求的，应在子站附近重做接地装置。

c）监测站房的防雷系统应符合《建筑物防雷设计规范》（GB 50057—2010）的规定。电源线和信号线设防雷装置。

d）电源线、信号线与避雷线的平行净距离≥1 m，交叉净距离≥0.3 m（图 5-6）。

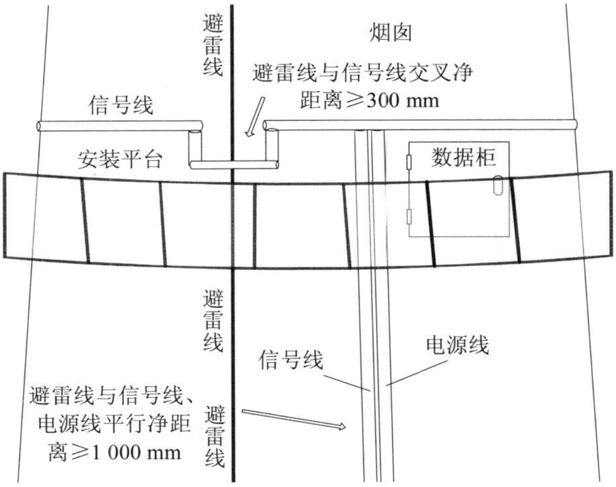

图 5-6　电源线、信号线与避雷线距离示意图

e）由烟囱或主烟道上数据柜引出的数据信号线要经过避雷器引入监测站房，应将避雷器接地端同站房保护地线可靠连接。

f）信号线为屏蔽电缆线，屏蔽层应有良好绝缘，不可与机架、柜体发生摩擦、打火，屏蔽层两端及中间均需做接地连接（图 5-7）。

图 5-7　信号线接地示意图

5.4　排污口标志牌的规范化设置

5.4.1　标志牌设置的基本要求

排污单位应在排污口及监测点位设置标志牌，标志牌分为提示性标志牌和警告性标志牌两种。提示性标志牌用于向人们提供某种环境信息，警告性标志牌用于提醒人们注意污染物排放可能会造成危害。

一般性污染物排放口及监测点位应设置提示性标志牌。排放剧毒、致癌物及对人体有严重危害物质的排放口及监测点位应设置警告性标志牌，警告标志图案应设置于警告性标志牌的下方。

标志牌应设置在距污染物排放口及监测点位较近且醒目处，并能长久保留。

排污单位可根据监测点位情况，设置立式或平面固定式标志牌。

5.4.2　标志牌技术规格

5.4.2.1　环保图形标志

（1）环保图形标志

环保图形标志必须符合《环境保护图形标志——排放口（源）》（GB 15562.1—

1995）的要求。

（2）图形颜色及装置颜色

①提示标志：底和立柱为绿色，图案、边框、支架和文字为白色；

②警告标志：底和立柱为黄色，图案、边框、支架和文字为黑色。

（3）辅助标志内容

①排放口标志名称；

②单位名称；

③排放口编号；

④污染物种类；

⑤××生态环境局监制；

⑥排放口经纬度坐标、排放去向、执行的污染物排放标准、标志牌设置依据的技术标准等。

（4）辅助标志字型为黑体字

（5）标志牌尺寸

①平面固定式标志牌外形尺寸：提示标志牌为 480 mm×300 mm；警告标志牌为 420 mm×420 mm；

②立式固定式标志牌外形尺寸：提示标志牌为 420 mm×420 mm；警告标志牌为 560 mm×420 mm；高度为标志牌最上端距地面 2 m，地下 0.3 m。

5.4.2.2　其他要求

（1）标志牌材料

①标志牌采用 1.5～2 mm 冷轧钢板；

②立柱采用 38×4 无缝钢管；

③表面采用搪瓷或者反光贴膜。

（2）标志牌的表面处理

①搪瓷处理或贴膜处理；

②标志牌的端面及立柱要经过防腐处理。

（3）标志牌的外观质量要求

①标志牌、立柱无明显变形；

②标志牌表面无气泡，膜或搪瓷无脱落；

③图案清晰，色泽一致，不得有明显缺损；

④标志牌的表面不应有开裂、脱落及其他破损。

5.5 排污口规范化的日常管理与档案记录

排污单位应将排污口规范化建设纳入企业生产运行的管理体系中，制定相应的管理办法和规章制度，选派专职人员对排污口及监测点位进行日常管理和维护，并保存相关管理记录。

排污单位应建立排污口及监测点位档案。档案内容除包括排污口及监测点位的位置、编号、污染物种类、排放去向、排放规律、执行的排放标准等基本信息外，还应包括相关日常管理的记录，如标志牌的内容是否清晰完整，监测平台、各类梯架、监测孔、自动监测设施等是否能够正常使用，废水排放口是否损坏、排气筒有无漏风、破损现象等方面的检查记录，以及相应的维护、维修记录。

排污口及监测点位一经确认，排污单位不得随意变动。监测点位位置、排污口排放的污染物发生变化的，或排污口须拆除、增加、调整、改造、更新的，应按相关要求及时向生态环境主管部门报备，并及时设立新的标志牌或更换标志牌相应内容。

第 6 章　废水手工监测技术要点

废水手工监测是一个全面性、系统性的工作，为了规范手工监测活动的开展，我国发布了一系列监测技术规范和方法标准。总体来说，废水手工监测要按照相关的技术规范和方法标准开展。为了便于理解和应用，本章立足现有的技术规范和标准，结合日常工作经验，分别从流量监测、现场手工监测、实验室分析 3 个方面归纳总结了常见的方法和操作要求，以及方法使用过程中的重点注意事项。对于一些虽然适用但不够便捷、目前实际应用很少的方法，本书中未列举，若排污单位根据实际情况确实需要采用这类方法的，应严格按照方法的适用条件和要求开展相关监测活动。

6.1　流量

在工业应用领域，主要用电磁流量计、巴氏槽、孔板流量计、涡街流量计等测量流量，其中孔板流量计和涡街流量计广泛应用于石油、化工、冶金、电力、供热、供水等领域，其作用是测量和调控管道加药、供水、供热的流量。对于工业废水的流量监测，目前技术最成熟、应用最广泛、使用最便捷的是巴歇尔槽（巴氏槽）和电磁流量计。此外在科研领域，还有容积法、浓度法、皮托管测速计法、文丘里测速计法等，主要用于流体力学的建模与研究。

企业自行监测废水流量时，首推自动测流方法，精度高、操作简单、运维方便。手工测流方法为备选方法，在不满足自动测流条件或自动测流设施损坏时，可以作为临时补救措施。

以河道明渠流速仪和便携式超声波管道测流仪为手工测流法仪器，相对于自动测流法而言，两者操作复杂、准确度低，仅建议在自动测流设施断电或损坏时临时救急使用，不建议用作长期自行监测手段。

6.1.1 河道明渠流速仪

适用条件：该方法适用于明渠排水流量的测量，排污截面底部需硬质平滑，截面形状为规则的几何形，排污口处有不小于 3 m 的平直过流水段，且水位高度不小于 0.1 m。在巴氏槽自动测流断电或损坏时，可用此法临时测量排水流量。河道明渠流速仪示例如图 6-1 所示。

方法原理：通过流速仪，测量过水断面不同位置的流速，计算平均流速，再乘以断面面积即得测量时刻的瞬时流量。

操作方式：购买超声波、旋杯式、旋桨式流量监测仪，按照操作说明书在满足上述适用条件的排污渠中测量各点流速，再用直尺测量过水断面面积。流量=所测平均流速×所测面积。不同流速仪操作有所不同，以说明书为准。

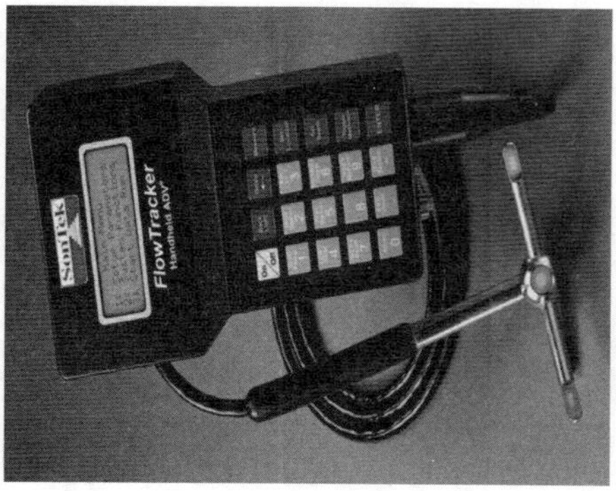

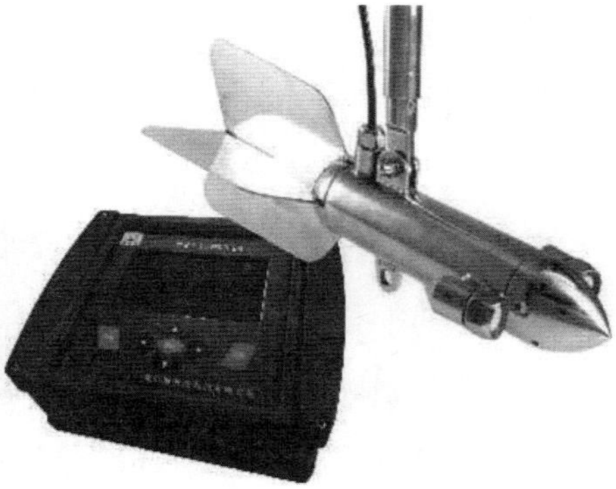

图 6-1　河道明渠流速仪示例

6.1.2　便携式超声波管道测流仪

适用条件：便携式超声波管道测流仪的使用条件与电磁式自动测流仪一致，适用于顺直管道的满流测量。管壁为能传导超声波的实密介质，如铸铁、碳钢、不锈钢、玻璃钢、PVC 等。测点应避开弯头、阀门等，确保流态稳定，无气泡和涡流。测点应避开大功率变频器和强磁场设备，以免产生干扰。在电磁流量计断电或损坏时，可用此法临时测量排水流量。便携式超声波管道测流仪示例如图 6-2 所示。

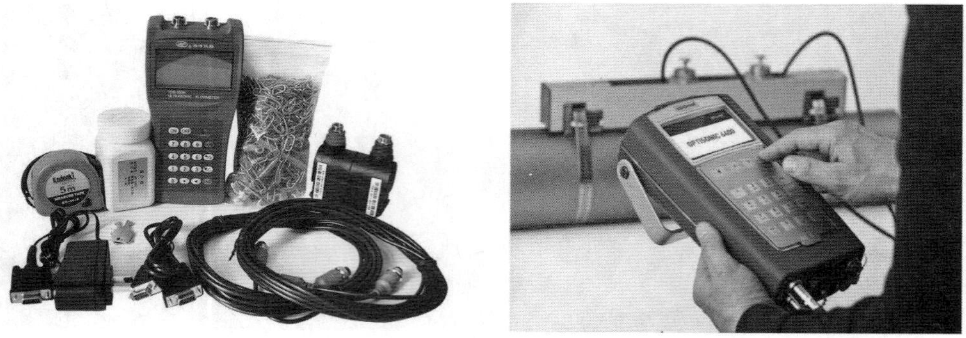

图 6-2 便携式超声波管道测流仪示例

方法原理：沿着管道的流向，将两个传感器分别贴于管道内，错开一定距离，通过两个传感器的时差测量流速，再乘以管道截面积，得出流量。便携式超声波管道测流原理如图 6-3 所示。

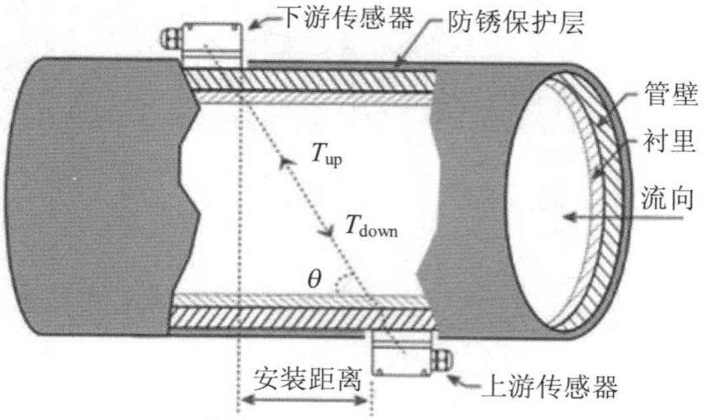

$$V=\frac{MD}{\sin 2\theta}\times\frac{\Delta T}{T_{up}\cdot T_{down}}$$

其中

θ 为声束与液体流动方向的夹角

M 为声束在液体的直线传播次数

D 为管道内径

T_{up} 为声束在正方向上的传播时间

T_{down} 为声束在逆方向上的传播时间

$\Delta T=T_{up}-T_{down}$ 时差

$$F=900\times\pi\times D^2\times V$$

其中

F 为瞬时流量，m^3/h

D 为管道的内径，m

V 为流速，m/s

图 6-3 便携式超声波管道测流原理

操作方式：按照说明书，将传感器安装于管道上，启动主机根据操作步骤测量（不同厂家的安装方式和操作步骤略有不同，以说明书为准）。

6.2　现场采样与测试

6.2.1　采样点位

第一类污染物采样点位一律设在车间、车间处理设施的排放口或专门处理此类污染物设施的出口。第一类污染物包括总汞、烷基汞、总镉、总铬、六价铬、总砷、总铅、总镍、苯并[*a*]芘、总铍、总银、总 α 放射性、总 β 放射性。其他污染物采样点位一律设在排污单位的总排放口。

进入集中式污水处理厂和进入城市污水管网的污水采样点位应根据地方生态环境主管部门的要求确定。污水处理设施效率监测采样点的布设应满足以下要求：

①对整体污水处理设施效率监测时，在各种进入污水处理设施的入口和污水设施的总排口处设置采样点。

②对各污水处理单元效率监测时，在各种进入处理设施单元的入口和设施单元的排口处设置采样点。

实际采样位置应位于污水排放管道中间位置，当水深大于 1 m 时，应在水深 1/4 处采样；水深小于或等于 1 m 时，在水深的 1/2 处采样。

6.2.2　采样方法

污水的监测项目根据行业类型不同有不同的要求，排污单位根据本行业自行监测技术指南要求设置。

采样方法主要分为瞬时采样和连续采样。在分时间单元采集瞬时样品时，测定 pH、COD、BOD_5、DO、总氰化物、油类、有机物、余氯、粪大肠菌群、悬浮物、放射性等项目的样品，不能混合，只能单独采样。

根据监测项目选择不同的采样器，包括聚乙烯塑料桶、不锈钢采水器、有机玻璃水质采样器、泵式采水器、油类采样器、自动采样装置及用采样容器直接灌装（如粪大肠菌群等微生物指标）。当水深很浅，以上采样器均不适用时，可考虑使用不锈钢或塑料水瓢采集水样，采样人员距水面较远时可使用长柄瓢。废水排口有较大落差的，可使用上方开口的容器如吊桶、提桶等采集水样。常见废水采样器如图 6-4 所示。

不锈钢采水器

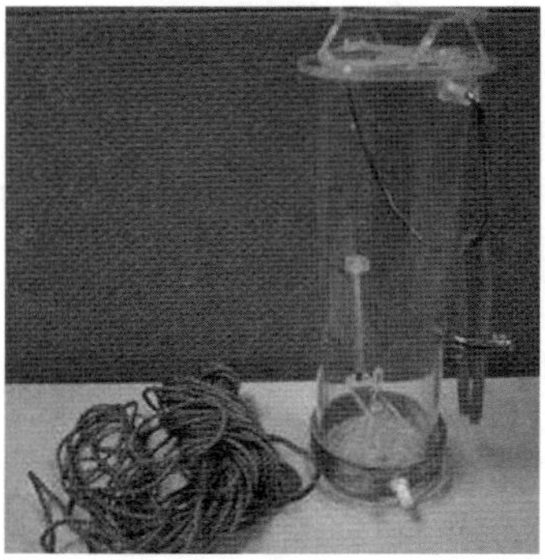

有机玻璃水质采样器

油类采样器

塑料水瓢

长柄瓢

吊桶

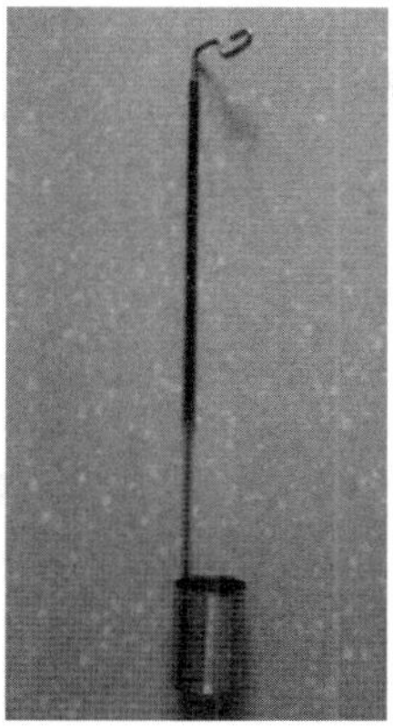

提桶

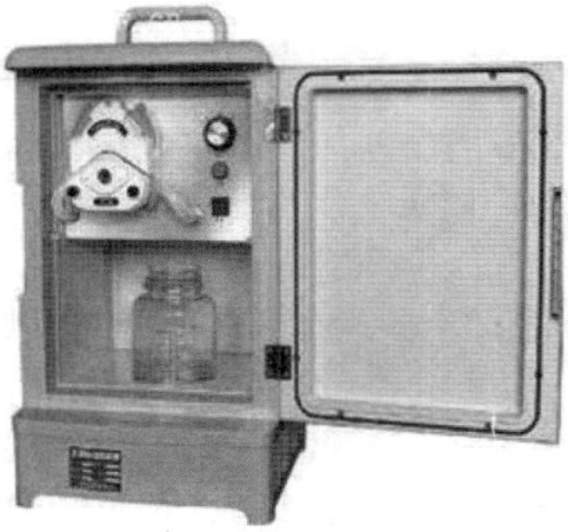

水质自动采样装置

图 6-4　常见废水采样器

有条件的排污单位可配备水质自动采样装置进行时间比例采样和流量比例采样，以满足连续采样加密监测的需求。当污水排放量较稳定时可采用时间比例采样，否则必须采用流量比例采样。所用自动采样器必须符合生态环境部颁布的《水质自动采样器技术要求及检测方法》（HJ/T 372—2007）的要求，定期校验，并将定期校验结果报送相应的环境保护行政主管部门。油类、pH、溶解氧、硫化物、粪大肠菌群等指标不宜用自动采样装置进行采样。

样品采集时还应针对具体的监测项目注意以下事项：

①采样时不可搅动水底的沉积物。

②确保采样准时，点位准确，操作安全。

③采样结束前，应核对采样计划、记录与水样，如有错误或遗漏，应立即补采或重采。

④如采样现场水体很不均匀，无法采到有代表性的样品，则应详细记录不均匀的情况和实际采样情况，供使用该数据者参考。

⑤测定油类的水样，应使用油类采样器在水面至 300 mm 采集柱状水样。

⑥测溶解氧、生化需氧量和有机污染物等项目时，水样必须注满容器，上部

不留空间并有水封口。

⑦如果水样中含沉降性固体（如泥沙等），则应分离除去。即将所采水样摇匀后倒入沉降桶（如 1～2 L 量筒），静置 30 min，将不含沉降性固体但含有悬浮性固体的水样移入盛样容器并加入保存剂。测定水温、pH、DO、电导率、悬浮物和油类的水样除外。

用样品容器直接采样时，必须用水样冲洗 3 次之后再行采样。采油类的容器不能冲洗。

⑧采样时应注意除去水面的杂物、垃圾等漂浮物。

⑨用于测定悬浮物、BOD_5、硫化物、油类、余氯的水样，必须单独定容采样并全部用于测定。

⑩采样时应认真填写污水采样记录表，表中应有以下内容：污染源名称、监测项目、采样点位、采样时间、样品编号、污水性质、污水流量、采样人姓名及其他有关事项。具体格式可由各排污单位制定，参考表 6-1。

⑪凡需现场监测的项目，如 pH 等，应进行现场监测。

表 6-1　污水采样记录表

监测项目	样品编号	采样时间	采样口位置（需标明车间或出厂口）	样品类别	样品表观	采样口流量/（m^3/s）	采样人

6.2.3　样品保存与运输

6.2.3.1　容器

当前市面上常见的容器按材质主要分为硬质玻璃瓶和聚乙烯瓶，在表 6-2 中分别用 G、P 表示，硬质玻璃瓶则有透明和棕色两种，如图 6-5 所示。硬质玻璃瓶适用于 COD、高锰酸盐指数、石油类、有机化合物等监测项目的样品采集，棕色玻璃瓶能够降低光敏作用，适用于硫化物、叶绿素a、浮游植物等监测项目的样品采集。聚乙烯瓶则适用于水中金属元素、氟化物等监测项目的样品采集。在采样之前，采样容器应经过相应的清洗和处理，采样之后要对容器进行适当的封存，具体操作参见本节内容。企业可根据监测项目自行选择采样容器并按照合适的方法进行清洗和处理。

图 6-5　采样容器（透明硬质玻璃瓶、棕色硬质玻璃瓶和聚乙烯瓶）

（1）容器选择的一般原则

①最大限度防止容器及瓶塞对样品的污染，一般的玻璃在贮存水样时可溶出钠、钙、镁、硅、硼等元素，在测定这些项目时应避免使用玻璃容器，以防止新的污染。一些有色瓶塞含有大量的重金属。

②容器壁应易于清洗、处理，以减少如重金属或放射性核类的微量元素对容器的表面污染。

③容器或容器塞的化学和生物性质应该是惰性的，以防止容器与样品组分发生反应。如测氟时，水样不能贮于玻璃瓶中，因为玻璃与氟化物会发生反应。

④防止容器吸收或吸附待测组分，引起待测组分浓度的变化。微量金属易于

受这些因素的影响，其他如清洁剂、杀虫剂、磷酸盐同样也受到影响。

⑤深色玻璃能降低光敏作用。

（2）容器的准备

①所有的准备都应确保不发生正负干扰。

②尽可能使用专用容器。如不能使用专用容器，那么最好准备一套容器进行特定污染物的测定，以减少交叉污染。同时应注意防止以前采集高浓度分析物的容器因洗涤不彻底污染随后采集的低浓度污染物的样品。

③对于新容器，一般应先用洗涤剂清洗，再用纯水彻底清洗。但是，用于清洁的清洁剂和溶剂可能引起干扰，所用的洗涤剂类型和选用的容器材质要随待测组分来确定。测定硅、硼和表面活性剂，不能使用洗涤剂；测磷酸盐不能使用含磷洗涤剂；测硫酸盐或铬则不能用铬酸-硫酸洗液。测重金属的玻璃容器及聚乙烯容器通常用盐酸或硝酸（c=1 mol/L）洗净并浸泡 1～2 d 后用蒸馏水或去离子水冲洗。

（3）容器的清洗

1）清洁剂清洗塑料或玻璃容器

用自来水和清洗剂的混合稀释溶液清洗容器和容器帽；用实验室用水清洗两次；控干水并盖好容器帽。

2）溶剂洗涤玻璃容器

用自来水和清洗剂的混合稀释溶液清洗容器和容器帽；用自来水彻底清洗；用实验室用水清洗两次；用丙酮清洗并干燥；用与分析方法匹配的溶剂清洗并立即盖好容器帽。

3）酸洗玻璃或塑料容器

用自来水和清洗剂的混合稀释溶液清洗容器和容器帽；用自来水彻底清洗；用 10%硝酸溶液清洗；控干后，注满 10%硝酸溶液；密封，贮存至少 24 h；用实验室用水清洗，并立即盖好容器帽。

4）用于微生物分析的样品

用于微生物分析的容器及塞子、盖子应经高温灭菌，灭菌温度应确保在此温度下不释放或产生出任何能抑制生物活性、灭活或促进生物生长的化学物质。玻璃容器按一般清洗原则洗涤，用硝酸浸泡再用蒸馏水冲洗以除去重金属或铬酸盐残留物。在灭菌前可在容器里加入硫代硫酸钠（$Na_2S_2O_3$）以除去余氯对细菌的抑制作用（以每 125 mL 容器加入 0.1 mL 的 10 mg/L $Na_2S_2O_3$ 计量）。

（4）容器的封存

对需要测定物理-化学分析物的样品，应使水样充满容器至溢流并密封保存，以减少与空气中氧气、二氧化碳的反应干扰及样品运输途中的振荡干扰。但当样品需要被冷冻保存时，不应溢满封存，以防容器破裂。

6.2.3.2　样品保存

水样采集后应尽快送到实验室分析，因为样品长时间放置，受生物、化学、物理等因的影响，某些组分的浓度可能会发生变化。一般可通过冷藏、冷冻、过滤、离心、添加保存剂等方式对样品进行保存。

（1）样品的冷藏、冷冻

在大多数情况下，从采集样品后到运输到实验室期间，在 1～5℃冷藏并暗处保存就足够了，−20℃的冷冻温度一般能延长贮存期，但分析挥发性物质、细菌或微藻类的样品不适用冷冻程序。冷冻需要掌握冷冻和融化技术，以使样品在融化时能迅速、均匀地恢复其原始状态，用干冰快速冷冻是令人满意的方法。一般选用塑料容器，强烈推荐聚氯乙烯或聚乙烯等塑料容器。

（2）过滤和离心

采样时或采样后，用滤器（滤纸、聚四氟乙烯滤器、玻璃滤器）等过滤样品或将样品离心分离都可以除去其中的悬浮物、沉淀、藻类及其他微生物。滤器的选择要注意与分析方法相匹配，用前清洗及避免吸附、吸收损失。各种重金属化合物、有机物容易吸附在滤器表面，滤器中的溶解性化合物如表面活性剂会滤到样品中。一般测有机项目时选用砂芯漏斗和玻璃纤维漏斗，而在测定无机项目时常用 0.45 μm 的滤膜过滤。过滤样品的目的就是区分被分析物的可溶性和不可溶性的比例（如可溶和不可溶金属部分），详见图 6-6 和图 6-7。

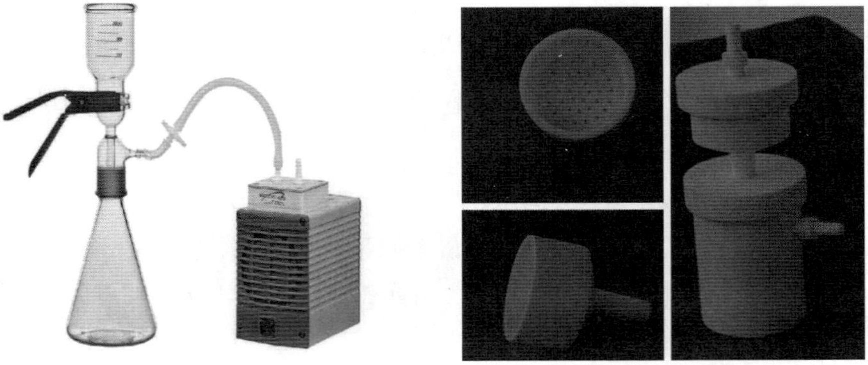

图 6-6　玻璃滤器及聚四氟乙烯滤器

图 6-7　砂芯漏斗和滤膜

（3）添加保存剂

保存剂主要包括酸、碱、抑制剂、氧化剂和还原剂，样品保存剂如酸、碱或其他试剂在采样前应进行空白试验，其纯度和等级必须达到分析的要求。

①加入酸和碱：控制溶液 pH，测定金属离子的水样常用硝酸酸化至 pH 为 1～2，既可以防止重金属的水解沉淀，又可以防止金属在器壁表面上的吸附，同时在 pH 为 1～2 时的酸性介质中还能抑制生物的活动。用此法保存，大多数金属可稳定数周或数月。测定氰化物的水样需加氢氧化钠调至 pH=12。测定六价铬的水样应加氢氧化钠调至 pH=8，因在酸性介质中，六价铬的氧化电位高，易被还原。保存总铬的水样，则应加硝酸或硫酸至 pH 为 1～2。

②加入抑制剂：为了抑制生物作用，可在样品中加入抑制剂。如在测氨氮、硝酸盐氮和 COD 的水样中，加氯化汞或加入三氯甲烷、甲苯作防护剂以抑制生物对亚硝酸盐、硝酸盐、铵盐的氧化还原作用。在测酚水样中用磷酸调溶液的 pH，加入硫酸铜以控制苯酚分解菌的活动。

③加入氧化剂：水样中痕量汞易被还原，引起汞的挥发性损失，加入硝酸-重铬酸钾溶液可使汞维持在高氧化态，汞的稳定性大为改善。

④加入还原剂：测定硫化物的水样，加入抗坏血酸对保存有利。含余氯水样，能氧化氰离子，可使酚类、烃类、苯系物氯化生成相应的衍生物，为此在采样时加入适当的硫代硫酸钠予以还原，除去余氯干扰。

加入一些化学试剂可固定水样中的某些待测组分，保存剂可事先加入空瓶中，亦可在采样后立即加入水样中。所加入的保存剂不能干扰待测成分的测定，如确定则应先做必要的试验。

当加入保存剂的样品经过稀释后，在分析计算结果时要充分考虑。但如果加入足够浓的保存剂，因加入体积很小，可以忽略其稀释影响。因固体保存剂会引起局部过热，相反的影响样品，应该避免使用。

所加入的保存剂有可能改变水中组分的化学或物理性质，因此选用保存剂时一定要考虑到对测定项目的影响。如待测项目是溶解态物质，酸化会引起胶体组分和固体的溶解，则必须在过滤后酸化保存。

必须做保存剂空白试验，特别对微量元素的检测。要充分考虑加入保存剂所引起待测元素数量的变化。例如，酸类会增加砷、铅、汞的含量。因此，样品中加入保存剂后，应保留做空白试验。

（4）生物检测的处理保存

用于化学分析的样品和用于生物分析的样品是不同的。加入到生物检测的样品中的化学品能够固定或保存样品，“固定”是用于描述保存形态结构，而“保存”是用于防止有机质的生物化学或化学退化。生物检测样品的保存应符合下列标准：

①预先了解防腐剂对预防生物有机物损失的效果；

②防腐剂至少在保存期间能够有效地防止有机质的生物退化；

③在保存期内，防腐剂应保证能充分研究生物分类群。

（5）放射化学分析样品的处理、保存

用于化学分析的样品和用于放射化学分析的样品的安全措施依赖于样品的放射能的性质。这类样品的保存技术依赖放射类型和放射性核素的半衰期。

对不同的监测项目应选用的容器材质、保存剂及其加入量、保存期、采样体积和容器洗涤方法可参考表 6-2。

表 6-2 样品保存和容器洗涤

项目	采样容器	保存剂及用量	保存期	采样量/mL	容器洗涤
色度*	G、P	—	12 h	250	I
pH*	G、P	—	12 h	250	I
悬浮物**	G、P	—	14 h	500	I
全盐量**					
溶解性总固体**					
化学需氧量	G	加 H_2SO_4，pH≤2	2 d	500	I
BOD_5**	G		12 h	500	I
总磷	G、P	加 HCl、H_2SO_4，pH≤2	24 h	250	IV
氨氮	G、P	加 H_2SO_4，pH≤2	24 h	250	I
总氮	G、P	加 H_2SO_4，pH≤2	7 d	250	I
石油类	P	加 HCl，pH≤2	24 h	500	II

项目	采样容器	保存剂及用量	保存期	采样量/mL	容器洗涤
总氰化物	G、P	NaOH，pH＞12	24 h	500	I
Be	G、P	HNO_3，1 L 水样中加 10 mL 浓 HNO_3	14 d	250	III
B	P	HNO_3，1 L 水样中加 10 mL 浓 HNO_3	14 d	250	I
Na	P	HNO_3，1 L 水样中加 10 mL 浓 HNO_3	14 d	250	II
Mg	G、P	HNO_3，1 L 水样中加 10 mL 浓 HNO_3	14 d	250	II
K	P	HNO_3，1 L 水样中加 10 mL 浓 HNO_3	14 d	250	II
Ca	G、P	HNO_3，1 L 水样中加 10 mL 浓 HNO_3	14 d	250	II
Cr（VI）	G、P	NaOH，pH=8～9	14 d	250	III
Mn	G、P	HNO_3，1 L 水样中加 10 mL 浓 HNO_3	14 d	250	III
Fe	G、P	HNO_3，1 L 水样中加 10 mL 浓 HNO_3	14 d	250	III
Al	G、P	HNO_3，1 L 水样中加 10 mL 浓 HNO_3	14 d	250	III
总铬	G、P	$HN0_3$，1 L 水样中加 10 mL 浓 HNO_3	14 d	250	III
Ni	G、P	HNO_3，1 L 水样中加 10 mL 浓 NO_3	14 d	250	III
Cu	P	HNO_3，1 L 水样中加 10 mL 浓 $NO_3$②	14 d	250	III
Zn	P	HNO_3，1 L 水样中加 10 mL 浓 $NO_3$②	14 d	250	III
As	G、P	HNO_3，1 L 水样中加 10 mL 浓 HNO_3；DDTC 法，2 mL HCl	14 d	250	I
Se	G、P	HCl，1 L 水样中加 2 mL 浓 HCl	14 d	250	III
Ag	G、P	HNO_3，1 L 水样中加 2 mL 浓 HNO_3	14 d	250	III
Cd	G、P	HNO_3，1 L 水样中加 10 mL 浓 $HNO_3$②	14 d	250	III
Sb	G、P	HCl，0.2%（氢化物法）	14 d	250	III
Hg	G、P	HCl，1%，如水样为中性，1 L 水样中加 10 mL 浓 HCl	14 d	250	III
Pb	G、P	HNO_3，1%，如水样为中性，1 L 水样中加 10 mL 浓 $HNO_3$②	14 d	250	III

注：1. *表示应尽量做现场测定，**表示低温（0～4℃）避光保存。

2. G 为硬质玻璃瓶；P 为聚乙烯瓶。

3. I、II、III 表示三种洗涤方法，如下：

I：洗涤剂洗一次，自来水洗三次，蒸馏水洗一次；

II：洗涤剂洗一次，自来水洗二次，1+3HNO_3 荡洗一次，自来水洗三次，蒸馏水洗一次；

III：洗涤剂洗一次，自来水洗二次，1+3HNO_3 荡洗一次，自来水洗三次，去离子水洗一次。

4. 当 AOX 水样中存在难溶解的无机氯化物、生物细胞（如微生物、藻类）等，样品需要先酸化，防止 8 h 再分析。

①为单项样品的最少采样量；②如用溶出伏安法测定，可改用 1 L 水样中加 19 mL 浓 $HClO_4$。

6.2.3.3 样品运输

水样采集后必须立即送回实验室。若采样地点与实验室距离较远，应根据采样点的地理位置和每个项目分析前最长可保存时间，选用适当的运输方式，在现场工作开始之前，就要安排好水样的运输工作，以防延误。

水样运输前应将容器的外（内）盖拧紧。装箱时应注意对玻璃样品瓶进行有效隔离，以防破损。同一采样点的样品应装在同一包装箱内，如需分装在 2 个或几个箱子中时，则需在每个箱内放入相同的现场采样记录表。运输前应检查现场记录上的所有水样是否全部装箱。要用醒目色彩在包装箱顶部和侧面标上“切勿倒置”的标记。每个水样瓶均需贴上标签，内容有采样点位编号、采样日期和时间、测定项目、保存方法，并写明用何种保存剂。

装有水样的容器必须加以妥善保存和密封，并装在包装箱内固定，以防在运输途中破损。除了防震、避免日光照射和低温运输外，还要防止新的污染物进入容器和污染瓶口使水样变质。

在水样运送过程中，应有押运人员，每个水样都要附有一张样品交接单。在转交水样时，转交人和接收人都必须清点和检查水样并在样品交接单上签字，注明日期和时间。样品交接单是水样在运输过程中的文件，应防止差错并妥善保管以备查。尤其是通过第三者把水样从采样地点转移到实验室分析人员手中时，这张样品交接单就显得更为重要了。

在运输途中如果水样超过了保质期，管理员应对水样进行检查。如果决定仍然进行分析，那么在出报告时，应明确标出采样和分析时间。

6.2.4 留样

有污染物排放异常等特殊情况要留样分析时，应针对具体项目的分析用量同时采集留样样品，并填写留样记录表，表中应涵盖以下内容：污染源名称、监测项目、采样点位、采样时间、样品编号、污水性质、污水流量、采样人姓名、留样时间、留样人姓名、固定剂添加情况、保存时间、保存条件及其他有关事项。

6.2.5　现场监测项目

废水现场监测项目主要涉及温度和 pH 两项。

6.2.5.1　温度

仪器设备：水温计为安装于金属半圆槽壳内的水银温度表，下端连接一金属贮水杯，使温度表球部悬于杯中，温度表顶端的槽壳带一圆环，拴一定长度的绳子，如图 6-8 所示。通常测量范围为–6～40℃，分度为 0.2℃。

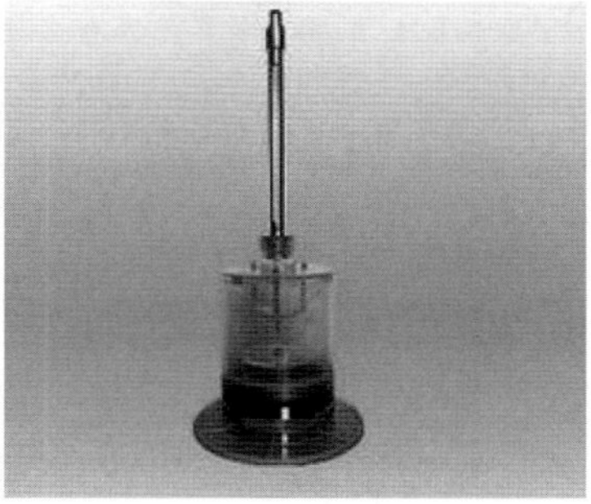

图 6-8　水银温度表

测定步骤：将水温计插入一定深度的水中，放置 5 min 后，迅速提出水面并读取温度值。

注意事项：

①当气温与水温相差较大时，尤应注意立即读数，避免受气温的影响，必要时，重复插入水中，再一次读数。

②当现场气温高于 35℃或低于–30℃时，水温计在水中的停留时间要适当延长，以达到温度平衡。

③在冬季的东北地区读数应在 3 s 内完成，否则水温计表面会形成一层薄冰，影响读数的准确性。

6.2.5.2 pH

仪器设备：便携式 pH 计（图 6-9）、50 mL 烧杯（聚乙烯或聚四氟乙烯烧杯）、标准缓冲液、蒸馏水。

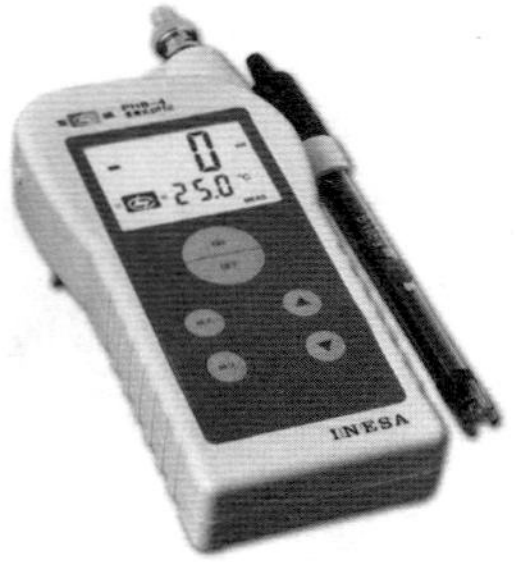

图 6-9 便携式 pH 计

注意事项：

①严格遵守操作手册，以免损伤电极；

②测定时，复合电极（含球泡部分）应全部浸入溶液；

③电极受污染时，可用低于 1 mol/L 稀盐酸溶解无机盐垢，用稀洗涤剂（弱碱性）除去有机油脂类物质，稀乙醇、丙酮、乙醚除去树脂高分子物质，用酸性酶溶液（如食母生片）除去，应注意电极的出厂日期及使用期限，存放或使用时间过长的电极性能将变劣。白质血球沉淀物，用稀漂白液、过氧化氢除去颜料类物质等。

6.3 实验室分析要点介绍

6.3.1 概述

根据电镀行业涉及的废水监测指标，实验室常见分析方法、所需设备见表 6-3。

企业开展自行监测时，所采用的方法和使用的设备不限于表 6-3 中所列内容，若有其他适用的方法，也可以使用，但需按照《总则》及相关要求开展方法的验证。

表 6-3　监测项目、标准方法及所需设备

监测项目	标准方法	所需设备
总铬	《水质　总铬的测定　高锰酸钾氧化-二苯碳酰二肼分光光度法》（GB/T 7466—1987）	分光光度计；一般实验室仪器
	《水质　铬的测定　火焰原子吸收分光光度法》（HJ 757—2015）	一般实验室仪器；乙炔钢瓶或乙炔发生器；微波消解仪；原子吸收分光光度计及相应的辅助设备、铬空心阴极灯
	《水质　32 种元素的测定　电感耦合等离子体发射光谱法》（HJ 776—2015）	电感耦合等离子体发射光谱仪；温控电热板；微波消解议；离心机；一般实验室常用仪器设备
	《水质　65 种元素的测定　电感耦合等离子体质谱法》（HJ 700—2014）	电感耦合等离子体质谱仪及其相应的设备；温控电热板；微波消解仪；过滤装置；聚四氟乙烯烧杯；聚乙烯容量瓶；聚丙烯或聚四氟乙烯瓶；一般实验室常用仪器设备
六价铬	《水质　六价铬的测定　二苯碳酰二肼分光光度法》（GB/T 7467—1987）	分光光度计；一般实验室仪器
总镍	《水质　镍的测定　火焰原子吸收分光光度法》（GB/T 11912—1989）	原子吸收分光光度计；镍空心阴极灯；乙炔钢瓶或乙炔发生器；空气压缩机
	《水质　32 种元素的测定　电感耦合等离子体发射光谱法》（HJ 776—2015）	电感耦合等离子体发射光谱仪；温控电热板；微波消解议；离心机；一般实验室常用仪器设备
	《水质　镍的测定　丁二酮肟分光光度法》（GB/T 11910—1989）	常用实验室仪器；分光光度计
	《水质　65 种元素的测定　电感耦合等离子体质谱法》（HJ 700—2014）	电感耦合等离子体质谱仪及其相应的设备；温控电热板；微波消解仪；过滤装置；聚四氟乙烯烧杯；聚乙烯容量瓶；聚丙烯或聚四氟乙烯瓶；一般实验室常用仪器设备

监测项目	标准方法	所需设备
总镉	《水质　铜、锌、铅、镉的测定　原子吸收分光光度法》（GB 7475—1987）	一般实验室仪器；乙炔钢瓶或乙炔发生器；空气压缩机；原子吸收分光光度计及相应的辅助设备、镉空心阴极灯
	《水质　镉的测定　双硫腙分光光度法》（GB 7471—1987）	常用实验室仪器；分光光度计
	《水质　65种元素的测定　电感耦合等离子体质谱法》（HJ 700—2014）	电感耦合等离子体质谱仪及其相应的设备；温控电热板；微波消解仪；过滤装置；聚四氟乙烯烧杯；聚乙烯容量瓶；聚丙烯或聚四氟乙烯瓶；一般实验室常用仪器设备
	《水质　32种元素的测定　电感耦合等离子体发射光谱法》（HJ 776—2015）	电感耦合等离子体发射光谱仪；温控电热板；微波消解议；离心机；一般实验室常用仪器设备
总银	《水质　银的测定　火焰原子吸收分光光度法》（GB 11907—1989）	一般实验室仪器；乙炔钢瓶或乙炔发生器；空气压缩机；原子吸收分光光度计及相应的辅助设备、银空心阴极灯
	《水质　32种元素的测定　电感耦合等离子体发射光谱法》（HJ 776—2015）	电感耦合等离子体发射光谱仪；温控电热板；微波消解议；离心机；一般实验室常用仪器设备
	《水质　65种元素的测定　电感耦合等离子体质谱法》（HJ 700—2014）	电感耦合等离子体质谱仪及其相应的设备；温控电热板；微波消解仪；过滤装置；聚四氟乙烯烧杯；聚乙烯容量瓶；聚丙烯或聚四氟乙烯瓶；一般实验室常用仪器设备
总铅	《水质　铜、锌、铅、镉的测定　原子吸收分光光度法》（GB 7475—1987）	一般实验室仪器；乙炔钢瓶或乙炔发生器；空气压缩机；原子吸收分光光度计及相应的辅助设备、铅空心阴极灯
	《水质　铅的测定　双硫腙分光光度法》（GB 7470—1987）	常用实验室仪器；分光光度计
	《水质　32种元素的测定　电感耦合等离子体发射光谱法》（HJ 776—2015）	电感耦合等离子体发射光谱仪；温控电热板；微波消解议；离心机；一般实验室常用仪器设备
	《水质　65种元素的测定　电感耦合等离子体质谱法》（HJ 700—2014）	电感耦合等离子体质谱仪及其相应的设备；温控电热板；微波消解仪；过滤装置；聚四氟乙烯烧杯；聚乙烯容量瓶；聚丙烯或聚四氟乙烯瓶；一般实验室常用仪器设备

监测项目	标准方法	所需设备
总汞	《水质　总汞的测定　冷原子吸收分光光度法》（HJ 597—2011）	冷原子吸收汞分析仪；反应装置；微波消解仪；可调温电热板或高温电炉；恒温水浴锅；微波消解罐；样品瓶；一般实验室常用仪器和设备
	《水质　汞、砷、硒、铋和锑的测定　原子荧光法》（HJ 694—2014）	原子荧光光谱仪；汞元素灯；可调温电热板；恒温水浴装置；抽滤装置；分析天平（精度为 0.1 mg）；实验室常用器皿
	《水质　总汞的测定　高锰酸钾-过硫酸钾消解法双硫腙分光光度法》（GB 7469—1987）	分光光度计；500 mL 锥形瓶（具磨口玻璃塞）；分液漏斗；水浴锅
总铜	《水质　铜、锌、铅、镉的测定　原子吸收分光光度法》（GB 7475—1987）	一般实验室仪器；铜空心阴极灯；乙炔钢瓶或乙炔发生器；空气压缩机；原子吸收分光光度计及相应的辅助设备
	《水质　铜的测定　2,9-二甲基-1,10-菲啰啉分光光度法》（HJ 486—2009）	常用实验室仪器；分光光度计
	《水质　铜的测定　二乙基二硫代氨基甲酸钠分光光度法》（HJ 485—2009）	常用实验室仪器；分光光度计
	《水质　65 种元素的测定　电感耦合等离子体质谱法》（HJ 700—2014）	电感耦合等离子体质谱仪及其相应的设备；温控电热板；微波消解仪；过滤装置；聚四氟乙烯烧杯；聚乙烯容量瓶；聚丙烯或聚四氟乙烯瓶；一般实验室常用仪器设备
	《水质　32 种元素的测定　电感耦合等离子体发射光谱法》（HJ 776—2015）	电感耦合等离子体发射光谱仪；温控电热板；微波消解议；离心机；一般实验室常用仪器设备
总锌	《水质　铜、锌、铅、镉的测定　原子吸收分光光度法》（GB 7475—1987）	一般实验室仪器；锌空心阴极灯；乙炔钢瓶或乙炔发生器；空气压缩机；原子吸收分光光度计及相应的辅助设备
	《水质　锌的测定　双硫腙分光光度法》（GB 7472—1987）	常用实验室仪器；分光光度计
	《水质　65 种元素的测定　电感耦合等离子体质谱法》（HJ 700—2014）	电感耦合等离子体质谱仪及其相应的设备；温控电热板；微波消解仪；过滤装置；聚四氟乙烯烧杯；聚乙烯容量瓶；聚丙烯或聚四氟乙烯瓶；一般实验室常用仪器设备
	《水质　32 种元素的测定　电感耦合等离子体发射光谱法》（HJ 776—2015）	电感耦合等离子体发射光谱仪；温控电热板；微波消解议；离心机；一般实验室常用仪器设备

监测项目	标准方法	所需设备
总铁	《水质　铁、锰的测定　火焰原子吸收分光光度法》（GB 11911—1989）	原子吸收分光光度计；铁空心阴极灯；乙炔钢瓶或乙炔发生器；空气压缩机；一般实验室仪器
	《水质　铁的测定　邻菲啰啉分光光度法（试行）》（HJ/T 345—2007）	一般常用实验室仪器；分光光度计
	《水质　32 种元素的测定　电感耦合等离子体发射光谱法》（HJ 776—2015）	电感耦合等离子体发射光谱仪；温控电热板；微波消解仪；离心机；一般实验室常用仪器设备
总铝	《水质　32 种元素的测定　电感耦合等离子体发射光谱法》（HJ 776—2015）	电感耦合等离子体发射光谱仪；温控电热板；微波消解仪；离心机；一般实验室常用仪器设备
pH	《水质　pH 值的测定　玻璃电极法》（GB 6920—1986）	酸度计或离子浓度计；玻璃电极与甘汞电极
	便携式 pH 计法《水和废水监测分析方法》（第四版）国家环保总局〔2002〕3.1.6.2	便携式 pH 计；50 mL 烧杯
悬浮物	《水质　悬浮物的测定　重量法》（GB 11901—1989）	常用实验室仪器；称量瓶；烘箱；干燥器；万分之一天平；全玻璃微孔滤膜过滤器；CN-CA 滤膜（孔径 0.45 μm、直径 60 mm）吸滤瓶；真空泵；无齿扁咀镊子
化学需氧量	《水质　化学需氧量的测定　重铬酸盐法》（HJ 828—2017）	回流装置：磨口 250 mL 锥形瓶的全玻璃回流装置；加热装置；分析天平：感量为 0.1 mg；酸式滴定管：25 mL 或 50 mL；一般实验室常用仪器和设备
	《水质　化学需氧量的测定　快速消解分光光度法》（HJ/T 399—2007）	消解管、加热器、光度计、消解管支架、离心机、手动移液器（枪）：最小分度体积不大于 0.01 mL；A 级吸量管、容量瓶、量筒；搅拌器
	《高氯废水　化学需氧量的测定　氯气校正法》（HJ/T 70—2001）	常用实验室仪器；回流吸收装置；加热装置；氮气流量计；25 mL 或 50 mL 酸式滴定管
氨氮	《水质　氨氮的测定　蒸馏-中和滴定法》（HJ 537—2009）	氨氮蒸馏装置（500 mL 凯式烧瓶、氮球、直形冷凝管和导管）；50 mL 酸式滴定管
	《水质　氨氮的测定　纳氏试剂分光光度法》（HJ 535—2009）	可见分光光度计：具 20 mm 比色皿；氨氮蒸馏装置（500 mL 凯式烧瓶、氮球、直形冷凝管和导管），亦可使用 500 mL 蒸馏烧瓶
	《水质　氨氮的测定　水杨酸分光光度法》（HJ 536—2009）	可见分光光度计：10～30 mm 比色皿；滴瓶；氨氮蒸馏装置（500 mL 凯式烧瓶、氮球、直形冷凝管和导管），亦可使用蒸馏烧瓶；实验室常用玻璃器皿

监测项目	标准方法	所需设备
氨氮	《水质　氨氮的测定　连续流动-水杨酸分光光度法》（HJ 665—2013）	连续流动分析仪；带流量计的蒸馏装置（选配）；天平（精度为 0.1 mg）；pH 计（精度为±0.02）；离心机（最大转速 4 000 r/min）；一般实验室常用仪器和设备
	《水质　氨氮的测定　流动注射-水杨酸分光光度法》（HJ 666—2013）	流动注射分析仪；天平（精度为 0.1 mg）；离心机（最大转速 4 000 r/min）；预蒸馏装置；超声波机；一般实验室常用仪器和设备
总氮	《水质　总氮的测定　碱性过硫酸钾消解紫外分光光度法》（HJ 636—2012）	紫外分光光度计（具 10 mm 石英比色皿）；高压蒸汽灭菌锅；25 mL 具塞磨口玻璃比色管；一般实验室常用仪器和设备
	《水质　总氮的测定　连续流动-盐酸萘乙二胺分光光度法》（HJ 667—2013）	连续流动分析仪；天平（精度为 0.1 mg）；pH 计（精度为 0.02）；一般实验室常用仪器和设备
	《水质　总氮的测定　流动注射-盐酸萘乙二胺分光光度法》（HJ 668—2013）	流动注射分析仪；天平（精度为 0.1 mg）；pH 计（精度为 0.02）；超声波机；一般实验室常用仪器和设备
总磷	《水质　总磷的测定　钼酸铵分光光度法》（GB 11893—1989）	医用手提式蒸气消毒器或一般压力锅；50 mL 具塞（磨口）刻度管；分光光度计
	《水质　总磷的测定　流动注射-钼酸铵分光光度法》（HJ 671—2013）	流动注射分析仪；天平（精度为 0.1 mg）；超声波机；一般实验室常用仪器和设备
石油类	《水质　石油类和动植物油类的测定　红外分光光度法》（HJ 637—2018）	红外分光光度计或红外测油仪；水平振荡器；分液漏斗；一般实验室常用器皿和设备
氟化物	《水质　氟化物的测定　离子选择电极法》（GB/T 7484—1987）	氟离子选择电极；饱和甘汞电极或氯化银电极；离子活度计、毫伏计或 pH 计；磁力搅拌器；聚乙烯杯；氟化物水蒸气蒸馏装置
总氰化物	《水质　氰化物的测定　容量法和分光光度法》（HJ 484—2009）	检定为 A 级的玻璃量器；10 mL 棕色酸式滴定管；分光光度计或比色计；恒温水浴装置；250 mL 锥形瓶；25 mL 具塞比色管；一般实验室常用仪器
	《水质　氰化物的测定　流动注射-分光光度法》（HJ 823—2017）	流动注射分析仪；天平（精度为 0. 1 mg）；超声波仪；一般实验室常用仪器和设备

6.3.2 监测指标

6.3.2.1 总铬

（1）常用方法

水中的总铬是指未经过滤的样品经消解后测得的铬的总量。常用的测定方法主要有《水质　总铬的测定　高锰酸钾氧化-二苯碳酰二肼分光光度法》（GB/T 7466—1987）、《水质　铬的测定　火焰原子吸收分光光度法》（HJ 757—2015）、《水质　65 种元素的测定　电感耦合等离子体质谱法》（HJ 700—2014）和《水质　32 种元素的测定　电感耦合等离子体发射光谱法》（HJ 776—2015）。

（2）注意事项

①测定地下水和地表水中总铬时，尽量使用电感耦合等离子体质谱法；测定工业废水和受铬污染的环境水中总铬时，可使用其余三种方法。使用前应注意不同方法的适用范围。

②样品采集后应当立即加入硝酸调节水样 pH 为 1～2。

③测定可溶性铬时，采样后尽快通过 0.45 μm 滤膜过滤，然后再加入硝酸调节水样 pH。

④试验用的玻璃器皿或塑料器皿洗涤干净后，在稀硝酸溶液中浸泡至少 12 h，使用前用蒸馏水冲洗干净。

⑤试验中产生的废液应集中收集，并清楚地做好标记贴上标签，委托有资质的单位进行处理。

6.3.2.2 六价铬

（1）常用方法

地面水和工业废水中六价铬的测定常用方法为《水质　六价铬的测定　二苯碳酰二肼分光光度法》（GB/T 7467—1987）。

（2）注意事项

①所有玻璃仪器不能使用重铬酸钾洗液洗涤，可用硝酸、硫酸混合液或洗涤剂洗涤。玻璃器皿内壁应保持光洁，防止铬被吸附。

②实验室样品应当使用玻璃瓶采集，采集后应加入氢氧化钠，调节样品 pH 约为 8，尽快测定，如需放置，不宜超过 24 h。

③样品经锌盐沉淀分离法前处理后，仍含有机物干扰测定时，可用酸性高锰酸钾氧化法破坏有机物后再测定。

6.3.2.3　总镍

（1）常用方法

水中的总镍是指未经过滤的样品经消解后测得的镍的总量。常用的测定方法主要有《水质　镍的测定　火焰原子吸收分光光度法》（GB/T 11912—1989）、《水质　65 种元素的测定　电感耦合等离子体质谱》（HJ 700—2014）、《水质　镍的测定　丁二酮肟分光光度法》（GB/T 11910—1989）和《水质　32 种元素的测定　电感耦合等离子体发射光谱法》（HJ 776—2015）。

（2）注意事项

①测定地表水和地下水中总镍时，只能使用电感耦合等离子体质谱法；测定工业废水和受镍污染的环境水中总镍时，4 种方法均可使用。使用前应注意不同方法的适用范围。

②样品采集后应当立即加入硝酸调节水样 pH 为 1～2。

③测定可滤态镍时，采样后尽快通过 0.45 μm 滤膜过滤，然后再加入硝酸调节水样 pH。

④试验用的玻璃器皿或塑料器皿洗涤干净后，在稀硝酸溶液中浸泡至少 12 h，使用前用蒸馏水冲洗干净。

⑤试验中产生的废液应集中收集，并清楚地做好标记，贴上标签，委托有资质的单位进行处理。

6.3.2.4 总镉

（1）常用方法

水质中的总镉是指未经过滤的水样，经消解后测得的镉。常用的测定方法主要有《水质 铜、锌、铅、镉的测定 原子吸收分光光度法》（GB 7475—1987）、《水质 镉的测定 双硫腙分光光度法》（GB 7471—1987）、《水质 65种元素的测定 电感耦合等离子体质谱》（HJ 700—2014）和《水质 32种元素的测定 电感耦合等离子体发射光谱法》（HJ 776—2015）。

（2）注意事项

①用聚乙烯塑料瓶采集样品。采样瓶先用洗涤剂洗净，再在盐酸溶液中浸泡，使用前用自来水和去离子水冲洗干净。

②采样后，每1 000 mL水样立即加入2.0 mL硝酸酸化至pH约为1.5。

③所用玻璃器皿使用前应用盐酸浸泡，用自来水和去离子水冲洗干净。

④试验中所用氢氧化钠-氰化钾溶液有剧毒，称量和配制时要特别小心，取时要戴胶皮手套，避免沾污皮肤。

⑤禁止用嘴通过移液管来吸取氰化钾溶液。

6.3.2.5 总银

（1）常用方法

水质中的总银是指未经过滤的水样，经消解后测得的银。常用的测定方法主要有《水质 银的测定 火焰原子吸收分光光度法》（GB/T 11907—1989）、《水质 32种元素的测定 电感耦合等离子体发射光谱法》（HJ 776—2015）和《水质 65种元素的测定 电感耦合等离子体质谱法》（HJ 700—2014）。

（2）注意事项

①用聚乙烯塑料瓶采集样品。采样瓶先用洗涤剂洗净，再在硝酸溶液中浸泡，使用前用蒸馏水冲洗干净。

②采样后，立即使用浓硝酸将样品酸化到 pH 为 1～2，也不宜贮存，应尽快分析。

③试样在消解过程中不宜蒸干，否则银会有损失。

④所用玻璃仪器在使用前都应用硝酸清洗，并用自来水和无银蒸馏水冲洗洁净。

6.3.2.6　总铅

（1）常用方法

水质中的总铅是指未经过滤的水样，经消解后测得的铅。常用的测定方法主要有《水质　铜、锌、铅、镉的测定　原子吸收分光光度法》（GB 7475—1987）、《水质　铅的测定　双硫腙分光光度法》（GB 7470—1987）、《水质　65 种元素的测定　电感耦合等离子体质谱》（HJ 700—2014）和《水质　32 种元素的测定　电感耦合等离子体发射光谱法》（HJ 776—2015）。

（2）注意事项

①用聚乙烯塑料瓶采集样品。采样瓶先用洗涤剂洗净，再在硝酸溶液中浸泡，使用前用水冲洗干净。

②采样后，每 1 000 mL 水样立即加入 2.0 mL 硝酸酸化至 pH 约为 1.5，加入 5 mL 碘溶液以免挥发性有机铅化合物在水样处理和消化过程中损失。

③所用玻璃仪器，在使用前都应用硝酸清洗，并用自来水和无铅蒸馏水冲洗洁净。

6.3.2.7　总汞

（1）常用方法

水中的总汞是指未经过滤的水样经消解后测得的汞，包括无机的、有机结合的、可溶的和悬浮的全部汞。常用的测定方法主要有《水质　总汞的测定　冷原子吸收分光光度法》（HJ 597—2011）、《水质　汞、砷、硒、铋和锑的测定　原子荧光法》（HJ 694—2014）和《水质　总汞的测定　高锰酸钾-过硫酸钾消解法双硫腙分光光度法》（GB/T 7469—1987）。

（2）注意事项

①样品采集后应当按照每升水样加入 5 mL 盐酸的比例添加保存剂。

②测定可滤态汞时，采样后尽快通过 0.45 μm 滤膜过滤，然后再按要求添加保存剂。

③试验所用试剂（尤其是高锰酸钾）中的汞含量对空白试验测定值影响较大。因此，试验中应选择汞含量尽可能低的试剂。

④在样品还原前，所有试剂和试样的温度应保持一致（＜25℃）。环境温度低于 10℃时，灵敏度会明显降低

⑤汞的测定易受到环境中的汞污染，在汞的测定过程中应加强对环境中汞的控制，保持清洁，加强通风。

⑥水蒸气对汞的测定有影响，会导致测定时响应值降低，应注意保持连接管路和汞吸收池干燥。可通过红外灯加热的方式去除汞吸收池中的水蒸气。

⑦反应装置的连接管宜采用硼硅玻璃、高密度聚乙烯、聚四氟乙烯、聚砜等材质，不宜采用硅胶管。

⑧试验中产生的废液和废物不可随意倾倒，应置于密闭容器中保存，委托有资质单位进行处理。

6.3.2.8 总铜

（1）常用方法

水质中的总铜是指未经过滤的水样，经消解后测得的铜。常用的测定方法主要有《水质　铜、锌、铅、镉的测定　原子吸收分光光度法》（GB 7475—1987）、《水质　铜的测定　2,9-二甲基-1,10-菲啰啉分光光度法》（HJ 486—2009）、《水质　铜的测定　二乙基二硫代氨基甲酸钠分光光度法》（HJ 485—2009）、《水质　65 种元素的测定　电感耦合等离子体质谱》（HJ 700—2014）和《水质　32 种元素的测定　电感耦合等离子体发射光谱法》（HJ 776—2015）。

（2）注意事项

①用聚乙烯塑料瓶采集样品。采样瓶先用洗涤剂洗净，再在硝酸溶液中浸泡 24 h 以上，使用前用水冲洗干净，采样后立即加硝酸酸化至 pH 为 1～2。

②每批样品至少做 2 个实验室空白，空白值应低于方法测定下限。否则应检查试验用水质量、试剂纯度、器皿洁净度及仪器性能等。

③试验过程中产生的废液和废物应分类收集和保管，委托有资质的单位进行处理。

6.3.2.9　总锌

（1）常用方法

水质中的总锌是指未经过滤的水样，经消解后测得的锌。常用的测定方法主要有《水质　铜、锌、铅、镉的测定　原子吸收分光光度法》（GB 7475—1987）、《水质　锌的测定　双硫腙分光光度法》（GB 7472—1987）、《水质　65 种元素的测定　电感耦合等离子体质谱》（HJ 700—2014）和《水质　32 种元素的测定　电感耦合等离子体发射光谱法》（HJ 776—2015）。

（2）注意事项

①用聚乙烯塑料瓶采集样品。采样瓶先用洗涤剂洗净，再在硝酸溶液中浸泡 24 h，使用前用无锌水冲洗干净。

②采样后，每 1 000 mL 水样立即加入 2.0 mL 硝酸酸化至 pH 约为 1.5。

③所用玻璃器皿均先后用 1+1 硫酸和无锌水浸泡和洗净。

6.3.2.10　总铁

（1）常用方法

水质中的总铁是指未经过滤的水样，经消解后测得的铁。常用的测定方法主要有《水质　铁、锰的测定　火焰原子吸收分光光度法》（GB 11911—1989）、《水质　铁的测定　邻菲啰啉分光光度法（试行）》（HJ/T 345—2007）和《水质　32

种元素的测定　电感耦合等离子体发射光谱法》（HJ 776—2015）。

（2）注意事项

①采样前，所用聚乙烯瓶先用洗涤剂、试验用水洗净，再用硝酸浸泡 24 h 以上，然后用试验用水冲洗干净。

②遇到高矿化度水样，有背景吸收时，应采用背景校正措施，或将水样适当稀释后再测定。

③测定可溶性铁时，采样后尽快通过 0.45 μm 滤膜过滤，然后酸化调节水样 pH。

④试验用的玻璃器皿或塑料器皿洗涤干净后，在稀硝酸溶液中浸泡至少 12 h，使用前用试验用水冲洗干净。

⑤试验中产生的废液应集中收集，并清楚地做好标记，贴上标签，委托有资质的单位进行处理。

6.3.2.11　总铝

（1）常用方法

水中的总铝是指未经过滤的样品经消解后测得的铝的总量。常用的测定方法主要有《水质　32 种元素的测定　电感耦合等离子体发射光谱法》（HJ 776—2015）

（2）注意事项

①采样瓶在采样前用洗涤剂和水依次洗净，置于硝酸溶液中浸泡 24 h 以上，样品采集后应当立即加入硝酸调节水样 pH 为 1～2。

②测定可溶性铝时，采样后尽快通过 0.45 μm 滤膜过滤，然后再加入硝酸调节水样 pH。

③试验用的玻璃器皿或塑料器皿洗涤干净后，在稀硝酸溶液中浸泡至少 12 h，使用前用试验用水冲洗干净。

④试验中产生的废液应集中收集，并清楚地做好标记，贴上标签，委托有资质的单位进行处理。

6.3.2.12　pH

（1）常用方法

《水质　pH 值的测定　玻璃电极法》（GB 6920—1986）适用于饮用水、地面水及工业废水 pH 的测定。水的颜色、浊度、胶体物质、氧化剂、还原剂及较高含盐量均不干扰测定；但在 pH＜1 的强酸性溶液中，会有所谓酸误差，可按酸度测定；在 pH＞10 的碱性溶液中，因有大量钠离子存在，产生误差，使读数偏低，通常称为钠差。消除钠差的方法，除了使用特制的低钠差电极外，还可以选用与被测溶液的 pH 相近似的标准缓冲溶液对仪器进行校正。温度会影响电极的电位和水的电离平衡，须注意调节仪器的补偿装置与溶液的温度一致，并使被测样品与校正仪器用的标准缓冲溶液温度误差在±1℃之内。

（2）注意事项

①玻璃电极在使用前先放入蒸馏水中浸泡 24 h 以上。

②测定 pH 时，玻璃电极的球泡应全部浸入溶液中，并使其稍高于甘汞电极的陶瓷芯端，以免搅拌时碰坏。

③必须注意玻璃电极的内电极与球泡之间、甘汞电极的内电极和陶瓷芯之间不得有气泡，以防断路。

④甘汞电极的饱和氯化钾溶液的页面必须高出汞体，在室温下应有少许氯化钾晶体存在，以保证氯化钾溶液的饱和，但需注意氯化钾晶体不可过多，以防止堵塞与被测溶液的通路。

⑤测定 pH 时，为减少空气和水样中二氧化碳的溶入或挥发，在测水样之前，不应提前打开水样瓶。

⑥玻璃电极表面受到污染时，需进行处理。如果系附着无机盐结垢，可用温稀盐酸溶解；对钙镁等难溶性结垢，可用 EDTA 二钠溶液溶解；沾有油污时，可由丙酮清洗。电极按上述方法处理后，应在蒸馏水中浸泡一昼夜再使用。注意忌用无水乙醇、脱水性洗涤剂处理电极。

6.3.2.13 悬浮物

（1）常用方法

《水质 悬浮物的测定 重量法》（GB/T 11901—1989）适用于地面水、地下水，也适用于生活污水和工业废水中悬浮物测定。

（2）注意事项

滤膜上截留过多的悬浮物可能夹带过多的水分，除延长干燥时间外，还可能造成过滤困难，遇此情况，可酌情少取试样。滤膜上的悬浮物过少，则会增大称量误差，影响测定精度，必要时可增大试样体积，一般以 5～100 mg 悬浮物量作为量取试样体积的实用范围。

6.3.2.14 化学需氧量

（1）《水质 化学需氧量的测定 重铬酸盐法》（HJ 828—2017）

该标准适用于地表水、生活污水和工业废水中化学需氧量（COD）的测定。该标准不适用于含氯化物浓度大于 1 000 mg/L（稀释后）的水中化学需氧量的测定。当取样体积为 10 mL 时，本方法的检出限为 4 mg/L，测定下限为 16 mg/L。未经稀释的水样测定上限为 700 mg/L，超过此限时须稀释后测定。

使用该方法的注意事项如下：

①在酸性重铬酸钾条件下，芳烃和吡啶难以被氧化，其氧化率较低。在硫酸银催化作用下，直链脂肪酸族化合物可有效地被氧化。

②无机还原性物质如亚硝酸盐、硫化物和二价铁盐等将使测定结果增大，其需氧量也是 COD_{Cr} 的一部分。

③对于污染严重的水样，可选取所需体积的 1/10 的水样放入硬质玻璃管，加入 1/10 的试剂，摇匀后加热沸腾数分钟，观察溶液是否变成蓝绿色。若呈蓝绿色，应再适当少取水样，直至溶液不变蓝绿色为止，从而可以确定待测水样的稀释倍数。

④消解时应使溶液缓慢沸腾，不宜爆沸。如出现爆沸，说明溶液中出现局部

过热，会导致测定结果有误。爆沸的原因可能是加热过于激烈，或是防爆沸玻璃珠的效果不好。

⑤试亚铁灵指示剂的加入量虽然不影响临界点，但应该尽量一致。当溶液的颜色先变蓝绿色再变到红褐色即达到终点，几分钟后可能还会重现蓝绿色。

（2）《水质　化学需氧量的测定　快速消解分光光度法》（HJ/T 399—2007）

该标准适用于地表水、地下水、生活污水和工业废水中化学需氧量的测定。该标准对未经稀释的水样，其 COD 测定下限为 15 mg/L，测定上限为 1 000 mg/L，待测水样氯离子浓度不应大于 1 000 mg/L。对于化学需氧量大于 1 000 mg/L 或氯离子含量大于 1 000 mg/L 的水样，可适当稀释后进行测定。

（3）《高氯废水　化学需氧量的测定　氯气校正法》（HJ/T 70—2001）

本方法适用于氯离子含量小于 20 000 mg/L 的高氯废水中化学需氧量的测定。方法检出限为 30 mg/L。

（4）《高氯废水　化学需氧量的测定　碘化钾碱性高锰酸钾法》（HJ/T 132—2003）

本方法适用于油气田和炼化企业氯离子含量高达几万至十几万毫克每升高氯废水化学需氧量的测定。方法的最低检出限 0.20 mg/L，测定上限为 62.5 mg/L。

使用该方法的注意事项如下：

①当水样中含有悬浮物质时，摇匀后分取。

②水浴加热完毕后，溶液仍应保持淡红色，如变浅或全部褪去，说明高锰酸钾的用量不够。此时，应将水样再稀释后测定。

③若水样中含铁，在加入 1+5 硫酸酸化前，加 30% 氟化钾溶液去除。若水样中不含铁，可不加 30%氟化钾溶液。

④亚硝酸盐只有在酸性条件下才被氧化，在加入 1+5 硫酸前，先加入 4%叠氮化钠溶液将其分解。若样品中不存在亚硝酸盐，可不加叠氮化钠溶液。

⑤以淀粉作指示剂时，应先用硫代硫酸钠溶液滴定至溶液呈浅黄色后，再加入淀粉溶液，继续用硫代硫酸钠溶液滴定至蓝色恰好消失，即为终点。淀粉指示剂不得过早加入。滴定近终点时，应轻轻摇动。

⑥淀粉指示剂应用新鲜配置的，若放置过久，则与 I_2 形成的络合物不呈蓝色而呈紫色或红色，这种红紫色络合物在用硫代硫酸钠滴定时褪色慢，终点不敏锐，有时甚至看不见显色效果。

6.3.2.15 氨氮

（1）《水质　氨氮的测定　蒸馏-中和滴定法》（HJ 537—2009）

该标准适用于生活污水和工业废水中氨氮的测定。当试样体积为 250 mL 时，方法的检出限为 0.05 mg/L（均以 N 计）。

注意事项：在蒸馏刚开始时氨气蒸出速度较快，加热不能过快，否则将造成水样暴沸、馏出液温度升高、氨吸收不完全，馏出液速率应保持在 10 mL/min 左右。如果水样中存在余氯，应再加入几粒结晶硫代硫酸钠（$Na_2S_2O_3$ 或 $Na_2S_2O_3 \cdot 5H_2O$）去除。

（2）《水质　氨氮的测定　纳氏试剂分光光度法》（HJ 535—2009）

该标准适用于地表水、地下水、生活污水和工业废水中氨氮的测定。当试样体积为 50 mL 时，使用 20 mm 比色皿时，本方法的检出限为 0.025 mg/L，测定下限为 0.10 mg/L，测定上限为 2.0 mg/L（均以 N 计）。

使用该方法的注意事项如下：

①根据待测样品的浓度也可选用 10 mm 比色皿。

②经蒸馏或在酸性条件下煮沸方法预处理的水样，须加入一定量氢氧化钠溶液，调节水样至中性，用水稀释至标线，再按与校准曲线相同的步骤测量吸光度。

（3）《水质　氨氮的测定　水杨酸分光光度法》（HJ 536—2009）

该标准适用于地下水、地表水、生活污水和工业废水中氨氮的测定，但与蒸馏-中和滴定法及纳氏试剂分光光度法比较，更适用于清洁水样。当取样体积为 8.0 mL，使用 10 mm 比色皿时，本方法的检出限为 0.01 mg/L，测定下限为 0.04 mg/L，测定上限为 1.0 mg/L（均以 N 计）。当取样体积为 8.0 mL，使用 30 mm 比色皿时，本方法的检出限为 0.004 mg/L，测定下限为 0.016 mg/L，测定上限为 0.25 mg/L（均以 N 计）。

（4）《水质　氨氮的测定　连续流动-水杨酸分光光度法》（HJ 665—2013）

该标准适用于地表水、地下水、生活污水和工业废水中氨氮的测定，但与蒸馏-中和滴定法及纳氏试剂分光光度法比较，更适用于清洁水样。当采用直接比色模块，检测池光程为 30 mm 时，本方法的检出限为 0.01 mg/L（以 N 计），测定范围为 0.04～1.00 mg/L；当采用在线蒸馏模块，检测池光程为 10 mm 时，本方法的检出限为 0.04 mg/L（以 N 计），测定范围为 0.16～10.0 mg/L。

使用该方法的注意事项如下：

①试剂和环境温度会影响分析结果，冰箱贮存的试剂需放置到室温后再分析，分析过程中室温波动不超过±5°C。

②为减小基线噪音，试剂应保持澄清，必要时，试剂应过滤；分析完毕后，应及时将流动检测池中的滤光片取下放入干燥器中，防尘防湿。

③注意流路的清洁，每天分析完毕后所有流路需用纯水清洗 30 min。每周用清洗溶液冲洗 30 min，再用纯水冲洗 15 min。

④当同批分析的样品浓度波动大时，可在样品与样品之间插入空白试样分析，以减小高浓度样品对低浓度样品的影响。

⑤不同型号的流动分析仪可参考本标准选择合适的仪器条件。

（5）《水质　氨氮的测定　流动注射-水杨酸分光光度法》（HJ 666—2013）

该标准适用于地表水、地下水、生活污水和工业废水中氨氮的测定。当检测光程为 10 mm 时，本方法的检出限为 0.01 mg/L（以 N 计），测定范围为 0.04～5.00 mg/L。

使用该方法的注意事项如下：

①试剂和环境温度会影响分析结果，冰箱贮存的试剂应放置至室温（20±5℃）后再使用，分析过程中室温波动不能超过±2℃。

②为减小基线噪声，试剂应保持澄清，必要时试剂应过滤；因次氯酸钠溶液（有效氯含量 5.25%）的不稳定性，须注意试剂的保存和使用期，如果校准曲线斜率较正常值下降 30%（有效氯含量降至 2.62%），须更换新试剂。封闭的化学反应系统若有气泡会干扰测定，因此，除标准溶液外的所有溶液须除气，可采用氦气

除气 1 min 或超声除气 30 min。

③每天分析完毕后，用纯水对分析管路进行清洗，并及时将流动检测池中的滤光片取下放入干燥器中，防尘防湿。

④分析过程中发现检测峰峰型异常，一般情况下平峰为超量程，双峰为基体干扰，不出峰为泵管堵塞或试剂失效。

⑤不同型号的流动分析仪可参考本标准选择合适的仪器条件。

6.3.2.16 总氮

（1）《水质　总氮的测定　碱性过硫酸钾消解紫外分光光度法》（HJ 636—2012）

该标准适用于地表水、地下水、工业废水和生活污水中总氮的测定。当样品量为 10 mL 时，本方法的检出限为 0.05 mg/L，测定范围为 0.20～7.00 mg/L。

使用该方法的注意事项如下：

①某些含氮有机物在本标准规定的测定条件下不能完全转化为硝酸盐。

②测定应在无氨的实验室环境中进行，避免环境交叉污染对测定结果产生影响。

③试验所用的器皿和高压蒸汽灭菌器等均应无氮污染。试验中所用的玻璃器皿应用盐酸溶液或硫酸溶液浸泡，用自来水冲洗后再用无氨水冲洗数次，洗净后立即使用。高压蒸汽灭菌器应每周清洗。

④在碱性过硫酸钾溶液配制过程中，温度过高会导致过硫酸钾分解失效，因此要控制水浴温度在 60℃以下，而且应待氢氧化钠溶液温度冷却至室温后，再将其与过硫酸钾溶液混合、定容。

⑤使用高压蒸汽灭菌器时，应定期检定压力表，并检查橡胶密封圈密封情况，避免因漏气而减压。

（2）《水质　总氮的测定　连续流动-盐酸萘乙二胺分光光度法》（HJ 667—2013）

该标准适用于地表水、地下水、生活污水和工业废水中总氮的测定。当检测光程为 30 mm 时，本方法的检出限为 0.04 mg/L（以 N 计），测定范围为 0.16～10 mg/L。

使用该方法的注意事项如下：

①主要试剂过硫酸钾的含氮量会影响分析结果。当试剂基线较水基线高 20%，校准曲线低浓度点（0.20 mg/L）相对误差大于 20%时，需对过硫酸钾进行提纯。测定总氮时必须用无氨水配制各种试剂，所使用的各种酸类及酸溶液必须及时加盖，防止氨气进入。

②为减小基线噪声，试剂应保持澄清，必要时试剂应过滤。试剂和环境温度会影响分析结果，冰箱贮存的试剂需放置到室温后再使用，分析过程中室温波动不能超过±5℃。过硫酸钾消解溶液和四硼酸钠缓冲溶液低温下易结晶，为防止溶质析出堵塞管路，建议这两种试剂不放冰箱。

③注意保护镉柱和滤光片。系统清洗完毕应及时切断镉柱，以免空气进入；分析完毕后，应及时将流动检测池中的滤光片取下放入干燥器中，防尘防湿。

④注意流路的清洁，每天分析完毕后所有流路需用水清洗 30 min。每周用清洗溶液清洗管路 30 min，再用水清洗 30 min。用清洗溶液清洗系统时，应先将镉柱流路切断（离线），再进行清洗。

⑤应保持透析膜湿润，为防止透析膜破裂，可在清洗分析管路系统时，于每升清洗水中加 1 滴 Brij-35。

⑥当同批分析的样品浓度波动大时，可在样品与样品之间插入空白当试样分析，以减小高浓度样品对低浓度样品的影响。

⑦不同型号的流动分析仪可参考本标准选择合适的仪器条件。

（3）《水质　总氮的测定　流动注射-盐酸萘乙二胺分光光度法》（HJ 668—2013）

该标准适用于地表水、地下水、生活污水和工业废水中总氮的测定。当检测光程为 10 mm 时，本方法的检出限为 0.03 mg/L（以 N 计），测定范围为 0.12～10 mg/L。

使用该方法的注意事项如下：

①因流动注射分析仪流路管径较细，不适用于测定含悬浮物颗粒物较多或颗粒粒径大于 250 μm 的样品。

②试剂和环境温度会影响分析结果，冰箱内贮存的试剂应放置至室温（20±5

℃）后再使用，分析过程中室温最好保持 20℃以上，以防止消解溶液溶质析出堵塞管路，且温度波动不能超过±2℃。

③配制消解溶液和四硼酸钠缓冲溶液时，加热助溶温度必须控制在 60℃以下。

④为减小基线噪声，试剂应保持澄清，必要时应过滤。封闭的化学反应系统若有气泡会干扰测定，因此，除标准溶液外的所有溶液须除气，可采用氦气除气 1 min 或超声除气 30 min。

⑤试剂质量会影响空白值，当空白值超出检出限，校准曲线低浓度点（0.15 mg/L）检测值大于 10%控制限时，需对过硫酸钾进行提纯。

⑥每次分析完毕后，须用纯水对分析管路进行清洗，并及时将流动检测池中的滤光片取下放入干燥器中，防尘防湿。

⑦不同型号的流动分析仪可参考本标准选择合适的仪器条件。

6.3.2.17 总磷

（1）《水质　总磷的测定　钼酸铵分光光度法》（GB 11893—1989）

该标准适用于地面水、污水和工业废水。取 25 mL 试料，本标准的最低检出浓度为 0.01 mg/L，测定上限为 0.6 mg/L。

使用该方法的注意事项如下：

①用硝酸-高氯酸消解需要在通风橱中进行。高氯酸和有机物的混合物经加热易发生危险，需将试样先用硝酸消解，然后再加入高氯酸消解。

②禁止把消解的试样蒸干。

③如消解后有残渣时，用滤纸过滤于具塞比色管中。

④水样中的有机物用过硫酸钾氧化不能完全破坏时，可用硝酸-高氯酸消解消解。

⑤试样中含有浊度或色度时，需配制一个空白试样（消解后用水稀释至标线），然后向试料中加入 3 mL 浊度-色度补偿液，但不加抗坏血酸溶液和钼酸盐溶液。然后从试料的吸光度中扣除空白试料的吸光度。

⑥砷大于 2 mg/L 干扰测定，用硫代硫酸钠去除。硫化物大于 2 mg/L 干扰测

定，通氮气去除。铬大于 50 mg/L 干扰测定，用亚硫酸钠去除。

⑦如显色时室温低于 13℃，在 20～30℃水浴上显色 15 min 即可。

（2）《水质　总磷的测定　流动注射-钼酸铵分光光度法》（HJ 671—2013）

该标准适用于地表水、地下水、生活污水和工业废水中总磷的测定。当检测池光程为 10 mm 时，本方法的检出限为 0.005 mg/L（以 P 计），测定范围为 0.020～1.00 mg/L。

使用该方法的注意事项如下：

①因流动注射分析仪流路管径较细，不适用于测定含悬浮物颗粒物较多或颗粒粒径大于 250 μm 的样品。

②试剂和环境温度会影响分析结果，冰箱贮存的试剂应放置至室温（20±5℃）后再使用，分析过程中室温波动不能超过±2℃。

③为减小基线噪声，试剂应保持澄清，必要时应过滤。封闭的化学反应系统若有气泡会干扰测定，因此，除标准溶液外的所有溶液须除气，可采用氦气除气 1 min 或超声除气 30 min。

④每次分析完毕后，用纯水对分析管路进行清洗，并及时将流动检测池中的滤光片取下放入干燥器中，防尘防湿。

⑤预处理盒加热器在加热温度接近 80℃时，应保证加热器的管路中有液体流动。

⑥不同型号的流动分析仪可参考本标准选择合适的仪器条件。

6.3.2.18　石油类

（1）常用方法

水质中石油类是指在 pH≤2 的条件下，能够被四氯乙烯萃取且不被硅酸镁吸收的物质。常用的测定方法为《水质　石油类和动植物油类的测定　红外分光光度法》（HJ 637—2018）。

（2）注意事项

①用采样瓶采集约 500 mL 水样后，加入盐酸溶液酸化至 pH≤2。

②如样品不能在 24 h 内测定，应在 0～4℃冷藏保存，3 d 内测定。

③试验中使用的四氯乙烯须符合品质相关要求，避光保存。

④同一批样品测定所使用的四氯乙烯应来自同一瓶，如样品数量多，可将多瓶四氯乙烯混合均匀后使用。

⑤所有使用完的器皿置于通风橱内挥发完后清洗。

⑥四氯乙烯废液应集中存放于密闭容器中，并做好相应标识，委托有资质的单位进行处理。

6.3.2.19 氟化物

（1）常用方法

《水质 氟化物的测定 离子选择电极法》（GB/T 7484—1987）适用于测定地面水、地下水和工业废水中的氟化物。

（2）注意事项

①温度影响电极的点位和样品的离解，须使试份与标准溶液的温度相同，并注意调节仪器的温度补偿装置使之与溶液的温度一致，每日要测定电极的实际斜率。

②不得用手指触摸电极的膜表面，如果电极的膜表面被有机物等沾污，必须先清洗干净后才能使用。

③插入电极前不要搅拌溶液，以免在电极表面附着气泡，影响测定的准确度。

④搅拌速度应适中，稳定，不要形成涡流，测定过程中应连续搅拌。

6.3.2.20 总氰化物

（1）常用方法

氰化物是指在 pH＜2 介质中，磷酸和 EDTA 存在的情况下，加热蒸馏形成氰化氢的氰化物，包括全部简单氰化物（多为碱金属和碱土金属的氰化物以及铵的氰化物）和绝大部分络合氰化物（锌氰络合物、铁氰络合物、镍氰络合物、铜氰络合物等），不包括钴氰络合物。常用分析方法有《水质 氰化物的测定 容量法和分光光度法》（HJ 484—2009）、《水质　氰化物的测定　流动注射-分光光度法》（HJ 823—2017）。

（2）注意事项

①氰化物属于剧毒物质，操作时应按规定要求佩戴防护器具，应避免接触皮肤和衣物，检测后的残渣废液应做妥善的安全处理。

②当样品中含有大量硫化物时，应先加碳酸镉或碳酸铅固体粉末，除去硫化物后，再加氢氧化钠固定。否则，在碱性条件下，氰离子和硫离子作用成硫氰酸离子而干扰测定。

③当氰化物以 HCN 形式存在时易挥发，加入缓存溶液后，每个步骤操作都要迅速，并随时盖紧塞子。

④分析过程中有氰化物的废液产生，应集中回收，交由有资质的废弃物专业处理公司处理。

⑤有明显颗粒物或沉淀的样品应用超声仪超声粉碎后进样。

⑥在废液收集瓶中，应加入氢氧化钠使 pH≥11（一般每升废液中加入约 7 g 氢氧化钠），以防止气态 HCN 逸出。应定期摇动废液瓶，以防在瓶中形成浓度梯度。

⑦应注意流动注射仪管路系统的保养，经常清洗管路；每次试验前都应检查泵管是否磨损，并及时更换损坏的泵管。

第 7 章　废水自动监测建设及运维技术要点

近年来，为加强地区排污的监控力度和满足排污许可的要求，全国各级环保部门大力推进废水自动监测系统的建设。废水自动监测系统也称为水污染源在线监测系统，通常是由水污染源在线监测设备和水污染源在线监测站房组成。随着全国废水自动监测系统的逐年攀升，做好系统的建设、验收及运行维护管理工作成为影响数据质量的关键环节。本章基于《水污染源在线监测系统（COD_{Cr}、NH_3-N 等）安装技术规范》（HJ 353—2019）、《水污染源在线监测系统（COD_{Cr}、NH_3-N 等）验收技术规范》（HJ 354—2019）、《水污染源在线监测系统（COD_{Cr}、NH_3-N 等）运行技术规范》（HJ 355—2019）、《水污染源在线监测系统（COD_{Cr}、NH_3-N 等）数据有效性判别技术规范》（HJ 356—2019），对废水自动监测系统的建设、验收、运行维护应注意的技术要点进行了梳理。

7.1　水污染源在线监测系统组成

水污染源在线监测系统通常由流量监测单元、水质自动采样单元、水污染源在线监测仪器、数据控制单元以及相应的建筑设施等组成。

①流量监测单元通常包括明渠流量计和管道流量计。采用超声波明渠流量计测定流量，应按技术规范要求修建堰槽；管道流量计可选择电磁流量计。

②水质自动采样单元通常是指采样管路、采样泵以及水质自动采样器。采样

管路应根据废水水质选择优质的聚氯乙烯（PVC）、三丙聚丙烯（PPR）等不影响分析结果的硬管，配有必要的防冻和防腐设施。采样泵应根据水样流量、废水水质、水质自动采样器的水头损失及水位差合理选择采样泵。采样管路宜设置为明管，并标注水流方向。根据 HJ 353—2019 的最新要求，水质自动采样单元应具有采集瞬时水样和混合水样、混匀及暂存水样、自动润洗及排空混匀桶，以及留样功能。

③水污染源在线监测仪器是指在现场用于监控、监测污染物排放的化学需氧量（COD_{Cr}）在线自动监测仪、pH 水质自动分析仪、氨氮水质自动分析仪、总磷水质自动分析仪、污水流量计、水质自动采样器和数据采集传输仪等仪器、仪表。

COD_{Cr} 在线自动监测仪的测定方法多采用重铬酸钾法测定，对于高氯废水也可考虑采用总有机碳（TOC），但必须与重铬酸钾法做对照试验，作出相关系数，换算成重铬酸钾法监测数据输出。

pH 水质自动分析仪采用玻璃电极法测定。

氨氮水质自动分析仪的测定方法有纳氏试剂光度法、氨气敏电极法、水杨酸-次氯酸盐比色法。

总磷在线自动监测仪的测定多采用钼锑抗分光光度法。

总氮在线自动监测仪的测定多采用连续流动-盐酸萘乙二胺分光光度法和碱性过硫酸钾消解紫外分光光度法。

数据采集设备主要是对各种监测设备测量的数据进行采集、存储及处理，并将有关的数据存储和输出。

数据传输设备对采集的各种监测数据传输至生态环境主管部门，目前，数据的传输有多种方式，包括 GPRS 方式、GSM 短消息方式、局域网方式等。

④数据控制单元指实现控制整个水污染源在线监测系统内部仪器设备联动，自动完成水污染源在线监测仪器的数据采集、整理、输出及上传至监控中心平台，接受监控中心平台命令控制水污染源在线监测仪器运行等功能的单元。根据 HJ 353—2019 的最新要求，数据控制单元可控制水质自动采样单元采样、送样及留样等操作。

⑤总体要求。排污单位在安装自动监测设备时，应当根据国家对每个监测设备的具体技术要求进行选型安装。选型安装在线监测仪器时，应根据污染物浓度和排放标准，选择检测范围与之匹配的在线监测仪器，监测仪器满足国家对应仪器的技术要求。如《化学需氧量（COD_{Cr}）水质在线自动监测仪技术要求及检测方法》（HJ 377—2019）、《氨氮水质在线自动监测仪技术要求及检测方法》（HJ 101—2019）、《总氮水质自动分析仪技术要求》（HJ/T 102—2003）、《总磷水质自动分析仪技术要求》（HJ/T 103—2003）、《pH 水质自动分析仪技术要求》（HJ/T 96—2003）等。选型安装数据传输设备时，应按照《污染物在线监控（监测）系统数据传输标准》（HJ 212—2017）和《污染源在线自动监控（监测）数据采集传输仪技术要求》（HJ 477—2009）规范要求设置，不得添加其他可能干扰监测数据存储、处理、传输的软件或设备。

在污染源自动监测设备建设、联网和管理过程中，如果当地管理部门有相关规定的，应同时参考地方的规定要求。如上海市环保局于 2017 年发布了《上海市固定污染源自动监测建设、联网、运维和管理有关规定》。

7.2 现场安装要求

废水自动监测系统现场安装主要涉及现场监测站房建设、排放口规范化整治、采样点位选取等内容，其中监测站房的建筑设计应作为在线监控的专室专用，远离腐蚀性气体的地点，并满足所处位置的气候、生态、地质、安全等要求，站房内应安装空调和冬季采暖设备，空调应具有来电自启动功能，具备温湿度计；排放口应满足生态环境部门规定的排放口规范化设置要求；监测站房内、采样口等区域应安装视频监控设备；采样点位应避开有腐蚀性气体、较强的电磁干扰和振动的地方，应易于到达，且保证采样管路不超过 50 m，同时应有足够的工作空间和安全措施，便于采样和维护操作。具体要求详见 5.2.4。

7.3　调试检测

废水污染源自动监测设备现场安装完成后，需对其进行调试、试运行，以验证设备是否能够符合连续稳定运行的技术要求。

7.3.1　调试

调试是指在流量计、水质自动采样器、水质自动分析仪运行初期进行校准、校验的初期检查，并按照标准规范要求编制调试报告。具体要求如下：

①明渠流量计应进行流量比对误差和液位比对误差测试。

②水质自动采样器应进行采样量误差和温度控制误差测试。

③水质自动分析仪应根据排污企业排放浓度选择量程，并在该量程下进行 24 h 漂移、重复性、示值误差以及实际水样比对测试。

④各水污染源在线监测仪器指标符合相关技术要求的调试效果，TOC 水质自动分析仪参照 COD_{Cr} 水质自动分析仪执行。

7.3.2　试运行

设备调试完成后，进入试运行阶段，应根据实际水污染源排放特点及建设情况，编制水污染源在线监测系统运行与维护方案以及相应的记录表格，最终编制试运行报告。具体要求如下：

①试运行期间应保持对水污染源在线监测系统连续供电，连续正常运行 30 d。

②可设定任一时间（时间间隔不小于 24 h），由水污染源在线系统自动调节零点和校准量程值。

③因排放源故障或在线监测系统故障造成试运行中断，在排放源或在线监测系统恢复正常后，重新开始试运行。

④试运行期间数据传输率应不小于 90%。

⑤数据控制系统已经与水污染源在线监测仪器正确连接，并开始向监控中心平台发送数据。

7.4 验收要求

自动监测设备完成安装、调试及试运行并与生态环境主管部门联网后，同时符合下列要求后，建设方组织仪器供应商、管理部门等相关方实施技术验收工作，并编制在线验收报告。验收主要内容应进行建设验收、仪器设备验收、联网验收及运行与维护方案验收。验收前自动监测设备应满足如下条件：

①提供水污染源在线监测系统的选型、工程设计、施工、安装调试及性能等相关技术资料。

②水污染源在线监测系统已完成调试与试运行，并提交运行调试报告与试运行报告。

③提供流量计、标准计量堰（槽）的检定证书，水污染源在线监测仪器符合HJ 353—2019 中表 1 中技术要求的证明材料。

④水污染源在线监测系统所采用基础通信网络和基础通信协议应符合 HJ 212—2017 的相关要求，对通信规范的各项内容作出响应，并提供相关的自检报告。同时提供环境保护主管部门出具的联网证明。

⑤水质自动采样单元已稳定运行一个月，可采集瞬时水样和具有代表性的混合水样供水污染源在线监测仪器分析使用，可进行留样并报警。

⑥验收过程供电不间断。

⑦数据控制单元已稳定运行一个月，向监控中心平台及时发送数据，其间设备运转率应大于 90%；数据传输率应大于 90%。

7.4.1 建设验收要求

建设验收主要是对污染源排放口、流量监测单元、监测站房、水质自动采样单元、数据控制单元进行验收，主要内容如下：

①污染源排放口应符合相关技术规范要求，具备便于水质自动采样单元和流量监测单元安装条件的采样口，并设置人工采样口。

②流量计安装处设置有对超声波探头检修和比对的工作平台，可方便实现对流量计的检修和比对工作。

③监测站房专室专用，新建监测站房面积应不小于 15 m^2，站房高度不低于 2.8 m。

④水质自动采样单元应实现采集瞬时水样和混合水样，混匀及暂存水样、自动润洗及排空混匀桶的功能；实现混合水样和瞬时水样的留样功能；实现 pH 水质自动分析仪、温度计原位测量或测量瞬时水样功能；COD_{Cr}、TOC、NH_3-N、TP、TN 水质自动分析仪测量混合水样功能。

⑤数据控制单元可协调统一运行水污染源在线监测系统，采集、储存、显示监测数据及运行日志，向监控中心平台上传污染源监测数据。

7.4.2　在线监测仪器验收要求

7.4.2.1　基本验收要求

①水污染源在线监测仪器验收包括对 COD_{Cr} 在线自动监测仪、TOC 水质自动分析仪、pH 水质自动分析仪、氨氮水质自动分析仪、总磷水质自动分析仪、总氮水质自动分析仪、超声波明渠污水流量计、水质自动采样器等技术指标验收。

②性能验收内容包括液位比对误差、流量比对误差、采样量误差、温度控制误差、24 h 漂移、准确度以及实际水样比对测试。

7.4.2.2　性能验收

①COD_{Cr} 在线自动监测仪、TOC 水质自动分析仪、pH 水质自动分析仪、氨氮水质自动分析仪和总磷水质自动分析仪、总氮水质自动分析仪验收应包括 24 h 漂移、准确度、实际水样比对。验收指标要求见《水污染源在线监测系统（COD_{Cr}、

NH_3-N 等）验收技术规范》（HJ 354—2019）表 2。

②超声波流量计验收应包括液位比对误差、流量比对误差。验收指标要求见《水污染源在线监测系统（COD_{Cr}、NH_3-N 等）验收技术规范》（HJ 354—2019）表 2。

③水质自动采样器验收应包括采样量误差、温度控制误差。验收指标要求见《水污染源在线监测系统（COD_{Cr}、NH_3-N 等）验收技术规范》（HJ 354—2019）表 2。

7.4.3 联网验收

联网验收由通信验收、数据传输正确性验收、联网稳定性验收、现场故障模拟恢复试验、生成统计报表等内容组成。

7.4.3.1 通信验收

通信验收包括通信稳定性、数据传输安全性、通信协议正确性 3 部分内容。

①通信稳定性：数据控制单元和监控中心平台之间通信稳定，不应出现经常性的通信连接中断、数据丢失、数据不完整等通信问题。数据控制单元在线率为 90%以上，正常情况下，掉线后应在 5 min 之内重新上线。数据采集传输仪每日掉线次数在 5 次以内。数据传输稳定性在 99%以上，当出现数据错误或丢失时，启动纠错逻辑，要求数据采集传输仪重新发送数据。

②数据传输安全性：数据采集传输仪在需要时可按照 HJ 212—2017 中规定的加密方法进行加密处理传输，保证数据传输的安全性。

③通信协议正确性：采用的通信协议应完全符合 HJ 212—2017 的相关要求。

7.4.3.2 数据传输正确性验收

①系统稳定运行一个月后，任取其中不少于连续 7 d 的数据进行检查，要求监控中心平台接收的数据和数据控制单元采集和存储的数据完全一致；

②同时检查水污染源在线连续自动分析仪器存储的测定值、数据控制单元所采集并存储的数据和监控中心平台接收的数据，这 3 个环节的实时数据误差

小于 1%。

7.4.3.3　联网稳定性验收

在连续一个月内，系统能稳定运行，不出现除通信稳定性、数据传输正确性、通信协议正确性以外的其他联网问题。

7.4.3.4　其他要求

①验收过程中应进行现场故障模拟恢复试验，人为模拟现场断电、断水和断气等故障，在恢复供电等外部条件后，水污染源在线连续自动监测系统应能正常自启动和远程控制启动。在数据控制单元中保存故障前完整分析的分析结果，并在故障过程中不被丢失。数据控制系统完整记录所有故障信息。

②在线监测系统能够按照规定要求自动生成日统计表、月统计表和年统计表。

7.4.4　运行与维护方案验收

运行与维护方案应包含水污染源在线监测系统情况说明、运行与维护作业指导书及记录表格，并形成书面文件进行有效管理。

①水污染源在线监测系统情况说明应至少包含如下内容：排污单位基本情况，水污染在线监测系统构成图，水质自动采样系统流路图，数据控制系统构成图，所安装的水污染源在线监测仪器方法原理、选定量程、主要参数、所用试剂，以及按照 HJ 355—2019 中规定建立的各组成部分的维护要点及维护程序。

②运行与维护作业指导书内容应至少包含如下内容：水污染在线监测系统各组成部分的维护方法，所安装的水污染源在线监测仪器的操作方法、试剂配制方法、维护方法，流量监测单元、水样自动采集单元及数据控制单元维护方法。

③记录表格应满足运行与维护作业指导书中的设定要求。

7.4.5 验收报告要求

依据上述验收内容，编制验收报告［格式详见《水污染源在线监测系统（COD_{Cr}、NH_3-N 等）验收技术规范》（HJ 354—2019）附录 A］。验收报告后应附验收比对监测报告、联网证明和安装调试报告。验收报告内容全部合格或符合后，方可通过验收。

7.5 运行管理要求

污染源自动监测设备通过验收后，自动监测设备即被认定为已处于正常运行状态，设备运行维护单位应按照相关技术规范的要求做好日常运行管理。

7.5.1 总体要求

水污染源在线监测设备运维单位应根据相关技术规范及仪器使用说明书进行运行管理工作，并制定完善的水污染源自动监测设备运行维护管理制度，确定系统运行操作人员和管理维护人员的工作职责。运维人员应具备相关专业知识，通过相应的培训教育和能力确认/考核等活动，熟练掌握水污染源在线监测设备的原理、使用和维护方法。

设备验收完成后应对设备相关参数进行备案，备案参数应与设备参数保持一致，如需修改相关参数，应提交情况说明，重新进行备案。

7.5.2 运维单位

运维单位应在服务省（区、市）无不良运行维护记录，未出现过故意干扰在线监测仪器、在线监测数据弄虚作假的案例。运维单位应严格按照技术规范开展日常运行维护工作，建立完善的运行维护管理制度及档案资料备查，应备有所运行在线监测仪器的备用仪器，同时应配备相应仪器参比方法实际水样比对试验装置。能够提供驻地运行维护服务，设备出现故障 12 h 内到达现场及时处理，能与在线监测仪器建设单位保持良好沟通，确保最短时间内修复故障。

7.5.3　管理制度

运维单位应建立水污染源自动监测设备运行维护管理制度，主要包括仪器设备运行与维护的作业指导书；日常巡检制度及巡检内容；定期维护制度及定期维护内容；定期校验和校准制度及内容；易损、易耗品的定期检查和更换制度；废药剂的收集处置制度；设备故障及应急处理制度；运行维护记录内容等一系列管理制度。

7.5.4　日常维护总体要求

运维单位应按照相关技术规范及仪器使用说明书建立日常巡检制度，开展日常巡检工作并做好记录。日常巡检内容主要包括每日通过远程检查或现场查看的方式检查仪器运行状态、数据传输系统以及视频监控系统是否正常，设备出现故障时应第一时间处理解决；除日常维护工作外，应按照相关要求和设备说明书完成每周、每月、每季度检查维护内容。每日数据传输情况、定期的设备检查及保养情况应记录并归档。每次进行备件或材料更换时，更换的备件或材料的品名、规格、数量等应记录并归档。如更换标准物质或标准样品，还需记录标准物质或标准样品的浓度、配制时间、更换时间、有效期等信息。对日常巡检或维护保养中发现的故障或问题，系统管理维护人员应及时处理并记录。

7.5.5　运行技术总体要求

运维单位应按照相关技术规范要求定期进行自动标样核查和自动校准，同时定期进行实际水样比对试验。

7.6 质量保证要求

7.6.1 总体要求

水污染源自动监测设备日常运行质量保证是保障设备正常稳定运行、持续提供有质量保证监测数据的必要手段。操作维护人员每日远程检查或现场查看检测设备运行状态，如发现异常应立即前往；操作维护人员每周至少一次对设备进行现场维护，包括试剂添加、设备状态检查、采样系统维护、供电系统检查等；操作维护人员每月一次对现场设备进行保养，包括检查和保养易损耗件、测量部件和设备外壳进行清洗；每季度检查及更换易损耗件，用专用容器回收仪器设备产生的废液；操作维护人员每月至少进行一次实际水样比对试验，定期对设备进行自动标样核查和自动校准。当设备出现因故障或维护原因不能正常运行时，应在24 h内报告当地环境保护主管部门。以月为周期，每月设备有效数据率不得小于90%，以保证监测数据的数量要求。

有效数据率=仪器实际获得的有效数据个数/应获得的有效数据个数×100%

7.6.2 日常检查维护

7.6.2.1 运行和日常维护

①每日远程检查或现场查看仪器运行状态，检查数据传输系统及视频监控系统是否正常，如发现数据有持续异常情况，应立即前往站点进行检查。

②每周至少一次对监测系统进行现场维护，现场维护内容包括检查自来水供应、泵取水情况，检查内部管路是否通畅，仪器自动清洗装置是否运行正常，各自动分析仪的进样水管和排水管是否清洁，必要时进行清洗；定期清洗水泵和过滤网。

检查站房内电路系统、通信系统是否正常。

对于用电极法测量的仪器，检查标准溶液和电极填充液，进行电极探头的清洗。

若部分站点使用气体钢瓶，应检查载气气路系统是否密封，气压是否满足使用要求。

检查各仪器标准溶液和试剂是否在有效使用期内，按相关要求定期更换标准溶液和分析试剂。

观察数据采集传输仪的运行情况，并检查连接处有无损坏，对数据进行抽样检查，对比自动分析仪、数据采集传输仪及监控中心平台接收到的数据是否一致。

检查水质自动采样系统管路是否清洁，采样泵、采样桶和留样系统是否正常工作，留样保存温度是否正常。

③每月现场维护内容包括：

a）水质自动采样系统：根据情况更换蠕动泵管、清洗混合采样瓶等。

b）TOC 水质自动分析仪：检查 TOC-COD_{Cr}转换系数是否适用，必要时进行修正。检查 TOC 水质自动分析仪的泵、管、加热炉温度等，检查试剂余量（必要时添加或更换），检查卤素洗涤器、冷凝器水封容器、增湿器，必要时加蒸馏水；

c）COD_{Cr}水质在线自动监测仪：检查内部试管是否污染，必要时进行清洗；

d）氨氮水质自动分析仪：检查气敏电极表面是否清洁，仪器管路进行保养、清洁；

e）流量计：检查超声波流量计液位传感器高度是否发生变化，检查超声波探头与水面之间是否有干扰测量的物体，对堰体内影响流量计测定的干扰物进行清理；检查管道电磁流量计的检定证书是否在有效期内。

f）pH 水质自动分析仪：用酸液清洗一次电极，检查 pH 电极是否钝化，必要时进行校准或更换。

g）温度计：每月至少进行一次现场水温比对试验，必要时进行校准或更换。

每月的现场维护应包括对水污染源在线监测仪器进行一次保养，对仪器分析系统进行维护；对数据存储或控制系统工作状态进行一次检查；检查监测仪器接地情况，检查监测站房防雷措施。检查和保养仪器易损耗件，必要时更换；检查及清洗取样单元、消解单元、检测单元、计量单元等。

④每季度现场维护内容包括检查及更换仪器易损耗件，检查关键零部件可靠性，如计量单元准确性、反应室密封性等，必要时进行更换。对于水污染源在线监测仪器所产生的废液应以专用容器予以回收，交由有危险废物处理资质的单位处理，不得随意排放或回流入污水排放口。

⑤其他预防性维护：

保证监测站房的安全性，进出监测站房应进行登记，包括出入时间、人员、出入原因等，应设置视频监控系统。

保持监测站房的清洁，保持设备的清洁，保证监测站房内的温度、湿度满足仪器正常运行的需求。

保持各仪器管路通畅，出水正常，无漏液。

对电源控制器、空调、排风扇、供暖、消防设备等辅助设备要进行经常性检查。

此处未提及的维护内容，按相关仪器说明书的要求进行仪器维护保养、易耗品的定期更换工作。

7.6.2.2 维护记录

操作人员应详细了解水污染源在线监测系统的基本情况，填写相关记录表格。在对系统进行日常维护时，应做好巡检维护记录，巡检维护记录应包含日志检查、耗材检查、辅助设备检查、采样系统检查、水污染源在线监测仪器检查、数据采集传输系统检查等必检项目和记录，以及仪器使用说明书中规定的其他检查项目和仪器参数设置记录、标样核查及校准结果记录、检修记录、易耗品更换记录、标准样品更换记录、实际水样比对试验结果记录。

7.6.3 运行技术要求

运行技术要求包括自动标样核查和自动校准、实际水样比对试验。

7.6.3.1　自动标样核查和自动校准

选用浓度约为现场工作量程上限值 0.5 倍的标准样品定期进行自动标样核查。如果自动标样核查结果不满足《水污染源在线监测系统（COD_{Cr}、NH_3-N 等）运行技术规范》（HJ 355—2019）表 1（以下简称表 1）的规定，则应对仪器进行自动校准。仪器自动校准完后应使用标准溶液进行验证（可使用自动标样核查代替该操作），验证结果应符合表 1 的规定，如不符合则应重新进行一次校准和验证，如 6 h 内仍不符合表 1 的规定，则应进入人工维护状态。

在线监测仪器自动校准及验证时间如果超过 6 h 则应采取人工监测的方法向相应环境保护主管部门报送数据，数据报送每天不少于 4 次，间隔不得超过 6 h。

自动标样核查周期最长间隔不得超过 24 h，校准周期最长间隔不得超过 168 h。

7.6.3.2　实际水样比对试验

除流量外，运行维护人员每月应对每个站点所有自动分析仪至少进行一次实际水样比对试验；对于超声波明渠流量计每季度至少用便携式明渠流量计比对装置进行一次比对试验，试验结果均应满足表 1 规定的要求。

（1）COD_{Cr}、TOC、NH_3-N、TP、TN 水质自动分析仪

每月至少进行一次实际水样比对试验，采用水质自动分析仪与国家环境监测分析方法标准分别对相同的水样进行分析，两者测量结果组成一个测定数据对，至少获得 3 个测定数据对，计算实际水样比对试验的绝对误差或相对误差。

当实际水样比对试验的结果不满足标准规定的性能指标要求时，应对仪器进行校准和标准溶液验证后再次进行实际水样比对试验。如第二次实际水样比对试验结果仍不符合性能指标要求时，仪器应进入维护状态，同时此次实际水样比对试验至上次仪器自动校准或自动标样核查期间所有的数据均判断为无效数据。

仪器维护时间超过 6 h 时，应采取人工监测的方法向相应环境保护主管部门报送数据，数据报送每天不少于 4 次，间隔不得超过 6 h。

（2）pH 水质自动分析仪和温度计

每月至少进行一次实际水样比对试验，采用 pH 水质自动分析仪和温度计及国家环境监测分析方法标准分别对相同的水样进行分析，计算仪器测量值与国家环境监测分析方法标准测定值的绝对误差。

如果比对结果不符合标准规定的性能指标要求时，应对 pH 水质自动分析仪和温度计进行校准，校准完成后需再次进行比对，直至合格。

（3）超声波明渠流量计

每季度至少用便携式明渠流量计比对装置对现场安装使用的超声波明渠流量计进行一次比对试验（比对前应对便携式明渠流量计进行校准），如比对结果不符合标准规定的性能指标要求时，应对超声波明渠流量计进行校准，校准完成后需再次进行比对，直至合格。

液位比对：分别用便携式明渠流量计比对装置（液位测量精度≤1 mm）和超声波明渠流量计测量同一水位观测断面处的液位值，进行比对试验，每 2 min 读取一次数据，连续读取 6 次，计算每组数据的误差值，选取最大的一组误差值作为流量计的液位误差。

流量比对：分别用便携式明渠流量计比对装置和超声波明渠流量计测量同一水位观测断面处的瞬时流量，进行比对试验，待数据稳定后，开始计时，计时 10 min，分别读取明渠流量比对装置该时段内的累积流量和超声波明渠流量计该时段内的累积流量，最终计算出流量比对误差。

7.6.3.3 有效数据率

以月为周期，计算每个周期内水污染源在线监测仪实际获得的有效数据的个数占应获得的有效数据的个数的百分比不得小于 90%，有效数据的判定参见 HJ 356—2019 的相关规定。

7.6.4　检修和故障处理要求

污染源自动监测设备发生故障后，应该严格按照相关技术规范及管理要求进行设备检修，具体情况如下：

①水污染源在线监测系统需维修的，应在维修前报相应环境保护管理部门备案；需停运、拆除、更换、重新运行的，应经相应环境保护管理部门批准同意。

②因不可抗力和突发性原因致使水污染源在线监测系统停止运行或不能正常运行时，应当在 24 h 内报告相应环境保护管理部门并书面报告停运原因和设备情况。

③运行单位发现故障或接到故障通知，应在规定的时间内赶到现场处理并排除故障，无法及时处理的应安装备用仪器。

④水污染源在线监测仪器经过维修后，在正常使用和运行之前应确保其维修全部完成并通过校准和比对试验。若在线监测仪器进行了更换，在正常使用和运行之前，确保其性能指标满足表 1 的要求。维修和更换的仪器，可由第三方或运行单位自行出具比对检测报告。

⑤数据采集传输仪发生故障，应在相应环境保护管理部门规定的时间内修复或更换，并能保证已采集的数据不丢失。

⑥运行单位应备有足够的备品备件及备用仪器，对其使用情况进行定期清点，并根据实际需要进行增购。

⑦水污染源在线监测仪器因故障或维护等原因不能正常工作时，应及时向相应生态环境主管部门报告，必要时采取人工监测，监测周期间隔不大于 6 h，数据报送每天不少于 4 次，监测技术要求参照《污水监测技术规范》（HJ 91.1—2019）执行。

7.6.5　运行比对监测要求

7.6.5.1　在线监测系统采样管理

比对监测时，应记录水污染源在线监测系统是否按照 HJ 353—2019 进行采样并在报告中说明有关情况。比对监测应及时正确地做好原始记录，并及时正确地粘贴样品标签，以免混淆。

7.6.5.2 仪器质量控制要求

比对监测时，应核查水污染源在线监测仪器的参数设置情况，必要时进行标准溶液抽查，核查标准溶液是否符合相关规定要求，并在记录和报告中说明有关情况；比对监测所使用的标准样品和实际水样应符合现场安装仪器的量程；比对监测期间，不允许对在线监测仪器进行任何调试。

7.6.5.3 比对监测仪器性能要求

比对监测期间应对水污染源在线监测仪器进行比对试验，并符合表 1 的要求。

7.6.6 运行档案与记录

①水污染源在线监测系统运行的技术档案包括仪器的说明书、HJ 353—2019 要求的系统安装记录和 HJ 354—2019 要求的验收记录、仪器的检测报告以及各类运行记录表格。

②运行记录应清晰、完整，现场记录应在现场及时填写。可从记录中查阅和了解仪器设备的使用、维修和性能检验等全部历史资料，以对运行的各台仪器设备做出正确评价。与仪器相关的记录可放置在现场并妥善保存。

③运行记录表格主要包括水污染源在线监测系统基本情况、巡检维护记录表、水污染源在线监测仪器参数设置记录表、标样核查及校准结果记录表、检修记录表、易耗品更换记录表、标准样品更换记录表、实际水样比对试验结果记录表、水污染源在线监测系统运行比对监测报告、运行工作检查表等（表格样式详见 HJ 355—2019），运行单位可根据实际需求及管理需要调整及增加不同的表格。

7.6.7　数据有效性判别流程

水污染源在线监测系统的运行状态分为正常采样监测时段和非正常采样监测时段。数据有效性判别流程如图 7-1 所示。

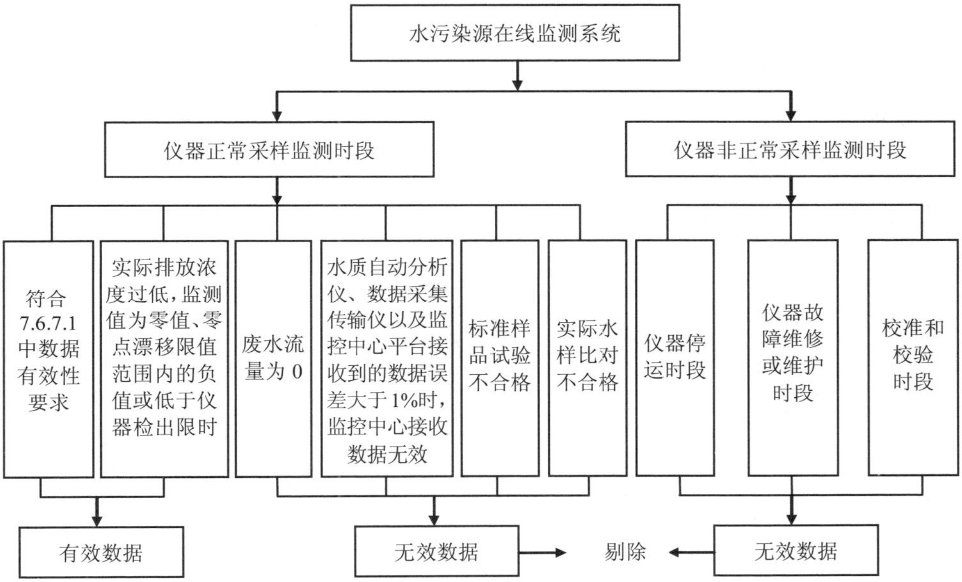

图 7-1　水污染源在线监测系统数据有效性判别流程

7.6.7.1　数据有效性判别指标

（1）实际水样比对试验误差

1）COD_{Cr}、TOC、NH_3-N、TP、TN 水质自动分析仪

对每个站点安装的 COD_{Cr}、TOC、NH_3-N、TP、TN 水质自动分析仪进行自动监测方法与表 1 中规定的国家环境监测分析方法标准的比对试验，两者测量结果组成一个测定数据对，至少获得 3 个测定数据对。比对过程中应尽可能保证比对样品均匀一致，实际水样比对试验结果应满足表 1 的要求。

2）pH 水质自动分析仪与温度计

对每个站点安装的 pH 水质自动分析仪、温度计进行自动监测方法与 HJ 356—2019 表 1 中规定的国家环境监测分析方法标准的比对试验，两者测量结果组成一个测定数据对，比对过程中应尽可能保证比对样品均匀一致，实际水样比对试验结果应满足表 1 的要求。

（2）标准样品试验误差

标准样品试验包括自动标样核查、标准溶液验证。

对每个站点安装的 COD_{Cr}、TOC、NH_3-N、TP、TN 水质自动分析仪，采用有证标准样品作为质控考核样品，用浓度约为现场工作量程上限值 0.5 倍的标准样品进行自动标样核查试验，试验结果应满足表 1 的要求，否则应对仪器进行自动校准，仪器自动校准完成后应使用标准溶液进行验证（可使用自动标样核查代替该操作），验证结果应满足表 1 的要求。

（3）超声波明渠流量计比对试验误差

对每个站点安装的超声波明渠流量计进行自动监测方法与手工监测方法的比对试验，比对试验的方法按照 7.6.3.2 的相关规定进行，结果应满足表 1 的要求。

7.6.7.2 数据有效性判别方法

（1）有效数据判别

正常采样监测时段获取的监测数据满足 7.6.7.1 的数据有效性判别指标，可判别为有效数据。

监测值为零值、零点漂移限值范围内的负值或低于仪器检出限时，需要通过现场检查、实际水样比对试验、标准样品试验等质控手段来识别，对于因实际排放浓度过低而产生的上述数据，仍判断为有效数据。

监测值如出现急剧升高、急剧下降或连续不变时，需要通过现场检查、实际水样比对试验、标准样品试验等质控手段来识别，再做判别和处理。

水污染源在线监测系统的运维记录中应当记载运行过程中报警、故障维修、日常维护、校准等内容，运维记录可作为数据有效性判别的证据。

水污染源在线监测系统应可调阅和查看详细的日志，日志记录可作为数据有效性判别的证据。

（2）无效数据判别

当流量为零时，在线监测系统输出的监测值为无效数据。

水质自动分析仪、数据采集传输仪以及监控中心平台接收到的数据误差大于1%时，监控中心平台接收到的数据为无效数据。

发现标准样品试验不合格、实际水样比对试验不合格时，从此次不合格时刻至上次校准校验（自动校准、自动标样核查、实际水样比对试验中的任何一项）合格时刻期间的在线监测数据均判断为无效数据，从此次不合格时刻起至再次校准校验合格时刻期间的数据，作为非正常采样监测时段数据，判断为无效数据。

水质自动分析仪停运期间、因故障维修或维护期间、有计划（质量保证和质量控制）地维护保养期间、校准和校验等非正常采样监测时间段内输出的监测值为无效数据，但对该时段数据做标记，作为监测仪器检查和校准的依据予以保留。

判断为无效的数据应注明原因，并保留原始记录。

7.6.7.3　有效均值的计算

（1）数据统计

正常采样监测时段获取的有效数据，应全部参与统计。

监测值为零值、零点漂移限值范围内的负值或低于仪器检出限，并判断为有效数据时，应采用修正后的值参与统计。修正规则为 COD_{Cr} 修正值为 2 mg/L、NH_3-N 修正值为 0.01 mg/L、TP 修正值为 0.005 mg/L、TN 修正值为 0.025 mg/L。

（2）有效日均值

有效日均值是对应于以每日为一个监测周期内获得的某种污染物（COD_{Cr}、NH_3-N、TP、TN）的所有有效监测数据的平均值，参与统计的有效监测数据数量应不少于当日应获得数据数量的 75%。有效日均值是以流量为权的某种污染物的有效监测数据的加权平均值。

（3）有效月均值

有效月均值是对应于以每月为一个监测周期内获得的某种污染物（COD_{Cr}、NH_3-N、TP、TN）的所有有效日均值的算术平均值，参与统计的有效日均值数量应不少于当月应获得数据数量的 75%。

7.6.7.4　无效数据的处理

正常采样监测时段，当 COD_{Cr}、NH_3-N、TP 和 TN 监测值判断为无效数据，且无法计算有效日均值时，其污染物日排放量可以用上次校准校验合格时刻前 30 个有效日排放量中的最大值进行替代，污染物浓度和流量不进行替代。非正常采样监测时段，当 COD_{Cr}、NH_3-N、TP 和 TN 监测值判断为无效数据，且无法计算有效日均值时，优先使用人工监测数据进行替代，每天获取的人工监测数据应不少于 4 次，替代数据包括污染物日均浓度、污染物日排放量。如无人工监测数据替代，其污染物日排放量可以用上次校准校验合格时刻前 30 个有效日排放量中的最大值进行替代，污染物浓度和流量数据不进行替代。

流量为零时的无效数据不进行替代。

第 8 章　废气手工监测技术要点

与废水手工监测类似，废气手工监测也是一个全面性、系统性的工作。我国同样有一系列监测技术规范和方法标准用于指导和规范废气手工监测。本章立足现有的技术规范和标准，结合日常工作经验，分别针对有组织废气、无组织废气归纳总结了常见的方法和操作要求，以及方法使用过程中的重点注意事项。对于一些虽然适用，但不够便捷，目前实际应用很少的方法，本书中未列举。若排污单位根据实际情况，确实需要采用这类方法的，应严格按照方法的适用条件和要求开展相关监测活动。

8.1　有组织废气监测

8.1.1　监测方式

有组织废气监测主要是针对排污单位通过排气筒排放的污染物排放浓度、排放速率、排气参数等开展的监测，主要的监测方式有现场测试和现场采样+实验室分析两种。

现场测试是指采用便携式仪器在污染源现场直接采集气态样品，通过预处理后进行即时分析，现场得到污染物的相关排放信息。目前，采用现场测试的主要指标包括二氧化硫、氮氧化物、一氧化碳、排气参数（温度、氧含量、含湿量、流速）等，测试方法主要包括定电位电解法、非分散红外法、热电偶法、仪器法、皮托管法等。

现场采样+实验室分析是指采用特定仪器采集一定量的污染源废气并妥善保存带回实验室进行分析。目前我国多数污染物指标仍采用这种监测方式，主要的采样方式包括直接采样法（气袋、注射器、真空瓶等）和富集（浓缩）采样法（活性炭吸附、滤筒、滤膜捕集、吸收液吸收等），主要的分析方法包括重量法、色谱法、质谱法、分光光度法等。

8.1.2 现场采样

8.1.2.1 现场采样方式

（1）现场直接采样

包括注射器采样、气袋采样、采样管采样和真空瓶（管）采样。现场采样时，应按照《固定污染源排气中颗粒物测定与气态污染物采样方法》（GB/T 16157—1996）的规定配备相应的采样系统采样。

1）注射器采样

常用 100 mL 注射器采集样品。采样时，先用现场气体抽洗 2～3 次，然后抽取 100 mL，密封进气口，带回实验室分析。样品存放时间不宜长，一般当天分析完。

气相色谱分析法常采用此法取样。取样后，应将注射器进气口朝下，垂直放置，以使注射器内压略大于外压，避光保存。

2）气袋采样

应选不吸附、不渗漏，也不与样气中污染组分发生化学反应的气袋，如聚四氟乙烯袋、聚乙烯袋、聚氯乙烯袋和聚酯袋等，还有用金属薄膜作衬里（如衬银、衬铝）的气袋。

采样时，先用待测废气冲洗 2～3 次，再充满样气，夹封进气口，带回实验室尽快分析。

3）采样管采样

采样时，打开两端旋塞，用抽气泵接在采样管的一端，迅速抽进比采样管容积大 6～10 倍的待测气体，使采样管中原有气体被完全置换出，关上旋塞，采样管体积即为采气体积。

4）真空瓶采样

真空瓶是一种具有活塞的耐压玻璃瓶。采样前，先用抽真空装置把真空瓶内气体抽走，抽气减压到绝对压力为 1.33 kPa。采样时，打开旋塞采样，采完关闭旋塞，则采样体积即为真空瓶体积。

（2）富集（浓缩）采样法

主要包括溶液吸收法、填充柱阻留法和滤料阻留法等。

1）溶液吸收法

原理：采样时，用抽气装置将待测废气以一定流量抽入装有吸收液的吸收瓶采集一段时间。采样结束后，送实验室进行测定。

常用吸收液有酸碱溶液、有机溶剂等。

吸收液选用应遵循的原则：

①反应快，溶解度大；

②稳定时间长；

③吸收后利于分析；

④毒性小，价格低，易于回收。

2）填充柱阻留法

原理：填充柱是用一根长 6～10 cm、内径 3～5 mm 的玻璃管或塑料管，内装颗粒状填充剂制成。采样时，让气样以一定流速通过填充柱，待测组分因吸附、溶解或化学反应等作用被阻留在填充剂上，达到浓缩采样的目的。采样后，通过解吸或溶剂洗脱，使被测组分从填充剂上释放出来进行测定。

填充剂主要类型包括：

①吸附型：活性炭、硅胶、分子筛、高分子多孔微球等；

②分配型：涂高沸点有机溶剂的惰性多孔颗粒物；

③反应型：惰性多孔颗粒物、纤维状物表面能与被测组分发生化学反应。

3）滤料阻留法

原理：该方法是将过滤材料（滤筒、滤膜等）放在采样装置内，用抽气装置抽气，废气中的待测物质被阻留在过滤材料上，根据相应分析方法测定出待测物质的含量。

常用过滤材料：玻璃纤维滤筒、石英滤筒、刚玉滤筒、玻璃纤维滤膜、过氯乙烯滤膜、聚苯乙烯滤膜、微孔滤膜、核孔滤膜等。

8.1.2.2 现场采样技术要点

有组织废气排放监测时，采样点位布设、采样频次、时间、监测分析方法以及质量保证等均应符合《固定污染源排气中颗粒物测定与气态污染物采样方法》（GB/T 16157—1996）和《固定源废气监测技术规范》（HJ/T 397—2007）的规定。

（1）采样位置和采样点

①采样位置应避开对测试人员操作有危险的场所。

②采样位置应优先选择在垂直管段，应避开烟道弯头和断面急剧变化的部位。采样位置应设置在距弯头、阀门、变径管下游方向不小于 6 倍直径处，以及距上述部件上游方向不小于 3 倍直径处。采样断面的气流速度最好在 5 m/s 以上。采样孔内径应不小于 80 mm，宜选用 90～120 mm 内径的采样孔。

③测试现场空间位置有限，难以满足上述要求时，可选择比较适宜的管段采样，但采样断面与弯头等的距离至少是烟道直径的 1.5 倍，并应适当增加测点的数量和采样频次。

④对于气态污染物，由于混合比较均匀，其采样位置可不受上述规定限制，但应避开涡流区。

⑤采样平台应有足够的工作面积使工作人员安全、方便地操作。监测平台长度应≥2 m、宽度≥2 m 或不小于采样枪长度外延 1 m，周围设置 1.2 m 以上的安

全护栏，有牢固并符合要求的安全措施；当采样平台设置在离地面高度≥2 m 的位置时，应有通往平台的斜梯（或 Z 字梯、旋梯），宽度应≥0.9 m；当采样平台设置在离地面高度≥20 m 的位置时，应有通往平台的升降梯。

⑥颗粒物和废气流量测量时，根据采样位置尺寸进行多点分布采样测量；一般情况下排气参数（温度、含湿量、氧含量）和气态污染物在管道中心位置测定。

（2）排气参数的测定

①温度的测定：常用测定方法为热电偶法或电阻温度计法。一般情况下可在靠近烟道中心的一点测定，封闭测孔，待温度计读数稳定后读取数据。

②含湿量的测定：常用测定方法有重量法、仪器法及干湿球法。在靠近烟道中心的一点测定，封闭测孔，干湿球法使气体在一定的速度下流经干、湿球温度计，根据干、湿球温度计的读数和测点处排气的压力，计算出排气的水分含量。

③氧含量的测定：常用测定方法为电化学法或氧化锆氧分仪法。在靠近烟道中心的一点测定，封闭测孔，待氧含量读数稳定后读取数据。

④流速、流量的测定：常用测定方法为皮托管法。根据测得的某点处的动压、静压及温度、断面截面积等参数计算出排气流速和流量。

（3）采样频次和采样时间

采样频次和采样时间确定的主要依据：相关标准和规范的规定和要求；实施监测的目的和要求；被测污染源污染物排放特点、排放方式及排放规律，生产设施和治理设施的运行状况；被测污染源污染物排放浓度的高低和所采用的监测分析方法的检出限。

具体要求如下：

①相关标准中对采样频次和采样时间有规定的，按相关标准的规定执行。

②相关标准中没有明确规定的，排气筒中废气的采样以连续 1 h 的采样获取平均值，或在 1 h 内，以等时间间隔采集 3～4 个样品，并计算平均值。

③特殊情况下，若某排气筒的排放为间断性排放，排放时间小于 1 h，应在排放时段内实行连续采样，或在排放时段内等间隔采集 2～4 个样品，并计算平均值；

若某排气筒的排放为间断性排放，排放时间大于 1 h，则应在排放时段内按②的要求采样。

（4）监测分析方法选择

选择监测分析方法时，应遵循以下原则：

①监测分析方法的选用应充分考虑相关排放标准的规定、被测污染源排放特点、污染物排放浓度的高低、所采用监测分析方法的检出限和干扰等因素。

②相关排放标准中有监测分析方法的规定时，应采用标准中规定的方法。

③对相关排放标准未规定监测分析方法的污染物项目，应选用国家环境保护标准、环境保护行业标准规定的方法。

④在某些项目的监测中，尚无方法标准的，可采用国际标准化组织（ISO）或其他国家的等效方法标准，但应经过验证合格，其检出限、准确度和精密度应能达到质控要求。

（5）质量保证要求

①属于国家强制检定目录内的工作计量器具，必须按期送计量部门检定，检定合格，取得检定证书后方可用于监测工作。

②排气温度、氧含量、含湿量、流速测定、烟气、烟尘测定等仪器应根据要求定期校准，对一些仪器使用的电化学传感器应根据使用情况及时更换。

③采样系统采样前应进行气密性检查，防止系统漏气。检查采样嘴、皮托管等是否变形或损坏。

④滤筒、滤料等外观无裂纹、空隙或破损，无挂毛或碎屑，能耐受一定的高温和机械强度。采样管、连接管、滤筒、滤料等不被腐蚀，不与待测组分发生化学反应。

⑤样品采集后注意样品的保存要求，尽快送实验室分析。

8.1.3 监测指标测试

各监测指标除遵循 8.1.1 监测方式和 8.1.2 现场采样的相关要求外，还应遵循各自的具体要求。监测指标、方法依据见表 8-1。

表 8-1　污染物监测指标、方法依据

序号	监测指标	方法标准名称	方法依据
1	氯化氢	《固定污染源排气中氯化氢的测定　硫氰酸汞分光光度法》	HJ/T 27—1999
		《环境空气和废气　氯化氢的测定　离子色谱法》	HJ 549—2016
		《固定污染源废气　氯化氢的测定　硝酸银容量法》	HJ 548—2016
2	铬酸雾	《固定污染源排气中铬酸雾的测定　二苯基碳酰二肼分光光度法》	HJ/T 29—1999
3	硫酸雾	《固定污染源废气　硫酸雾的测定　离子色谱法》	HJ 544—2016
4	氮氧化物	《固定污染源排气中氮氧化物的测定　盐酸萘乙二胺分光光度法》	HJ/T 43—1999
		《固定污染源废气　氮氧化物的测定　定电位电解法》	HJ 693—2014
		《固定污染源废气　氮氧化物的测定　非分散红外吸收法》	HJ 692—2014
5	氰化氢	《固定污染源排气中氰化氢的测定　异烟酸-吡唑啉酮分光光度法》	HJ/T 28—1999
6	氟化物	《固定污染源废气　氟化氢的测定　离子色谱法》	HJ 688—2019
		《大气固定污染源　氟化物的测定　离子选择电极法》	HJ/T 67—2001
7	颗粒物	《固定污染源排气中颗粒物测定与气态污染物采样方法》	GB/T 16157—1996
		《固定污染源废气　低浓度颗粒物的测定　重量法》	HJ 836—2017
8	二氧化硫	《固定污染源废气　二氧化硫的测定　定电位电解法》	HJ 57—2017
		《固定污染源废气　二氧化硫的测定　非分散红外吸收法》	HJ 629—2011
9	烟气黑度	《固定污染源排放烟气黑度的测定　林格曼烟气黑度图法》	HJ/T 398—2007

8.1.3.1　氯化氢排放监测

（1）常见方法

废气中氯化氢排放监测时，主要依据《固定污染源排气中氯化氢的测定　硫氰酸汞分光光度法》（HJ/T 27—1999）、《环境空气和废气　氯化氢的测定　离子色谱法》（HJ 549—2016）和《固定污染源废气　氯化氢的测定　硝酸银容量法》（HJ 548—2016）。采用多孔玻板或大型气泡吸收瓶+烟气/尘采样器进行现场吸收液采集样品，之后送实验室采用容量法或离子色谱法进行分析测定。

（2）注意事项

1）采用《固定污染源排气中氯化氢的测定　硫氰酸汞分光光度法》（HJ/T 27—1999）方法监测

①采样管用硬质玻璃或氟树脂材质，具有适当尺寸的管料，并应附有可加热至 120℃以上的保温夹套。

②在采样过程中，根据排气温度和湿度调节采样管保温夹套温度，以避免水汽于吸收瓶之前凝结。

③如果样品采集后不能当天测定，应将试样密封后置于冰箱 3～5℃保存，保存期不超过 48 h。

④若排气中含有氯化物颗粒性物质，应在吸收瓶之前接装滤膜夹，否则可不装滤膜夹。采样管、吸收瓶之间连接时不可用乳胶管连接，应用聚乙烯管或聚四氟乙烯管内接外套法连接。用过的吸收瓶、具塞比色管、连接管等，将溶液倒出后，直接用去离子水洗涤，不能用自来水洗涤，操作过程注意防尘，避免用手指触摸连接管口，防止氯化物污染。采样分析时，样品溶液、标准溶液和空白对照必须用同一批试剂同时操作。

2）采用《环境空气和废气　氯化氢的测定　离子色谱法》（HJ 549—2016）方法监测

①应选择气密性好、阻力和吸收效率合格的吸收管清洗干净并烘干备用。在采样前装入吸收液并密封保存。

②采样时注意采集现场空白：将同批次两支装有 50 mL 吸收液的吸收瓶带至采样现场，不与采样器连接，采样结束后与样品在相同的条件下保存、运输，直到送交实验室分析，运输过程中应注意防止污染。

③采样结束后，密封吸收瓶，于 4℃以下冷藏保存，48 h 内完成分析测定。如不能及时分析，应将样品转移至聚乙烯瓶中，于 4℃以下冷藏可保存 7 d。

④在采样过程中，应保持采样保温加套温度为 120℃，以避免水汽在管路中凝结；采样器与滤膜夹、滤膜夹与吸收瓶、吸收瓶之间的连接管尽可能短。吸收瓶、

连接管及各器皿均应用试验用水反复洗涤并防止被污染，操作中应防止自来水、空气微尘及手上氯化物干扰。

3）采用《固定污染源废气　氯化氢的测定　硝酸银容量法》（HJ 548—2016）方法监测

①吸收瓶应严密不漏气，多孔玻板吸收瓶发泡要均匀，当流量为 0.5 L/min 时，其阻力应在（5±0.7）kPa。

②采样时注意采集现场空白：将同批次两支装有 50 mL 吸收液的吸收瓶带至采样现场，不与采样器连接，采样结束后与样品在相同的条件下保存、运输，直到送交实验室分析，运输过程中应注意防止污染。

③采样结束后，封闭吸收瓶进出气口，置于样品箱内运输，样品采集后应当天尽快测定。若不能及时测定，应置于 4℃以下冷藏、密封保存，48 h 内测定。

④在采样过程中，应保持采样保温加套温度为 120℃，以避免水汽在管路中凝结。滴定时必须剧烈摇动，防止氯离子被氯化银吸附，使溶液中氯离子浓度降低，导致终点提前，产生误差。

8.1.3.2　铬酸雾排放监测

（1）常见方法

铬酸雾废气监测时，主要依据《固定污染源排气中铬酸雾的测定　二苯基碳酰二肼分光光度法》（HJ/T 29—1999）。采用滤筒+烟尘颗粒物采样器进行现场滤筒捕集采样，采集到的样品经前处理后，用分光光度法进行分析测定。

（2）注意事项

①采样材料应使用玻璃纤维滤筒或石英滤筒，要求其对粒径大于 0.3 μm 颗粒物的阻留效率不低于 99.9%。空白滤筒中目标金属元素含量应小于等于排放标准限值的 1/10，不符合要求则不能使用。

②采样前要彻底清洗采样管的采样嘴和弯管，并吹干。将玻璃纤维滤筒或石英滤筒装入采样管头部的滤筒夹内，采样系统连接管要尽可能短，并检查系统的

气密性和可靠性。

③当重金属质量浓度较低时可适当增加采样体积。如管道内烟气温度高于需采集的相关金属元素熔点，应采取降温措施，使进入滤筒前的烟气温度低于相关金属元素的熔点。使用滤筒采样时，每次采样至少取两个同批号滤筒，带到采样现场作为现场空白样品。

④在采集铬酸雾样品时，采样完毕后，小心取出滤筒，放入具塞 250 mL 磨口锥形瓶中，并用少量蒸馏水冲洗采样嘴及弯管，洗涤液并入锥形瓶中，盖好瓶塞，带回实验室。采样嘴用棉签擦干，弯管用吸球吹干后备用。样品密闭保存，于 7 d 内分析完毕。

8.1.3.3 硫酸雾排放监测

（1）常用方法

废气中硫酸雾排放监测时，主要依据《固定污染源废气　硫酸雾的测定　离子色谱法》（HJ 544—2016）。采用玻璃纤维滤筒（或石英纤维滤筒）串联内装 50 mL 吸收液的吸收瓶利用烟尘采样器进行现场采集样品，采集到的样品经前处理后，用离子色谱法进行分析测定。

（2）注意事项

①滤筒对粒径大于 3 μm 的颗粒物阻隔效率不低于 99.9%。滤筒和滤膜应选用空白较低且数值稳定的产品。空白滤筒和滤膜的硫酸根含量应低于方法测定下限。

②如玻璃纤维滤筒空白值高于检出限，用试验用水反复浸洗滤筒，将滤筒装入盛有试验用水的大烧杯，用石蜡封口膜或表面皿盖好烧杯，放入超声波清洗器中清洗 10 min，然后测定浸泡水的电导率，电导率值应小于 30 mS/m，否则重复上述步骤。

③连接管应尽可能短并检查系统的气密性和可靠性。采样过程中，烟枪加热温度不低于烟气温度。采样完毕后，小心取出滤筒放入旋盖式口聚乙烯密封管中，用少量试验用水冲洗采样嘴及弯管内壁，洗涤液并入密封管中，盖好瓶塞，第一、

二支冲击式吸收瓶用聚乙烯管密封好待测。

④每次采集样品应至少带两套全程序空白样品。将同批次滤筒以及装好吸收液的吸收瓶带至采样现场，不与采样器连接，采样结束后带回实验室待测。全程序空白及实验室空白中硫酸根含量应小于方法测定下限，否则需要查找原因。

⑤采样的样品及全程序空白应于 0～4℃冷藏密封保存，于 24 h 内完成试样制备。若不能及时测定，应将制备好的试样于 0～4℃冷藏密封，可保存 30 d。

试验所用器具均不可用硫酸浸泡清洗，避免空白值较高。

8.1.3.4　氮氧化物（NO_x）排放监测

（1）现场监测方法

1）常用方法

有组织废气中的氮氧化物包括了以一氧化氮（NO）和二氧化氮（NO_2）两种形式存在的氮的氧化物，因此对有组织废气中 NO_x 监测的实际上是通过对 NO 和 NO_2 的监测实现的。

表 8-2 中给出了有组织废气中氮氧化物监测标准方法的原理及特点。

表 8-2　常用氮氧化物监测标准方法

序号	标准方法	原理及特点
1	《固定污染源废气　氮氧化物的测定　定电位电解法》（HJ 693—2014）	（1）废气被抽入主要由电解槽、电解液和电极组成的传感器中，NO 或 NO_2 通过渗透膜扩散到电极表面，发生氧化还原反应，产生的极限电流大小与 NO 或 NO_2 浓度成正比。 （2）两个不同的传感器分别测定 NO（以 NO_2 计）和 NO_2，两者测定之和为氮氧化物（以 NO_2 计）
2	《固定污染源废气　氮氧化物的测定　非分散红外吸收法》（HJ 692—2014）	（1）利用 NO 对红外光谱区，特别是 5.3 μm 波长光的选择性吸收，由朗伯-比尔定律定量 NO 和废气中 NO_2 通过转换器还原为 NO 后的浓度。 （2）一般先将废气通入转换器，将废气中的 NO_2 还原为 NO，再将废气通入非分散红外吸收法仪器进行监测，此时，由 NO_2 转化而来的 NO，将同废气中原有的 NO 一起经过分析测试，测得结果为总的氮氧化物（以 NO_2 计）

从表 8-2 中可以看出，常用的有组织废气中氮氧化物监测方法主要包括定电位电解法、非分散红外吸收法两种现场测试方法，这两种方法实现氮氧化物测定的过程方式是有所不同的，但最终监测结果均以 NO_2 计。

2）注意事项

①测定结果一般应在校准量程的 20%～100%，特别是应注意不能超过校准量程。

②开展监测活动全过程中，仪器不得关机。

③非分散红外吸收法测定氮氧化物时，应注意至少每半年做一次 NO_2 的转化效率的测定，转化效率不能低于 85%，否则应更换还原剂；监测活动中，进入转换器 NO_2 浓度不要大于 200 μmol/mol。

（2）现场采样+实验室分析方法

1）常用方法

酸碱废气中氮氧化物排放监测时，《固定污染源排气中氮氧化物的测定　盐酸萘乙二胺分光光度法》（HJ/T 43—1999）为常用方法。采用多孔玻板吸收瓶+小流量采样器进行现场吸收液采集样品，之后送实验室用分光光度法进行分析测定。

2）注意事项

①采样管材质为不锈钢、硬质玻璃或聚四氟乙烯，直径为 6～8 mm 的管料，并具有可加热至 140℃以上的保存夹套。

②采样时，各连接管用聚四氟乙烯软管或者内衬聚四氟乙烯薄膜的乳胶管，尽可能短。采至第二个吸收瓶呈微红色，停止采样。

③氧化管在使用过程中，应经常注意氧化管是否吸湿引起板结或变成绿色。若板结会使采样系统阻力增大，影响流量；若变成绿色表示氧化管已失效。吸收液若受二氧化铬污染，溶液呈黄棕色，该样品应报废。

④当管道排烟温度为常温时，可不必将采样瓶放置于冰浴内采样。样品置于 3～5℃冰箱内，避光保存，24 h 内分析完。

8.1.3.5　氰化氢排放监测

（1）常用方法

废气中氰化氢排放监测时，主要依据《固定污染源排气中氰化氢的测定　异烟酸-吡唑啉酮分光光度法》（HJ/T 28—1999）。采用多孔玻板吸收瓶或大型气泡吸收瓶+小流量采样器进行现场吸收液采集样品，之后送实验室用分光光度法进行分析测定。

（2）注意事项

①采样管材质为不锈钢、硬质玻璃或聚四氟乙烯，直径为 6～8 mm 的管料，并具有可加热至 120℃以上的保温夹套。

②串联两支内装 20 mL 氢氧化钠吸收液的 125 mL 多孔玻板吸收瓶接入采样系统时，将采样管头部塞适量无碱玻璃棉，伸入排气筒采样。

③如果样品采集后不能当天测定，应将试样密封后置于 2～5℃下保存，保存期不超过 48 h。在采样、运输和贮存过程中应避免日光照射。

④采集有组织排气的人员必须两人以上，并戴好防毒面具才能进入现场采样。

8.1.3.6　氟化物排放监测

（1）常用方法

废气中氟化物排放监测主要是对酸碱废气中氢氟酸废气的排放监测，主要依据《固定污染源废气　氟化氢的测定　离子色谱法》（HJ 688—2019）、《大气固定污染源　氟化物的测定　离子选择电极法》（HJ/T 67—2001）。采用烟气采样方法，串联吸收瓶吸收气态样品，之后送实验室分别采用离子色谱、氟离子选择电极进行分析测定。

（2）注意事项

1）离子色谱法（HJ 688—2019）

①氟化氢对人体有害，采样时应注意防护，避免吸入或接触皮肤和眼睛。

②采样管为聚四氟乙烯或钛合金材质，内表面光滑。吸收瓶、连接管等应按方法注意材质要求，防止干扰。

③样品采集后密封吸收瓶，室温保存，24 h 内完成分析测定，如不能及时分析，应转移至聚乙烯瓶中，室温可保存 12 d。

2）离子选择电极法（HJ/T 67—2001）

①采样管与吸收瓶之间的连接管选用聚四氟乙烯管，应尽量短。连接管也可使用聚乙烯塑料管和橡胶管。

②采样结束后，吸收瓶中的样品全部转移至聚乙烯瓶中，吸收瓶、采样管与连接管都应洗涤，洗涤液全部并入聚乙烯瓶中。样品常温下可保存一周。

③方法中未明确材质要求的，如可能对样品产生干扰，建议参照 HJ 688—2019 从严要求。

8.1.3.7 颗粒物的监测

（1）常用方法

颗粒物的监测一般使用重量法，采用现场采样+实验室分析的监测方式，利用等速采样原理，抽取一定量的含颗粒物的废气，根据所捕集到的颗粒物质量和同时抽取的废气体积，计算出废气中颗粒物的浓度。

目前颗粒物监测方法标准主要有《固定污染源排气中颗粒物测定与气态污染物采样方法》（GB/T 16157—1996）、《固定污染源废气　低浓度颗粒物的测定　重量法》（HJ 836—2017）。根据原环境保护部的相关规定，在测定有组织废气中颗粒物浓度时，应遵循表 8-3 中的规定选择合适的监测方法标准。

依据《固定污染源排气中颗粒物测定与气态污染物采样方法》（GB/T 16157—1996）进行颗粒物监测时，仅将滤筒作为样品，进行采样前后的分析称量，依据《固定污染源废气　低浓度颗粒物的测定　重量法》（HJ 836—2017）进行低浓度颗粒物监测时，需要将装有滤膜的采样头作为样品，进行采样前后的整体称量。

表 8-3　常用颗粒物监测标准方法的适用范围

序号	废气中颗粒物浓度范围	适用的标准方法
1	≤20 mg/m^3	《固定污染源废气　低浓度颗粒物的测定　重量法》（HJ 836—2017）
2	＞20 mg/m^3，且≤50 mg/m^3	《固定污染源废气　低浓度颗粒物的测定　重量法》（HJ 836—2017）、《固定污染源排气中颗粒物测定与气态污染物采样方法》（GB/T 16157—1996），均适用
3	＞50 mg/m^3	《固定污染源排气中颗粒物测定与气态污染物采样方法》（GB/T 16157—1996）

（2）注意事项

①样品采集时，采样嘴应对准气流方向，与气流方向的偏差不得大于 10°；不同于气态污染物、颗粒物在排气筒监测断面（即横截面）上的分布是不均匀的，须多点等速采样，各点等时长采样，每个点采样时间不少于 3 min。

②应选择气流平稳的工况下进行采样。采样前后，排气筒内气流流速变化不应大于 10%，否则应重新测量。

③每次开展低浓度颗粒物监测时，每批次应采集全程序空白样品。实际监测样品的增重若低于全程序空白样品的增重，则认定该实际监测样品无效，低浓度颗粒物样品采样体积为 1 m^3 时，方法检出限为 1.0 mg/m^3；废气中颗粒物浓度低于方法检出限时，全程序空白样品采样前后重量之差的绝对值不得超过 0.5 mg。

④采样前后样品称重环境条件应保持一致。低浓度颗粒物样品称重使用的恒温恒湿设备的温度控制在 15～30℃任意一点，控温精度为±1℃；相对湿度应保持在（50±5）%RH 范围内。

8.1.3.8　二氧化硫（SO_2）的监测

（1）常用方法

二氧化硫（SO_2）是有组织废气排放的主要常规污染物之一，目前主要的监测方法有定电位电解法和非分散红外吸收法两种现场测试方法，标准监测方法详见表 8-4。

表 8-4 常用二氧化硫监测标准方法

序号	标准方法	原理及特点
1	《固定污染源废气 二氧化硫的测定 定电位电解法》（HJ 57—2017）	（1）废气被抽入主要由电解槽、电解液和电极组成的传感器中，二氧化硫通过渗透膜扩散到电极表面，发生氧化反应，产生的极限电流大小与二氧化硫浓度成正比。 （2）需要配备除湿性能好的预处理器，以去除水分对监测的影响。 （3）测定时，易受一氧化碳干扰
2	《固定污染源废气 二氧化硫的测定 非分散红外吸收法》（HJ 629—2011）	（1）二氧化硫气体在 6.82～9 μm 红外光谱波长具有选择性吸收。一束恒定波长为 7.3 μm 的红外光通过二氧化硫气体时，其光通量的衰减与二氧化硫的浓度符合朗伯-比尔定律定量。 （2）需要配备除湿性能好的预处理器，以排除水分对监测的影响

（2）注意事项

①水分对二氧化硫测定影响较大。废气中的高含水量和水蒸气会对测定结果造成负干扰，还会对仪器检测器/检测室造成损坏和污染，因此监测时，特别是在废气含湿量较高的情况下，应使用除湿性能较好的预处理设备，及时排空除湿装置的冷凝水，防止影响测定结果。

②对于定电位电解法而言，一氧化碳对二氧化硫监测会存在一定程度的干扰。监测仪器应具有一氧化碳测试功能，当一氧化碳浓度高于 50 μmol/mol 时，应根据《固定污染源废气 二氧化硫的测定 定电位电解法》（HJ 57—2017）中的附录 A 进行一氧化碳干扰试验，确定仪器的适用范围，根据一氧化碳、二氧化硫浓度是否超出了干扰试验允许的范围，从而对二氧化硫数据是否有效进行判定。

③监测结果一般应在校准量程的 20%～100%，特别是应注意不能超过校准量程，因此监测活动正式开展前，应根据历史监测资料，预判二氧化硫可能的浓度范围，从而选择合适的标准气体进行校准，确定校准量程。

④开展监测活动全过程中，仪器不得关机。

⑤定电位电解法仪器测定二氧化硫的传感器更换后，应重新开展干扰试验。对于未开展一氧化碳干扰试验的定电位电解法仪器，有组织废气监测过程中，一氧化碳浓度高于 50 μmol/mol 时同步测得的二氧化硫数据，应作为无效数据予以剔除。

8.1.3.9　烟气黑度的监测

（1）常用方法

烟气黑度的监测，主要依据《固定污染源排放烟气黑度的测定　林格曼烟气黑度图法》（HJ/T 398—2007），现场对照林格曼烟气黑度图观测比对。

（2）注意事项

①观测者与烟囱的距离应足以保证对烟气排放情况清晰的观察。观察者的视线应尽量与烟气飘动的方向垂直，观察排气的仰视角尽可能低，应尽量避免在过于陡峭的角度下观察，观察烟气宜在比较均匀的天空照明下进行。

②应使用符合规范要求的林格曼烟气黑度图，并注意保持图面的整洁、不被污损或褪色。

③图片面向观测者，尽可能使图位于观测者至烟囱顶部的连线上，并使图与烟气有相似的天空背景。图距观测者应有足够的距离，以使图上的线条看起来融合在一起，从而使每个方块有均匀的黑度。

④观察烟气的部位应选择在烟气黑度最大的地方，该部位没有冷凝水蒸气存在。

8.2　无组织废气监测

8.2.1　监测方式

无组织废气监测是指排污单位对未经过排气筒、无规则排放的废气或者废气虽经排气筒排放但排气筒高度没有达到有组织排放要求的低矮排气筒排放的废气污染物浓度进行的监测。

无组织废气排放监测的主要方式为现场采样+实验室分析，与有组织废气的这种方式相同，就是指采用特定仪器采集一定量的无组织废气并妥善保存带回实验室进行分析。主要的采样方式包括现场直接采样法（注射器、气袋、采样管、真空瓶等）和富集（浓缩）采样法（活性炭吸附、滤筒、滤膜捕集、吸收液吸收等），主要的分析方法包括重量法、色谱法、质谱法、分光光度法等。

8.2.2 现场采样

8.2.2.1 现场采样技术要点

无组织废气排放监测的主要参考标准为《大气污染物无组织排放监测技术导则》《大气污染物综合排放标准》（GB 16297—1996）和排污单位具体执行的行业标准。

（1）控制无组织排放的基本方式

按照《大气污染物综合排放标准》（GB 16297—1996）的规定，我国以控制无组织排放所造成的后果来对无组织排放实行监督和限制。采用的基本方式是规定设立监控点（即监测点）和规定监控点的污染物浓度限值。在设置监测点时，有的污染物要求除在下风向设置监控点外，还要在上风向设置对照点，监控浓度限值为监控点与参照点的浓度差值。有的污染物要求只在周界外浓度最高点设置监控点。

（2）设置监控点的位置和数目

根据《大气污染物综合排放标准》（GB 16297—1996）的规定，二氧化硫、氮氧化物、颗粒物和氟化物的监控点设在无组织排放源下风向 2～50 m 范围内的浓度最高点，相对应的参照点设在排放源上风向 2～50 m 范围内；其余物质的监控点设在单位周界外 10 m 范围内的浓度最高点。按规定监控点最多可设 4 个，参照点只设 1 个。

（3）采样频次的要求

按《大气污染物无组织排放监测技术导则》（HJ/T 55—2001）规定对无组织排放实行监测时，实行连续 1 h 的采样，或者实行在 1 h 内以等时间间隔采集 4 个样品计平均值。在进行实际监测时，为了捕捉到监控点最高浓度的时段，实际安排的采样时间可超过 1 h。

（4）工况的要求

由于大气污染物排放标准对无组织排放实行限制的原则是在最大负荷下生产和排放，以及在最不利于污染物扩散稀释的条件下，无组织排放监控值不应超过排放标准所规定的限制，因此，监测人员应在不违反上述原则的前提下，选择尽可能高的生产负荷及不利于污染物扩散稀释的条件进行监测。

针对以上基本要求，如果排污单位执行的行业排放标准中对无组织排放有明确要求的，按照行业标准执行。

8.2.2.2 监测前准备工作

（1）单位基本情况调查

①主要原、辅材料和主、副产品，相应用量和产量，来源及运输方式等，重点了解用量大和可产生大气污染的材料和产品，列表说明，并予以必要的注释。

②注意车间和其他主要建筑物的位置和尺寸，有组织和无组织排放口位置及其主要参数，排放污染物的种类和排放速率；单位周界围墙的高度和性质（封闭式或通风式）；单位区域内的主要地形变化等。对单位周界外的主要环境敏感点，包括影响气流运动的建筑物和地形分布；有无排放被测污染物的源存在等进行调查，并标于单位平面布置图中。

③了解环境保护影响评价、工程建设设计、实际建设的污染治理设施的种类、原理、设计参数、数量以及目前的运行情况等。

（2）无组织排放源基本情况调查

除调查排放污染物的种类和排放速率（估计值）之外，还应重点调查被监测无组织排放源的形状、尺寸、高度及其处于建筑群的具体位置等。

（3）仪器设备准备

按照被测物质的对应标准分析方法中有关无组织排放监测的采样部分所规定仪器设备和试剂做好准备。所用仪器应通过计量监督部门的性能检定合格，并在使用前做必要调试和检查。采样时应注意检查电路系统、气路部分、校正流量计。

（4）监测条件

监测时，被测无组织排放源的排放负荷应处于相对较高，或者处于正常生产和排放状态。主导风向（平均风速）利于监控点的设置，并可使监控点和被测无组织排放源之间的距离尽可能缩小。通常情况下，选择冬季微风的日期，避开阳光辐射较强烈的中午时段进行监测是比较适宜的。

8.2.3 监测指标测试

各监测指标除遵循 8.2.1 监测方式和 8.2.2 现场采样的相关要求外，还应遵循各自的具体要求。本节重点介绍前面章节未涉及的指标，监测指标、常用监测方法及依据见表 8-5。

表 8-5 污染物监测指标、方法及依据

序号	监测指标	方法标准	方法依据
1	氯化氢	《环境空气和废气 氯化氢的测定 离子色谱法》	HJ 549—2016
2	铬酸雾	《固定污染源排气中铬酸雾的测定 二苯基碳酰二肼分光光度法》	HJ/T 29—1999
3	硫酸雾	《固定污染源废气 硫酸雾的测定 离子色谱法》	HJ 544—2016
4	氰化氢	《固定污染源排气中氰化氢的测定 异烟酸-吡唑啉酮分光光度法》	HJ/T 28—1999
5	氟化物	《环境空气 氟化物的测定 滤膜采样 氟离子选择离子电极法》	HJ 955—2018
6	臭气	《空气质量 恶臭的测定 三点比较式臭袋法》	GB/T 14675—1993

8.2.3.1　氟化物无组织排放监测

（1）常用方法

氟化物无组织排放监测，主要依据《环境空气　氟化物的测定　滤膜采样　氟离子选择离子电极法》（HJ 955—2018）。采用滤膜+大气采样器采集样品，之后送实验室经处理后采用氟离子选择电极进行分析测定。

（2）注意事项

①大气采样器，采样头配有两层聚乙烯/不锈钢支撑滤膜网垫，两层网垫间有 2～3 mm 的间隔圈相隔；配有电子流量计和流量补偿系统，具有自动计算累积体积的功能。流量为 50 L/min 时，采样泵可克服 20 kPa 的压力负荷。

②全程序空白，取与样品采集同批次浸渍后的空白滤膜，与样品在相同条件下保存、运输。将空白滤膜安装在采样头上不进行采样，空白滤膜在采样现场与样品滤膜从滤膜盒（袋）取出直至安装到采样头时间相同。

③样品保存，将滤膜对折放入滤膜盒（袋）中密封，贮存在密封容器中，并在 40 d 内完成分析。

8.2.3.2　臭气浓度无组织排放监测

（1）常用方法

无组织废气监测时，臭气浓度监测主要依据的方法标准有《恶臭污染物排放标准》（GB 14554—1993）、《大气污染物无组织排放监测技术导则》（HJ/T 55—2000）和《恶臭污染环境监测技术规范》（HJ 905—2017）。臭气浓度的分析方法采用《空气质量　恶臭的测定　三点比较式臭袋法》（GB/T 14675—1993）。

（2）监测点位

臭气浓度的无组织排放采样点一般设置在厂界，在工厂厂界的下风向或有臭气方位的边界线上。在实际监测过程中，可以参照《大气污染物无组织排放监测技术导则》（HJ/T 55—2000）的规定，在厂界（距离臭气无组织排放源较近处）

下风向设置，一般设置 3 个点位，根据风向变化情况可适当增加或减少监测点位。当围墙通透性很好时，可紧靠围墙外侧设监控点；当围墙的通透性不好时，也可紧靠围墙设置监控点，但采气口要抬高出围墙 20～30 cm；当围墙通透性不好，又不便于把采气口抬高时，为避开围墙造成的涡流区，应将监控点设于距离围墙 1.5～2.0 倍围墙高度的地方，且距地面 1.5 m。具体设置时，应避免周边环境的影响，包括花丛树木、污水沟渠、垃圾收集点等。

现场采样时，无组织排放源与下风向周界之间，存在着若干阻挡气流运动的建筑、树木等物质，使气流形成涡流，污染物迁移变化变得比较复杂，因此，监测人员要根据具体的地形、气象条件研究和分析，发挥创造性，综合确定采样点位，以保证获取污染物最大排放浓度值。

（3）注意事项

①连续无组织排放源每 2 h 采集一次，共采集 4 次，取其最大测定值。间歇无组织排放源应在恶臭污染浓度最高时段采样，样品采集次数不少于 3 次，取其最大测定值。

②采样时同步监测气象参数，应包括环境温度、大气压力、主导风向和风速的测量。当风向发生变化，风向变化标准偏差发生明显偏离时，应及时调整监测点位。

③用真空瓶采样时，将除湿定容后的真空瓶，在采样前抽真空至负压 1.0×10^5 Pa，观测并记录真空瓶内压力，至少放置 2 h，真空瓶压力变化不能超过规定负压 1.0×10^5 Pa 的 20%，否则不能使用，更换真空瓶。在恶臭气味最大时段进行采样。采样时打开真空瓶进气端胶管的止气夹（或进气阀），使瓶内充入样品气体至常压，随即用止气夹封住进气口。

④用气袋采样时，检查并确保采样袋完好无损。在气袋采样箱中先装上经排空后的采样袋。在恶臭气味最大时段进行采样。采样时打开进气截止阀，使恶臭气体迅速充满采气袋。

⑤样品采集后应对样品进行密封，与污染源样品在运输和保持过程中分隔放

置，并防止异味污染。真空瓶存放的样品应有相应的包装箱，防止光照和碰撞，气袋样品应避光保存。所有的样品均应在 17～25℃条件下保存。采集完的样品要在 24 h 内测定。

8.2.3.3　其他特征污染物无组织排放监测

（1）监控点布设方法

根据《大气污染物综合排放标准》规定，监控点布设方法有两种：

①在排放源上、下风向分别设置参照点和监控点的方法：对于 1997 年 1 月 1 日之前设立的污染源，监测二氧化硫、氮氧化物、颗粒物和氟化物污染物无组织排放时，在排放源的上风向设参照点，下风向设监控点，监控点设于排放源下风向的浓度最高点，不受单位周界的限制。

②在单位周界外设置监控点的方法：对于 1997 年 1 月 1 日之后设立的污染源，监测其污染物无组织排放时，监控点设置在单位周界外污染物浓度最高点处，监控点设置方法参照《大气污染物无组织排放监测技术导则》标准文本中条目 9.1。对于 1997 年 1 月 1 日之前设立的污染源，监测除二氧化硫、氮氧化物、颗粒物和氟化物之外的污染物无组织排放时，也用此方法布设监控点。

设置参照点的原则要求：参照点应不受或尽可能少受被测无组织排放源的影响，参照点要力求避开其近处的其他无组织排放源和有组织排放源的影响，尤其要注意避开那些可能对参照点造成明显影响而同时对监控点无明显影响的排放源；参照点的设置，要以能够代表监控点的污染物本底浓度为原则。具体设置方法参见《大气污染物无组织排放监测技术导则》标准文本中条目 9.2.1。

设置监控点的原则要求：监控点应设置于无组织排放下风向，距排放源 2～50 m 范围内的浓度最高点。设置监控点是不需要回避其他源的影响。具体设置方法参见《大气污染物无组织排放监测技术导则》标准文本中条目 9.2.2。

③复杂情况下的监控点设置。在特别复杂的情况下，不可能单独运用上述各点的内容来设置监控点，需对情况做仔细分析，综合运用《大气污染物综合排放

标准》和《大气污染物无组织排放监测技术导则》的有关条款设置监控点。同时，也不大可能对污染物的运动和分布做确切的描述和得出确切的结论，此时监测人员应尽可能利用现场可利用的条件，如利用无组织排放废气的颜色、嗅味、烟雾分布、地形特点等，甚至采用人造烟源或其他情况，借以分析污染物的运动和可能的浓度最高点，并据此设置监控点。

（2）样品采集

①有与大气污染物排放标准相配套的国家标准分析方法的污染物项目，应按照配套标准分析方法中适用于无组织排放采样的方法执行；

②尚缺少配套标准分析方法的污染物项目，应按照环境空气监测方法中的采样要求进行采样。

③无组织排放监测的采样频次参见 8.2.2.1（3）。

（3）分析方法

①有与大气污染物排放标准相配套的国家标准分析方法的污染物项目，应按照配套标准分析方法（其中适用于无组织排放部分）执行；

②个别没有配套标准分析方法的污染物项目，应按照适用于环境空气监测的标准分析方法执行。

（4）计值方法

①在污染源单位周界外设监控点的监测结果，以最多 4 个监控点中的测定浓度最高点的测值作为无组织排放监控浓度值。注意：浓度最高点的测值应是 1 h 连续采样或由等时间间隔采集的 4 个样品所得的 1 h 平均值；

②在无组织排放源上、下风向分别设置参照点和监控点的监测结果，以最多 4 个监控点中的浓度最高点测值扣除参照点测值所得之差值，作为无组织排放监控浓度值。注意：监控点和参照点测值是指 1 h 连续采样或由等时间间隔采集的 4 个样品所得的 1 h 平均值。

第 9 章　废气自动监测建设及运维技术要点

废气自动监测系统因其实时、自动等功能，在环境管理中发挥着越来越大的作用。如何确保废气自动监测数据能够有效应用，这就要求排污单位加强废气自动监测系统的运维和管理，使其能够稳定、良好地运行。对于电镀行业来讲，目前安装废气自动监测设备的主要污染源为排污单位自行配建了供热（汽）或自备电厂的锅炉。对于其他废气排口安装的自动监测设备，目前国家没有统一的标准要求，还无法规范、统一。因此，本章基于《固定污染源烟气（SO_2、NO_x、颗粒物）排放连续监测技术规范》《固定污染源烟气（SO_2、NO_x、颗粒物）排放连续监测系统技术要求及检测方法》，对废气自动监测系统的建设、验收、运行维护应注意的技术要点进行梳理。

9.1　废气自动监测系统组成及性能要求

9.1.1　基本概念

废气自动监测系统通常是指烟气排放连续监测系统（Continuous Emission Monitoring System，CEMS），该系统能够实现对固定污染源排放的颗粒物和（或）气态污染物的排放浓度和排放量进行连续、实时的自动监测。废气自动监测管理是指对系统中包含的所有设备进行规范安装、调试、验收、运行维护，从而实现对自动监测数据质量保证与质量控制的技术工作。

9.1.2 CEMS 组成和功能要求

一套完整的 CEMS 主要包括颗粒物监测单元、气态污染物监测单元、烟气参数监测单元、数据采集与传输单元以及相应的建筑设施等。

①颗粒物监测单元：主要对排放烟气中的颗粒物浓度进行测量。

②气态污染物监测单元：主要对排放烟气中 SO_2、NO_x、CO、CO_2 等气态形式存在的污染物进行监测。

③烟气参数监测单元：主要对排放烟气的温度、压力、湿度、含氧量等参数进行监测，用于污染物排放量的计算，以及将污染物的实测浓度折算成标准干烟气状态下或排放标准中规定的过剩空气系数下的浓度。

④数据采集与传输单元：主要完成测量数据的采集、存储、统计功能，并按相关标准要求的格式将数据传输到环境监管部门。

对于氮氧化物监测单元，NO_2 可以直接测量，也可通过转化炉转化为 NO 后一并测量，但不允许只监测烟气中的 NO，NO_2 转换为 NO 的效率不小于 95%。

9.2 CEMS 现场安装要求

9.2.1 现场监测站房要求

现场监测站房必须能满足仪器设备功能需求且专室专用，保障供电、给排水、温湿度控制、网络传输等必需的运行条件，配备安装必要的电源、通信网络、温湿度控制、视频监视和安全防护设施。具体要求如下：

①监测站房与采样点之间距离应尽可能近，原则上不超过 70 m。

②监测站房的基础荷载强度应≥2 000 kg/m^2。若站房内仅放置单台机柜，面积应≥2.5 m×2.5 m。若同一站房放置多套分析仪表的，每增加一台机柜，站房面

积应至少增加 3 m^2，便于开展运维操作。站房空间高度应≥2.8 m，站房建在标高≥0 处。

③监测站房内应安装空调和采暖设备，室内温度应保持在 15～30℃，相对湿度应≤60%，空调应具有来电自动重启功能，站房内应安装排风扇或其他通风设施。

④监测站房内配电功率能够满足仪表实际要求，功率不少于 8 kW，至少预留三孔插座 5 个、稳压电源 1 个、UPS 电源 1 个。

⑤监测站房内应配备不同浓度的有证标准气体，且在有效期内。标准气体应当包含零气（即含二氧化硫、氮氧化物浓度均≤0.1 μmol/mol 的标准气体，一般为高纯氮气，纯度≥99.999%；当测量烟气中二氧化碳时，零气中二氧化碳≤400 μmol/mol，含有其他气体的浓度不得干扰仪器的读数）和 CEMS 测量的各种气体（SO_2、NO_x、O_2）的量程标气，以满足日常零点、量程校准、校验的需要。低浓度标准气体可由高浓度标准气体通过经校准合格的等比例稀释设备获得（精密度≤1%），也可单独配备。

⑥监测站房应有必要的防水、防潮、隔热、保温措施，在特定场合还应具备防爆功能。

⑦监测站房应具有能够满足 CEMS 数据传输要求的通信条件。

9.2.2　CEMS 安装位置要求

9.2.2.1　排放口设置

排放口应设置符合《环境保护图形标志　排放口（源）》（GB 15562.1—1995）要求的环境保护图形标志牌。排放口的设置应按照生态环境部和地方生态环境主管部门的相关要求，进行规范化设置。

9.2.2.2 监控点位设置

CEMS 应准确可靠地安装在固定污染源烟气排放状况有代表性的位置上，位于固定污染源排放控制设备的下游和比对监测断面上游，尽可能选择在气流稳定的直管段，避开烟道弯头和断面急剧变化的部位，不漏风，不受环境光线和电磁辐射的影响，烟道振动幅度尽可能小，避开烟气中水滴和水雾的干扰，以保证采样断面烟气、颗粒物和流速分布相对均匀，监测断面无紊流。

安装 CEMS 的工作区域应设置防水低压配电箱，内设漏电保护器、不少于 2 个 10 A 插座，保证监测设备所需电力。

对于颗粒物和流速的测量应优先选择在垂直管段和烟道负压区域，确保所采集样品的代表性，测点位置应设置在距弯头、阀门、变径管下游方向不小于 4 倍烟道直径处，以及距上述部件上游方向不小于 2 倍烟道直径处；对于气态污染物的测量测点位置应设置在距弯头、阀门、变径管下游方向不小于 2 倍烟道直径处，以及距上述部件上游方向不小于 0.5 倍烟道直径处。但测点位置距离排气出口至少是烟道直径的 1.5 倍；矩形烟道直径按当量直径计算，当量直径 $D=2AB/(A+B)$，式中 A、B 为边长。

合理布置采样平台与采样孔（图 9-1）：

①采样或监测平台长度应≥2 m，宽度应≥2 m 或不小于采样枪长度外延 1 m，周围设置 1.2 m 以上的安全防护栏，有牢固并符合要求的安全措施，便于日常维护（清洁光学镜头、检查和调整光路准直、检测仪器性能和更换部件等）和比对监测。

②采样或监测平台应易于人员和监测仪器到达，当采样平台设置在离地面高度≥2 m 的位置时，应有通往平台的斜梯（或 Z 字梯、旋梯），宽度应≥0.9 m；当采样平台设置在离地面高度≥20 m 的位置时，应有通往平台的升降梯。

③当 CEMS 安装在矩形烟道时，若烟道截面的高度＞4 m，则不宜在烟道顶层开设参比方法采样孔；若烟道截面的宽度＞4 m，则应在烟道两侧开设参比方法

采样孔，并设置多层采样平台。

④在 CEMS 监测断面下游应预留参比方法采样孔，采样孔位置和数目按照 GB/T 16157—1996 的要求确定。现有污染源参比方法采样孔内径应≥80 mm，新建或改建污染源参比方法采样孔内径应≥90 mm。在互不影响测量的前提下，参比方法采样孔应尽可能靠近 CEMS 监测断面。当烟道为正压烟道或有毒气时，应采用带闸板阀的密封采样孔。

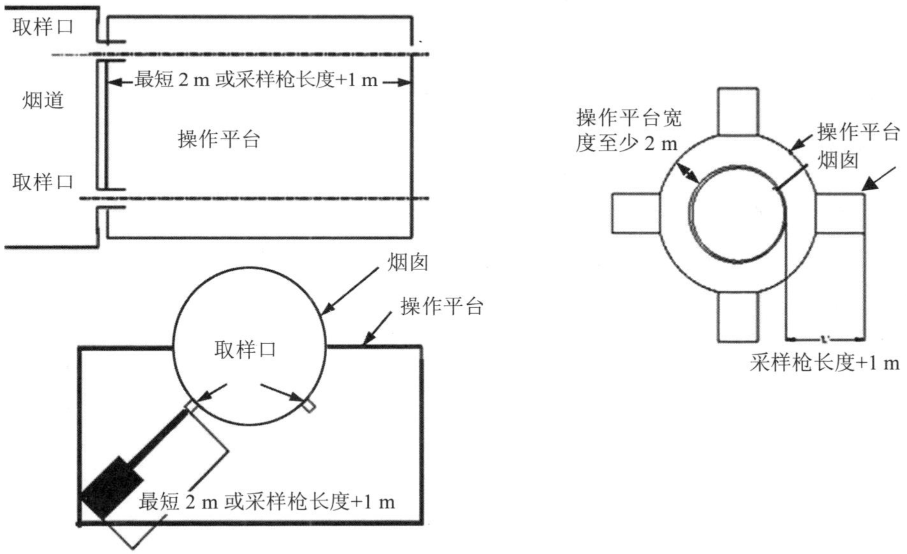

图 9-1　采样平台与采样孔示意图

为了便于颗粒物和流速参比方法的校验和比对监测，CEMS 不宜安装在烟道内烟气流速＜5 m/s 的位置。

若一个固定污染源排气先通过多个烟道或管道后进入该固定污染源的总排气管时，应尽可能将 CEMS 安装在总排气管上，但要便于用参比方法校验 CEMS；不得只在其中的一个烟道或管道上安装 CEMS，并将测定值作为该源的排放结果；但允许在每个烟道或管道上安装 CEMS。

固定污染源烟气净化设备设置有旁路烟道时，应在旁路烟道内安装 CEMS 或烟温、流量 CMS。其安装、运行、维护、数据采集、记录和上传应符合要求。

9.3 CEMS 技术指标调试检测

9.3.1 CEMS 技术指标调试检测

CEMS 在现场安装运行以后，在接受验收前，应进行技术性能指标的调试检测。调试检测的技术指标包括：

①颗粒物 CEMS 零点漂移、量程漂移；

②颗粒物 CEMS 线性相关系数、置信区间、允许区间；

③气态污染物的气量染物（含信号、开设参比方法采样孔；若烟道截面的宽度大于 CEMS 和氧气 CMS 零点漂移、量程漂移）；

④气态污染物的气量染物（含信号、开设参比方法采样孔；若烟道截面的宽度大于 CEMS 和氧气 CMS 示值误差）；

⑤气态污染物的气量染物（含信号、开设参比方法采样孔；若烟道截面的宽度大于 CEMS 和氧气 CMS 系统响应时间）；

⑥气态污染物的气量染物（含信号、开设参比方法采样孔；若烟道截面的宽度大于 CEMS 和氧气 CMS 准确度）；

⑦流速 CMS 速度场系数；

⑧流速 CMS 速度场系数精密度；

⑨温度 CMS 准确度；

⑩湿度 CMS 准确度。

9.3.2　联网技术要求

安装调试完成后 15 d 内，按《污染物在线监控（监测）系统数据传输标准》（HJ 212—2017）技术要求与生态环境主管部门联网。

9.4　CEMS 验收要求

技术验收包括 CEMS 技术指标验收和联网验收。

CEMS 在完成安装、调试检测并与环保部门联网后，同时符合下列要求时，可实施技术验收工作。

①CEMS 的安装位置及手工采样位置应符合 9.2.2 的要求。

②数据采集和传输以及通信协议均应符合 HJ 212—2017 的要求，并提供一个月内数据采集和传输自检报告，报告应对数据传输标准的各项内容做出响应。

③根据 9.3.1 的要求进行 72 h 的调试检测，并提供调试检测合格报告及调试检测结果数据。

④调试检测后至少稳定运行 7 d。

9.4.1　CEMS 技术指标验收

9.4.1.1　验收要求

CEMS 技术指标验收包括颗粒物 CEMS、气态污染物 CEMS、烟气参数 CMS 技术指标收。符合下列要求后，即可进行技术指标验收。

①现场验收期间，生产设备应正常且稳定运行，可通过调节固定污染源烟气净化设备达到某一排放状况，该状况在测试期间应保持稳定。

②日常运行中更换 CEMS 分析仪表或变动 CEMS 取样点位时，应进行再次验收。

③现场验收时必须采用有证标准物质或标准样品，较低浓度的标准气体可以使用高浓度的标准气体采用等比例稀释方法获得，等比例稀释装置的精密度在 1%以内。标准气体要求贮存在铝或不锈钢瓶中，不确定度不超过±2%。

④对于光学法颗粒物 CEMS，校准时须对实际测量光路进行全光路校准，确保发射光先经过出射镜片，再经过实际测量光路，到校准镜片后，再经过入射镜片到达接收单元，不得只对激光发射器和接收器进行校准。对于抽取式气态污染物 CEMS，当对全系统进行零点校准和量程校准、示值误差和系统响应时间的检测时，零气和标准气体应通过预设管线输送至采样探头处，经由样品传输管线回到站房，经过全套预处理设施后进入气体分析仪。

⑤验收前检查直接抽取式气态污染物采样伴热管的设置，设置的加热温度应≥120℃，并高于烟气露点温度 10℃以上，实际温度能够在机柜或系统软件中查询。冷干法 CEMS 冷凝器的设置和实际控制温度应保持在 2～6℃。

9.4.1.2 验收内容

颗粒物 CEMS 技术指标验收包括颗粒物的零点漂移、量程漂移和准确度验收。气态污染物 CEMS 和氧气 CMS 技术指标验收包括零点漂移、量程漂移、示值误差、系统响应时间和准确度验收。

现场验收时，先做示值误差和系统响应时间的验收测试，不符合技术要求的，可不再继续开展其余项目验收。

通入零气和标气时，均应通过 CEMS 系统，不得直接通入气体分析仪。

示值误差、系统响应时间、零点漂移和量程漂移验收技术需满足表 9-1 的要求。

准确度验收技术需满足表 9-2 的要求。

表 9-1　示值误差、系统响应时间、零点漂移和量程漂移验收技术要求

检测项目			技术要求
气态污染物 CEMS	二氧化硫	示值误差	当满量程≥100 μmol/mol（286 mg/m^3）时，示值误差不超过±5%（相对于标准气体标称值）； 当满量程＜100 μmol/mol（286 mg/m^3）时，示值误差不超过±2.5%（相对于仪表满量程值）
		系统响应时间	≤200 s
		零点漂移、量程漂移	不超过±2.5%
	氮氧化物	示值误差	当满量程≥200 μmol/mol（410 mg/m^3）时，示值误差不超过±5%（相对于标准气体标称值）； 当满量程＜200 μmol/mol（410 mg/m^3）时，示值误差不超过±2.5%（相对于仪表满量程值）
		系统响应时间	≤200 s
		零点漂移、量程漂移	不超过±2.5%
氧气 CMS	氧气	示值误差	±5%（相对于标准气体标称值）
		系统响应时间	≤200 s
		零点漂移、量程漂移	不超过±2.5%
颗粒物 CEMS	颗粒物	零点漂移、量程漂移	不超过±2.0%

注：氮氧化物以 NO_2 计。

表 9-2　准确度验收技术要求

检测项目			技术要求
气态污染物 CEMS	二氧化硫	准确度	排放浓度≥250 μmol/mol（715 mg/m^3）时，相对准确度≤15%
			50 μmol/mol（143 mg/m^3）≤排放浓度＜250 μmol/mol（715 mg/m^3）时，绝对误差不超过±20 μmol/mol（57 mg/m^3）
			20 μmol/mol（57 mg/m^3）≤排放浓度＜50 μmol/mol（143 mg/m^3）时，相对误差不超过±30%
			排放浓度＜20 μmol/mol（57 mg/m^3）时，绝对误差不超过±6 μmol/mol（17 mg/m^3）
	氮氧化物	准确度	排放浓度≥250 μmol/mol（513 mg/m^3）时，相对准确度≤15%
			50 μmol/mol（103 mg/m^3）≤排放浓度＜250 μmol/mol（513 mg/m^3）时，绝对误差不超过±20 μmol/mol（41 mg/m^3）
			20 μmol/mol（41 mg/m^3）≤排放浓度＜50 μmol/mol（103 mg/m^3）时，相对误差不超过±30%
			排放浓度＜20 μmol/mol（41 mg/m^3）时，绝对误差不超过±6 μmol/mol（12 mg/m^3）
	其他气态污染物	准确度	相对准确度≤15%

检测项目			技术要求
氧气 CMS	氧气	准确度	＞5.0%时，相对准确度≤15%
			≤5.0%时，绝对误差不超过±1.0%
颗粒物 CEMS	颗粒物	准确度	排放浓度＞200 mg/m^3 时，相对误差不超过±15%
			100 mg/m^3＜排放浓度≤200 mg/m^3 时，相对误差不超过±20%
			50 mg/m^3＜排放浓度≤100 mg/m^3 时，相对误差不超过±25%
			20 mg/m^3＜排放浓度≤50 mg/m^3 时，相对误差不超过±30%
			10 mg/m^3＜排放浓度≤20 mg/m^3 时，绝对误差不超过±6 mg/m^3
			排放浓度≤10 mg/m^3，绝对误差不超过±5 mg/m^3
流速 CMS	流速	准确度	流速＞10 m/s 时，相对误差不超过±10%
			流速≤10 m/s 时，相对误差不超过±12%
温度 CMS	温度	准确度	绝对误差不超过±3℃
湿度 CMS	湿度	准确度	烟气湿度＞5.0%时，相对误差不超过±25%
			烟气湿度≤5.0%时，绝对误差不超过±1.5%

注：氮氧化物以 NO_2 计，以上各参数区间划分以参比方法测量结果为准。

9.4.2 联网验收

联网验收由通信及数据传输验收、现场数据比对验收和联网稳定性验收 3 部分组成。

9.4.2.1 通信及数据传输验收

按照 HJ 212—2017 的规定检查通信协议的正确性。数据采集和处理子系统与监控中心之间的通信应稳定，不出现经常性的通信连接中断、报文丢失、报文不完整等通信问题。为保证监测数据在公共数据网上传输的安全性，所采用的数据采集和处理子系统应进行加密传输。监测数据在向监控系统传输的过程中，应由数据采集和处理子系统直接传输。

9.4.2.2 现场数据比对验收

数据采集和处理子系统稳定运行一个星期后，对数据进行抽样检查，对比上位机接收到的数据和现场机存储的数据是否一致，精确至一位小数。

9.4.2.3　联网稳定性验收

在连续一个月内，子系统能稳定运行，未出现除通信稳定性、通信协议正确性、数据传输正确性以外的其他联网问题。

9.4.2.4　联网验收技术指标要求

联网验收技术指标要求见表 9-3。

表 9-3　联网验收技术指标要求

验收检测项目	考核指标
通信稳定性	①现场机在线率为 95%以上； ②正常情况下，掉线后，应在 5 min 之内重新上线； ③单台数据采集传输仪每日掉线次数在 3 次以内； ④报文传输稳定性在 99%以上，当出现报文错误或丢失时，启动纠错逻辑，要求数据采集传输仪重新发送报文
数据传输安全性	①对所传输的数据应按照 HJ 212—2017 中规定的加密方法进行加密处理传输，保证数据传输的安全性。 ②服务器端对请求连接的客户端进行身份验证
通信协议正确性	现场机和上位机的通信协议应符合 HJ 212—2017 的规定，正确率达 100%
数据传输正确性	系统稳定运行一个星期后，对一个星期的数据进行检查，对比接收的数据和现场的数据一致，精确至一位小数，抽查数据正确率为 100%
联网稳定性	系统稳定运行一个月，未出现除通信稳定性、通信协议正确性、数据传输正确性以外的其他联网问题

9.5　CEMS 运行管理要求

9.5.1　总体要求

CEMS 运维单位应根据 CEMS 使用说明书和本节要求编制仪器运行管理规

程，确定系统运行操作人员和管理维护人员的工作职责。运维人员应当熟练掌握烟气排放连续监测仪器设备的原理、使用和维护方法。CEMS 日常运行管理应包括日常巡检、日常维护保养和 CEMS 的校准和检验。

9.5.2 日常巡检

CEMS 运维单位应根据本节要求和仪器使用说明中的相关要求制定巡检规程，并严格按照规程开展日常巡检工作并做好记录。日常巡检记录应包括检查项目、检查日期、被检项目的运行状态等内容，每次巡检应记录并归档。CEMS 日常巡检时间间隔不超过 7 d。

日常巡检可参照 HJ 75—2017 附录 G 中的表 G.1～表 G.3 表格形式记录。

9.5.3 日常维护保养

应根据 CEMS 说明书的要求对 CEMS 系统保养内容、保养周期或耗材更换周期等做出明确规定，每次保养情况应记录并归档。每次进行备件或材料更换时，更换的备件或材料的品名、规格、数量等应记录并归档。如更换有证标准物质或标准样品，还需记录新标准物质或标准样品的来源、有效期和浓度等信息。对日常巡检或维护保养中发现的故障或问题，系统管理维护人员应及时处理并记录。

CEMS 日常运行管理参照 HJ 75—2017 附录 G 中的格式记录。

9.5.4 校准和检验

运维单位应根据 9.6 节规定的方法和质量保证规定的周期制定 CEMS 系统的日常校准和校验操作规程。校准和校验记录应及时归档。

9.6　CEMS 日常运行质量保证要求

9.6.1　总体要求

CEMS 日常运行质量保证是保障 CEMS 正常稳定运行、持续提供有质量保证的监测数据的必要手段。当 CEMS 不能满足技术指标而失控时，应及时采取纠正措施，并缩短下一次校准、维护和校验的间隔时间。

9.6.2　定期校准

CEMS 运行过程中的定期校准是质量保证中的一项重要工作，定期校准应做到：

①具有自动校准功能的颗粒物 CEMS 和气态污染物 CEMS 每 24 h 至少自动校准一次仪器零点和量程，同时测试并记录零点漂移和量程漂移。

②无自动校准功能的颗粒物 CEMS 每 15 d 至少校准一次仪器的零点和量程，同时测试并记录零点漂移和量程漂移。

③无自动校准功能的直接测量法气态污染物 CEMS 每 15 d 至少校准一次仪器的零点和量程，同时测试并记录零点漂移和量程漂移。

④无自动校准功能的抽取式气态污染物 CEMS 每 7 d 至少校准一次仪器零点和量程，同时测试并记录零点漂移和量程漂移。

⑤抽取式气态污染物 CEMS 每 3 个月至少进行一次全系统的校准，要求零气和标准气体从监测站房发出，经采样探头末端与样品气体通过的路径（应包括采样管路、过滤器、洗涤器、调节器、分析仪表等）一致，进行零点和量程漂移、示值误差和系统响应时间的检测。

⑥具有自动校准功能的流速 CEMS 每 24 h 至少进行一次零点校准，无自动校准功能的流速 CEMS 每 30 d 至少进行一次零点校准。

⑦校准技术指标应满足表 9-4 要求。定期校准记录按《固定污染源烟气（SO_2、NO_x、颗粒物）排放连续监测技术规范》（HJ 75—2017）附录 G 中的表 G.4 表格记录。

表 9-4　CEMS 定期校准校验技术指标要求及数据失控时段的判别

<table>
<tr><th>项目</th><th colspan="2">CEMS 类型</th><th>校准功能</th><th>校准周期</th><th>技术指标</th><th>技术指标要求</th><th>失控指标</th><th>最少样品数/对</th></tr>
<tr><td rowspan="4">定期校准</td><td colspan="2" rowspan="4">颗粒物 CEMS</td><td rowspan="2">自动</td><td rowspan="2">24 h</td><td>零点漂移</td><td>不超过±2.0%</td><td>超过±8.0%</td><td rowspan="4">—</td></tr>
<tr><td>量程漂移</td><td>不超过±2.0%</td><td>超过±8.0%</td></tr>
<tr><td rowspan="2">手动</td><td rowspan="2">15 d</td><td>零点漂移</td><td>不超过±2.0%</td><td>超过±8.0%</td></tr>
<tr><td>量程漂移</td><td>不超过±2.0%</td><td>超过±8.0%</td></tr>
<tr><td rowspan="11">定期校准</td><td rowspan="6">气态污染物 CEMS</td><td rowspan="2">抽取测量或直接测量</td><td rowspan="2">自动</td><td rowspan="2">24 h</td><td>零点漂移</td><td>不超过±2.5%</td><td>超过±5.0%</td><td rowspan="6">—</td></tr>
<tr><td>量程漂移</td><td>不超过±2.5%</td><td>超过±10.0%</td></tr>
<tr><td rowspan="2">抽取测量</td><td rowspan="2">手动</td><td rowspan="2">7 d</td><td>零点漂移</td><td>不超过±2.5%</td><td>超过±5.0%</td></tr>
<tr><td>量程漂移</td><td>不超过±2.5%</td><td>超过±10.0%</td></tr>
<tr><td rowspan="2">直接测量</td><td rowspan="2">手动</td><td rowspan="2">15 d</td><td>零点漂移</td><td>不超过±2.5%</td><td>超过±5.0%</td></tr>
<tr><td>量程漂移</td><td>不超过±2.5%</td><td>超过±10.0%</td></tr>
<tr><td colspan="2" rowspan="2">流速 CMS</td><td>自动</td><td>24 h</td><td>零点漂移或绝对误差</td><td>零点漂移不超过±3.0%或绝对误差不超过±0.9 m/s</td><td>零点漂移超过±8.0%且绝对误差超过±1.8 m/s</td><td>—</td></tr>
<tr><td>手动</td><td>30 d</td><td>零点漂移或绝对误差</td><td>零点漂移不超过±3.0%或绝对误差不超过±0.9 m/s</td><td>零点漂移超过±8.0%且绝对误差超过±1.8 m/s</td><td>—</td></tr>
<tr><td colspan="3">颗粒物 CEMS</td><td rowspan="3">3 个月或 6 个月</td><td rowspan="3">准确度</td><td rowspan="3">满足 9.3.8 规定</td><td rowspan="3">超过 9.3.8 规定范围</td><td>5</td></tr>
<tr><td colspan="3">气态污染物 CEMS</td><td>9</td></tr>
<tr><td colspan="3">流速 CMS</td><td>5</td></tr>
</table>

9.6.3　定期维护

CEMS 运行过程中的定期维护是日常巡检的一项重要工作，维护频次按照 HJ 75—2017 中附录 G 中表 G.1～表 G.3 说明的进行，定期维护应做到：

①污染源停运至生产前应及时到现场清洁光学镜面。

②定期清洗隔离烟气与光学探头的玻璃视窗，检查仪器光路的准直情况；定期对清吹空气保护装置进行维护，检查空气压缩机或鼓风机、软管、过滤器等部件。

③定期检查气态污染物 CEMS 的过滤器、采样探头和管路的结灰和冷凝水情况、气体冷却部件、转换器、泵膜老化状态。

④定期检查流速探头的积灰和腐蚀情况、反吹泵和管路的工作状态。

⑤定期维护记录按 HJ 75—2017 附录 G 中的表 G.1～表 G.3 表格形式记录。

9.6.4　定期校验

CEMS 投入使用后，燃料、除尘效率的变化、水分的影响、安装点的振动等都会对测量结果的准确性产生影响。定期校验应做到：

①有自动校准功能的测试单元至少每 6 个月一次校验，没有自动校准功能的测试单元至少每 3 个月一次校验；校验用参比方法和 CEMS 同时段数据进行比对，按《固定污染源烟气（SO_2、NO_x、颗粒物）排放连续监测技术规范》（HJ 75—2017）进行。

②校验结果应达到表 9-4 要求，不符合时，则应扩展为对颗粒物 CEMS 的相关系数的校正或/和评估气态污染物 CEMS 的准确度或/和流速 CEMS 的速度场系数（或相关性）的校正，直到 CEMS 达到表 9-4 要求，方法见《固定污染源烟气（SO_2、NO_x、颗粒物）排放连续监测技术规范》（HJ 75—2017）附录 A。

③定期校验按 HJ 75—2017 附录 G 中表 G.5 形式记录。

9.6.5　常见故障分析及排除

当 CEMS 发生故障时，系统管理维护人员应及时处理并记录。设备维修记录见 HJ 75—2017 附录 G 中的表 G.6。维修处理过程中，要注意以下几点：

①CEMS 需要停用、拆除或者更换的，应当事先报经主管部门批准。

②运维单位发现故障或接到故障通知，应在 4 h 内赶到现场处理。

③对于一些容易诊断的故障，如电磁阀控制失灵、膜裂损、气路堵塞、数据采集仪死机等，可携带工具或者备件到现场进行针对性维修，此类故障维修时间不应超过 8 h。

④仪器经过维修后，在正常使用和运行之前应确保维修内容全部完成，性能通过检测程序，按 9.6.2 对仪器进行校准检查。若监测仪器进行了更换，在正常使用和运行之前应对系统进行重新调试和验收。

⑤若数据存储/控制仪发生故障，应在 12 h 内修复或更换，并保证已采集的数据不丢失。

⑥监测设备因故障不能正常采集、传输数据时，应及时向主管部门报告，缺失数据按 9.7.2 ②处理。

9.6.6 定期校准校验技术指标要求及数据失控时段的判别与修约

①CEMS 在定期校准、校验期间的技术指标要求及数据失控时段的判别标准见表 9-4。

②当发现任一参数不满足技术指标要求时，应及时按照本规范及仪器说明书等的相关要求，采取校准、调试乃至更换设备重新验收等纠正措施直至满足技术指标要求。当发现任一参数数据失控时，应记录失控时段（即从发现失控数据起到满足技术指标要求后止的时间段）及失控参数，并进行数据修约。

9.7 CEMS 数据审核和处理

9.7.1 数据审核

固定污染源生产状况下，经验收合格的 CEMS 正常运行时段为 CEMS 数据有效时间段。CEMS 非正常运行时段（如 CEMS 故障期间、维修期间、超过 9.6.2 规定的期限未校准时段、失控时段以及有计划的维护保养、校准等时段）均为

CEMS 数据无效时段。

污染源计划停运一个季度以内的，不得停运 CEMS，日常巡检和维护要求仍按照 9.5 和 9.6 规定执行；计划停运超过一个季度的，可停运 CEMS，但应报当地生态环境主管部门备案。污染源启运前，应提前启运 CEMS 系统，并进行校准，在污染源启运后的两周内进行校验，满足表 9-4 技术指标要求的，视为启运期间自动监测数据有效。

9.7.2　数据无效时间段数据处理

①CEMS 故障期间、维修时段数据按照②处理，超期未校准、失控时段数据按照③处理，有计划（质量保证/质量控制）的维护保养、校准等时段数据按照④处理。

②CEMS 因发生故障需停机维修时，其维修期间的数据替代按④处理；亦可以用参比方法监测的数据替代，频次不低于一天一次，直至 CEMS 技术指标调试到符合表 9-1 和表 9-2 要求时为止。如使用参比方法监测的数据替代时，监测过程应按照《固定污染源排气中颗粒物测定与气态污染物采样方法》和《固定源废气监测技术规范》要求进行，替代数据包括污染物浓度、烟气参数和污染物排放量。

③CEMS 系统数据失控时段污染物排放量按照表 9-5 进行修约，污染物浓度和烟气参数不修约。CEMS 系统超期未校准的时段视为数据失控时段，污染物排放量按照表 9-5 进行修约，污染物浓度和烟气参数不修约。

表 9-5　失控时段的数据处理方法

季度有效数据捕集率 α	连续失控小时数 N/h	修约参数	选取值
$\alpha \geq 90\%$	$N \leq 24$	二氧化硫、氮氧化物、颗粒物的排放量	上次校准前 180 个有效小时排放量最大值
	$N > 24$		上次校准前 720 个有效小时排放量最大值
$75\% \leq \alpha < 90\%$	—		上次校准前 2 160 个有效小时排放量最大值

④CEMS 系统有计划（质量保证/质量控制）的维护保养、校准及其他异常导致的数据无效时段，该时段污染物排放量按照表 9-6 处理，污染物浓度和烟气参数不修约。

表 9-6　维护期间和其他异常导致的数据无效时段的处理方法

季度有效数据捕集率 α	连续无效小时数 N/h	修约参数	选取值
$\alpha \geqslant 90\%$	$N \leqslant 24$	二氧化硫、氮氧化物、颗粒物的排放量	失效前 180 个有效小时排放量最大值
	$N > 24$		失效前 720 个有效小时排放量最大值
$75\% \leqslant \alpha < 90\%$	—		失效前 2 160 个有效小时排放量最大值

9.7.3　数据记录与报表

9.7.3.1　记录

按 HJ 75—2017 附录 D 的表格形式记录监测结果。

9.7.3.2　报表

按 HJ 75—2017 附录 D（表 D.9～表 D.12）的表格形式定期将 CEMS 监测数据上报，报表中应给出最大值、最小值、平均值、累计排放量以及参与统计的样本数。

第 10 章　厂界环境噪声及周边环境影响监测

厂界环境噪声和周边环境质量监测应按照相关标准和规范开展。对于厂界噪声而言，重点是监测点位的布设，应能够反映厂内噪声源对厂外，尤其是对厂外居民等敏感点的影响。对于周边环境质量监测，主要考虑对地表水环境的影响，确保监测点的代表性和监测采样的规范性是地表水环境影响监测的重要考虑因素。本章重点围绕厂界环境噪声和地表水监测的关键点进行介绍和说明，同时简要介绍了周边环境地表水体沉积物、地下水及土壤点位布设、采样及注意事项。

10.1　厂界环境噪声监测

10.1.1　环境噪声的含义

《噪声污染防治法》第二条规定：本法所称环境噪声污染，是指所产生的环境噪声超过国家规定的环境噪声排放标准，并干扰他人正常生活、工作和学习的现象。所以在测量厂界环境噪声时应重点关注噪声排放是否超过标准规定的排放限值，是否干扰他人正常生活、工作和学习。

10.1.2　厂界环境噪声布点原则

《工业企业环境噪声排放标准》（GB 12348—2008）中规定厂界环境噪声监测

点的选择应根据工业企业声源、周围噪声敏感建筑物的布局以及毗邻的区域类别，在工业企业厂界布设多个点位，包括距噪声敏感建筑物较近的以及受被测声源影响大的位置。《总则》则更具体地指出了厂界环境噪声监测点位设置应遵循的原则：根据厂内主要噪声源距厂界位置布点；根据厂界周围敏感目标布点；“厂中厂”是否需要监测根据内部和外围排污单位协商确定；面临海洋、大江、大河的厂界原则上不布点；厂界紧邻交通干线不布点；厂界紧邻另一排污单位的，在临近另一排污单位侧是否布点由排污单位协商确定。

厂界一侧长度在 100 m 以下的，原则上可布设 1 个监测点位；300 m 以下的可布设 2～3 个监测点位；300 m 以上的可布设 4～6 个监测点位。通常所说的厂界，是指由法律文书（如土地使用证、土地所有证、租赁合同等）中确定的业主拥有使用权（或所有权）的场所或建筑边界，产生噪声的固定设备的厂界为其实际占地边界。

设置测量点时，一般情况下，应选在工业企业厂界外 1 m、高度 1.2 m 以上；当厂界有围墙且周围有受影响的噪声敏感建筑物时，测点应选在厂界外 1 m、高于围墙 0.5 m 以上的位置；当厂界无法测量到声源的实际排放状况时（如声源位于高空、厂界设有声屏障等），应在厂界外高于围墙 0.5 m 处设置测点，同时在受影响的噪声敏感建筑物的户外 1 m 处另设测点，建筑物高于 3 层时，可考虑分层布点；当厂界与噪声敏感建物距离小于 1 m 时，厂界环境噪声应在噪声敏感建筑物室内测量，室内测量点位设在距任何反射面至少 0.5 m 以上、距地面 1.2 m 高度处，在受噪声影响方向的窗户开启状态下测量；固定设备结构传声至噪声敏感建筑物室内，在噪声敏感建筑物室内测量时，测点应距任何反射面至少 0.5 m 以上、距地面 1.2 m、距外窗 1 m 以上，窗户关闭状态下测量，具体参照《环境噪声监测技术规范　结构传播固定设备噪声》（HJ 707—2014）。

10.1.3　环境噪声测量仪器

测量厂界环境噪声使用的测量仪器为积分平均声级计或环境噪声自动监测

仪，其性能应不低于《电声学　声级计　第 1 部分：规范》（GB 3785.1—2010）对 2 型仪器的要求。测量 35 dB（A）以下的噪声时应使用 1 型声级计，且测量范围应满足所测量噪声的需要。校准所用仪器应符合《电声学　声校准器》（GB/T 15173—2010）对 1 级或 2 级声校准器的要求。当需要进行噪声的频谱分析时，仪器性能应符合《电声学　倍频程和分数倍频程滤波器》（GB/T 3241—2010）中对滤波器的要求。

测量仪器和校准仪器应定期检定合格，并在有效使用期限内使用；每次测量前、后必须在测量现场进行声学校准，其前、后校准示值偏差不得大于 0.5 dB（A），否则测量结果无效。测量时传声器加防风罩。测量仪器时间计权特性设为“F”档，采样时间间隔不大于 1 s。

10.1.4　环境噪声监测注意事项

测量应在无雨雪、无雷电、风速为 5 m/s 以下的环境中进行。不得不在特殊气象条件下测量时，应采取必要措施保证测量准确性，同时注明当时所采取的措施及气象情况，测量应在被测声源正常工作时间进行，同时注明当时的工况。

分别在昼间、夜间两个时段测量。夜间有频发、偶发噪声影响时同时测量最大声级。被测声源是稳态噪声，采用 1 min 的等效声级。被测声源是非稳态噪声，测量被测声源有代表性时段的等效声级，必要时测量被测声源整个正常工作时段的等效声级。噪声超标时，必须测量背景值，背景噪声的测量及修正参照《环境噪声监测技术规范　噪声测量值修正》（HJ 706—2014）。

10.1.5　监测结果评价

各个测点的测量结果应单独评价。同一测点每天的测量结果按昼间、夜间进行评价。最大声级直接评价。当厂界与噪声敏感建物距离小于 1 m，厂界环境噪声在噪声敏感建筑物室内测量时，应将相应的噪声标准限制减 10 dB（A）作为评价依据。

10.2 地表水监测

本节仅针对监测断面设置和现场采样进行介绍，样品保存、运输以及实验室分析部分参考第 6 章内容，但应注意，由于地表水浓度相对较低，应选择检出限满足要求的方法进行分析测试。

10.2.1 监测断面设置

排污单位厂界周边的地表水环境质量影响监测点位参照排污单位环境影响评价文件及其批复及其他环境管理要求设置。如这些文件中均未做出要求，排污单位需要开展周边环境质量影响监测的，环境质量影响监测点位设置的原则和方法参照《环境影响评价技术导则　总纲》（HJ 2.1—2016）《环境影响评价技术导则　地表水环境》（HJ 2.3—2018）、《地表水和污水监测技术规范》（HJ/T 91—2002）等执行。

《环境影响评价技术导则　地表水环境》（HJ 2.3—2018）规定环境影响评价中，应提出地表水环境质量监测计划，包括监测断面或点位位置（经纬度）、监测因子、监测频次、监测数据采集与处理、分析方法等。地表水环境质量监测断面或点位设置需与水环境现状监测、水环境影响预测的断面或点位相协调，并应强化其代表性、合理性。

（1）河流监测断面设置

根据《环境影响评价技术导则　地表水环境》（HJ 2.3—2018）对补充调查监测布点的规定，应布设对照断面、控制断面。对照断面宜布置在排放口上游 500 m 以内。控制断面应根据受纳水域水环境质量控制管理要求设置。控制断面可结合水环境功能区或水功能区、水环境控制单元区划情况，直接采用国家级水质控制断面。评价范围内不同水质类别区、水环境功能区或水功能区、水环境敏感区及需要进行水质预测的水域，应布设水质监测断面。评价范围以外的调查或预测断面，可以根据预测工作需要增设相应的水质监测断面。水质取样断面上取样垂线的布设按照《地表水和污水监测技术规范》（HJ/T 91—2002）的规定执行。

（2）湖库监测点位设置

根据《环境影响评价技术导则　地表水环境》（HJ 2.3—2018），水质取样垂线的设置可采用以排放口为中心，沿放射线布设或网格布设的方法，按照下列原则及方法设置：一级评价在评价范围内布设的水质取样垂线数宜不少于 20 条；二级评价在评价范围内布设的水质取样线宜不少于 16 条。评价范围内不同水质类别区、水环境功能去或水功能区、水环境敏感区、排放口和需要进行水质预测的水域，应布设取样垂线。水质取样垂线上取样点的布设按照《地表水和污水监测技术规范》（HJ/T 91—2002）的规定执行。

10.2.2　水样采集

10.2.2.1　基本要求

（1）河流

在对开阔河流采样时，应包括下列几个基本点：用水地点的采样；污水流入河流后，对充分混合的地点及流入前的地点采样；直流合流后，对充分混合的地点及混合前的主流与支流地点的采样；主流分流后地点的选择；根据其他需要设定的采样地点。各采样点原则上应在河流横向及垂向的不同位置采集样品。采样时间一般选择在采样前至少连续两天晴天，水质较稳定的时间。

（2）水库和湖泊

水库和湖泊的采样，由于采样地点和温度的分层现象可引起水质很大的差异。在调查水质状况时，应考虑成层期与循环期的水质明显不同。了解循环期水质，可布设和采集表层水样；了解成层期水质，应按照深度布设及分层采样。

10.2.2.2 水样采集要点内容

①采样器材：采样器材主要有采样器和水样容器。采样器包括聚乙烯塑料桶、单层采水瓶、直立式采水器、自动采样器。水样容器包括聚乙烯瓶（桶）、硬质玻璃瓶和聚四氟乙烯瓶。聚乙烯瓶一般用于无机物样品，硬质玻璃瓶用于有机物和生物样品，玻璃或聚四氟乙烯瓶用于微量有机污染物（挥发性有机物）样品。

②采样量：在地表水质监测中通常采集瞬时水样。采样量参照规范要求，即考虑重复测定和质量控制的需要的量，并留有余地。

③采样方法：在可以直接汲水的场合，可用适当的容器采样，如在桥上等地方用系着绳子的水桶投入水中汲水，应注意不能混入漂浮于水面上的物质；在采集一定深度的水时，可用直立式或有机玻璃采水器。

④水样保存：在水样采入或装入容器中后，应按规范要求加入保存剂。

⑤油类采样：采样前先破坏可能存在的油膜，用直立式采水器把玻璃容器安装在采水器的支架中，将其放到 300 mm 深度，边采水边向上提升，在到达水面时剩余适当空间（避开油膜）。

10.2.2.3 注意事项

《地表水环境质量标准》（GB 3838—2002）中规定的项目标准值，要求水样采集后自然沉降 30 min，取上层非沉降部分按规定方法进行分析。对于某些湖库河道等地表水体一般不存在可沉降物的情况，建议在采样比对验证无显著影响后，可省略自然沉降步骤。

规定补充说明：由于地表水水质包括水相、颗粒相、生物相和沉积相，且水质的这四种相态在我国地表水体之间差别较大，易造成监测分析结果和数据的可比性差异很大，因此所有地表水水样均应采集后自然沉降 30 min，取上清液并按规定方法进行分析，以尽可能地消除监测分析结果的差异。

水样采集过程中应注意以下方面：

①采样时不可搅动水底的沉积物。

②采样时应保证采样点的位置准确，必要时用定位仪（GPS）定位。

③认真填写采样记录表。

④采样结束前，核对采样方案、记录和水样是否正确，否则补采。

⑤测定油类水样，应在水面至 300 mm 范围内采集柱状水样，并单独采集，全部用于测定，采样瓶不得用采集水样冲洗。

⑥测定溶解氧、生化需氧量和有机污染物等项目时，水样必须注满容器，不留空间，并用水封口。

⑦如果水样中含沉降性固体，如泥沙等，应分离除去。分离方法：将所采水样摇匀后倒入筒形玻璃容器，静置 30 min，将不含降尘性固体但含有悬浮性固体的水样移入盛样容器，并加入保存剂。测定总悬浮物和油类时除外。

⑧测定湖库水的化学耗氧量、高锰酸盐指数、叶绿素a、总氮、总磷时的水样，静置 30 min 后，用吸管一次或几次移取水样，吸管进水尖嘴应插至水样表层 50 mm 以下位置，再加保护剂保存。

⑨测定油类、五日生化需氧量（BOD_5）、溶解氧（DO）、硫化物、余氯、粪大肠菌群、悬浮物、挥发性有机物、放射性等项目要单独采样。

⑩降水与融雪期间地表径流的变化，也是影响水质的因素，在采样时应注意并做好采样记录。

10.3　地表水体沉积物监测

电镀工业排污单位周边地表水体沉积物监测，监测点位参照排污单位环境影响评价文件及其批复及其他环境管理要求设置。

（1）采样点

监测布点一般同地表水监测点位，具体点位要求：

①通常为地表水质采样垂线的正下方。当正下方无法采样时，可略做移动，

移动的情况应在采样记录表上详细注明。

②采样点应避开河床冲刷、底质沉积不稳定及水草茂盛、表层底质易受搅动之处。

③湖（库）底质采样点一般应设在主要河流及污染源排放口与湖（库）水混合均匀处。

（2）采样量及容器

采样量通常为 1～2 kg，一次的采样量不够时，可在周围采集几次，并将样品混匀。样品中的砾石、贝壳、动植物残体等杂物应予以剔除。在较深水域一般常用掘式采泥器采样。在浅水区或干涸河段用塑料勺或金属铲等即可采样。样品在尽量沥干水分后，用塑料袋包装或用玻璃瓶盛装；供测定有机物的样品，用金属器具采样，置于棕色磨口玻璃瓶中。瓶口不要污染，以保证磨口塞能塞紧。

（3）注意事项

①采样点应尽量与水质采样点一致。

②水浅时，因船体或采泥器冲击搅动沉积物，或河床为砂卵石时，应另选采样点重采。采样点不能偏移原设置的断面（点）太远。采样后应对偏移位置做好记录。

③采样时沉积物一般应装满抓斗。采样器向上提升时，如发现样品流失过多，必须重采。

10.4 地下水监测

10.4.1 监测点位布设

电镀工业排污单位对周边地下水环境质量开展监测，主要针对其厂界周边的地下水环境质量，监测点位参照排污单位环境影响评价文件及其批复及其他环境管理要求设置。

如环境影响评价文件及其批复及其他文件中均未做出要求，排污单位需要开展周边环境质量影响监测的，地下水环境质量影响监测点位设置的原则和方法参照《环境影响评价技术导则　地下水环境》（HJ 610—2016）、《地下水环境监测技术规范》（HJ/T 164—2004）等执行。

参考《环境影响评价技术导则　地下水环境》（HJ 610—2016），根据排污单位类别及地下水环境敏感程度，划分排污单位对地下水环境影响的等级，进而确定地下水监测点（井）的数量及分布，具体见表 10-1。

表 10-1　排污单位周边地下水环境影响等级分级

敏感程度①	项目类别②		
	Ⅰ类项目	Ⅱ类项目	Ⅲ类项目
敏感	一级	一级	二级
较敏感	一级	二级	三级
不敏感	二级	三级	三级

注：①参见《环境影响评价技术导则　地下水环境》（HJ 610—2016）表 1。
②参见《环境影响评价技术导则　地下水环境》（HJ 610—2016）附录 A。

地下水环境质量影响监测点位（井）数量及设置要求：影响等级为一级、二级的排污单位，监测点位一般不少于 3 个，应至少在排污单位上、下游各布设 1 个，此外一级排污单位还应在重点污染风险源处增设监测点。影响等级为三级的排污单位，监测点位一般不少于 1 个，应至少在排污单位下游布置 1 个。

10.4.2　监测井的建设与管理

开展周边地下水环境质量影响监测的排污单位，可选择符合点位布设要求、常年使用的现有井（如经常使用的民用井）作为监测井；在无合适的现有井时，可设置专门的监测井。多数情况下，地下水可能存在污染的部分集中在接近地表的潜水中，排污单位应根据所在地及周边水文地质条件确定地下水埋藏深度，进而确定地下水监测井井深或取水层位置。

地下水的监测井建设与管理的其他具体要求，应符合《地下水环境监测技术规范》（HJ/T 164—2004）中第 2 章和第 4 章的规定。

地下水样品的现场采集、保存、实验室分析及质量控制的具体操作过程，应符合《地下水环境监测技术规范》（HJ/T 164—2004）中第 3 章、第 4 章、第 6 章的规定。

10.5 土壤监测

电镀工业排污单位对周边土壤环境质量开展监测，监测点位参照排污单位环境影响评价文件及其批复及其他环境管理要求设置。如环境影响评价文件及其批复及其他文件中均未做出要求，排污单位需要开展周边环境质量影响监测的，土壤环境质量影响监测点位设置的原则和方法参照《环境影响评价技术导则　土壤环境（试行）》（HJ 964—2018）、《土壤环境监测技术规范》（HJ/T 166—2004）等执行。

参考《环境影响评价技术导则　土壤环境（试行）》（HJ 964—2018）中有关污染影响型建设项目的要求，根据排污单位类别、占地面积大小及土壤环境的敏感程度，确定监测点位布设的范围、数量及采样深度。

根据表 10-2 的规定，首先确定排污单位对周边土壤环境影响的等级。

表 10-2　排污单位周边土壤环境影响等级分级表

敏感程度③	建设项目类别①								
	Ⅰ类项目			Ⅱ类项目			Ⅲ类项目		
	大型②	中型	小型	大型	中型	小型	大型	中型	小型
敏感	一级	一级	一级	二级	二级	二级	三级	三级	三级
较敏感	一级	一级	二级	二级	二级	三级	三级	三级	—
不敏感	一级	二级	二级	二级	三级	三级	三级	—	—

注：①参见《环境影响评价技术导则　土壤环境（试行）》（HJ 964—2018）中附录 A。

②排污单位占地面积分为大型（≥50 hm^2）、中型（5～50 hm^2）、小型（≤5 hm^2）。

③参见《环境影响评价技术导则　土壤环境（试行）》（HJ 964—2018）中表 3。

然后根据表 10-3 的规定，确定监测点布设的范围及点位数量。

表 10-3　排污单位周边土壤环境质量影响监测点位布设范围及数量

土壤环境影响等级	周边土壤环境监测点的布设范围① /km^2	点位数量
一级	1	4 个表层点②
二级	0.2	2 个表层点②
三级	0.02	—③

注：①涉及大气沉降途径影响的，可根据主导风向下风向最大浓度落地点适当调整监测点位布设范围。

②影响等级为三级的排污单位，除有特殊要求的，一般可不考虑布设周边土壤环境监测点。

③表层点一般在 0～0.2 m 采样。

土壤样品的现场采集、样品流转、制备、保存、实验室分析及质量控制的具体过程，应符合《土壤环境监测技术规范》（HJ/T 166—2004）中相关技术的规定。

第 11 章　监测质量保证与质量控制体系

11.1　基本概念

监测质量保证和质量控制是环境监测过程中的两个重要概念。《环境监测质量管理技术导则》（HJ 630—2011）中这样定义：质量保证是指为了提供足够的信任表明实体能够满足质量要求，而在质量体系中实施并根据需要证实的全部有计划和有系统的活动。质量控制是指为达到质量要求所采取的作业技术或活动。

采取质量保证的目的是获取他人对监测质量的信任，并确信某实体提供的数据、产品或者服务等能满足质量要求而实施的并根据需要进行证实的全部有计划的系统性活动。质量控制则通过监视质量形成过程，消除生产数据、产品或者提供服务的所有阶段中可能引起不合格或不满意效果的因素，使其达到质量要求而采用的各种作业技术和活动。

环境监测的质量保证与质量控制，是依靠系统的文件规定来实施的内部技术手段和管理手段，它们既是生产出符合国家质量要求的检测数据的技术管理制度和活动，也是一种证据，即向任务委托方、环境管理机构和公众等表明该检测数据是在严格的质量管理中完成的，具有足够的管理和技术上的保证手段，数据是准确可信的。

11.2　质量体系

证明数据质量可靠性的技术管理制度与活动可以千差万别，但是也有其共同点。为了实现质量保证和质量控制的目的，往往需要建立一套并保证有效运行的质量体系。它应覆盖环境检测活动所涉及的全部场所、所有环节，以使检测机构的质量管理工作程序化、文件化、制度化和规范化。

建立一个良好运行的质量体系，对于专业的向政府、企事业单位或者个人提供排污情况监测数据的社会化检测机构，按照《检验检测机构资质认定管理办法》（质检总局令　第 163 号）、《检验检测机构资质认定评审准则》和《检验检测机构资质认定评审准则及释义》的要求建立并运行质量体系是必要的。若检测实验室仅为排污单位内部提供数据，质量管理活动的目的则是为本单位管理层、环境管理机构和公众提供证据，证明数据准确可信，质量手册不是必需的，但有利于检测实验室数据质量得到保证的一些程序性规定和记录是必要的（如实验室具体分析工作的实施流程、数据质量相关的管理流程等的详细规定，具体方法或设备使用的指导性详细说明，数据生产过程和监督数据生产需使用的各种记录表格等）。

建立质量体系不等于需要通过资质认定。质量体系的繁简程度与检测实验室的规模、业务范围、服务对象等密切相关，有时还需要根据业务委托方的要求修改并完善质量体系。质量体系一般包括质量手册、程序文件、作业指导书和记录表。有效的质量控制体系应满足“对检测工作进行全面规范，且保证全过程留痕”的基本要求。

11.2.1　质量手册

质量手册是检测实验室质量体系运行的纲领性文件，阐明检测实验室的质量目标，描述检测实验室全部检测质量活动的要素，规定检测质量活动相关人员的责任、权限和相互之间的关系，明确质量手册的使用、修改和控制的规定等。质量手册至少应包括批准页、自我声明、授权书、检测实验室概述、检测质量目标、组织机构、检测人员、设施和环境、仪器设备和标准物质，以及检测实验室为保证数据质量所做的一系列规定等。

①批准页：批准页的主要内容是说明编制质量体系的目的以及质量手册的内容，并由最高管理者批准实施。

②自我声明：检测实验室关于独立承担法律责任、遵守《计量法》和监测技术标准规范等相关法律法规，客观出具数据的承诺。

③授权书：检测实验室有多种情形需要授权，包括不仅限于在最高管理者外出期间，授权给其他人员替其行使职权；最高管理者授权人员担任质量负责人、技术负责人等关键岗位；授权检测实验室的大型贵重仪器的人员使用等。

④检测实验室概述：简要介绍检测实验室的地理位置、人员构成、设备配置概况、隶属关系等基本信息。

⑤检测质量目标：检测质量目标即定量描述检测工作所达到的质量。

⑥组织机构：即明确检测实验室与检测工作相关的外部管理机构的关系，与本单位中其他部门的关系，完成检测任务相关部门之间的工作关系等，通常以组织机构框图的方式表明。与检测任务相关的各部门的职责应予以明确和细化。例如，可规定检测质量管理部具有下列职责：

a）牵头制订检测质量管理年度计划并监督实施，编制质量管理年度总结。

b）负责组织质量管理体系建设、运行管理，包括质量体系文件编制、宣贯、修订、内部审核、管理评审、质量督查、检测报告抽查、实验室和现场监督检查、质量保证和质量控制等工作。

c）负责组织人员开展内部持证上岗考核相关工作。

d）负责组织参加外部机构组织的能力验证、能力考核、比对抽测等各项考核工作。

e）负责组织仪器设备检定/校准工作，包括编制检定/校准计划、组织实施和确认。

f）负责标准物质管理工作，包括建立标准物质清册、管理标准物质样品库、标准样品的验收、入库、建档及期间核查等。

⑦检测人员：包括检测岗位划分和检测人员管理两部分内容。

检测岗位划分指检测实验室将检测相关工作分为若干具体的检测工序，并明确各检测工序的职责。以检测实验室为例，岗位划分可描述为质量负责人、技术负责人、报告签发人、采样岗位、分析岗位、质量监督人、档案管理人等。可以由同一个人兼任不同的岗位，也可以专职从事某一个岗位。但报告编制、审核和签发应为 3 个不同的人员承担，不能由一个人兼任其中的两个及以上职责。

检测人员管理部分则规定从事采样、分析等检测相关工作的人员应接受的教育、培训，应掌握的技能，应履行的职责等。以分析岗位为例，人员管理可描述为以下几个方面：

a）分析人员必须经过培训，熟练掌握与本承担分析项目有关的标准监测方法或技术规范及有关法规，且具备对检验检测结果做出评价的判断能力，经内部考核合格后持证上岗。

b）熟练掌握所用分析仪器设备的基本原理、技术性能，以及仪器校准、调试、维护和常见故障的排除技术。

c）熟悉并遵守质量手册的规定，严格按监测标准、规范或作业指导书开展监测分析工作，熟悉记录的控制与管理程序，按时完成任务，保证监测数据准确可靠。

d）认真做好样品分析前的各项准备工作，分析样品的交接工作以及样品分析工作，确保按业务通知单或监测方案要求完成样品分析。

e）分析人员必须确保分析选用的分析方法现行有效，分析依据正确。

f）负责所使用仪器设备日常维护、使用和期间核查，编制/修订其操作规程、维护规程、期间核查规程和自校规程，并在计量检定/校准有效期内使用。负责做好使用、维护和期间核查记录。

g）确保分析质控措施和质控结果符合有关监测标准或技术规范及相关规定

的要求。

h）当分析仪器设备、分析环境条件或被测样品不符合监测技术标准或技术规范要求时，监测分析人员有权暂停工作，并及时向上级报告。

i）认真做好分析原始记录并签字，要求字迹清楚、内容完整、编号无误。

j）分析人员对分析数据的准确性和真实性负责。

k）校对上级安排的其他检测人员的分析原始记录。

检测实验室建立人员配备情况一览表（参考样表 11-1），有助于提高人员管理效率。

表 11-1 检测人员一览表（样表）

序号	姓名	性别	出生年月	文化程度	职务/职称	所学专业	从事本技术领域年限	所在岗位	持证项目情况	备注
1	张三	男	1988 年 8 月	本科	工程师	分析化学	5	分析岗	水和废水：化学需氧量、氨氮	质量负责人
……										

⑧设施和环境：检测实验室的设施和环境条件指检测实验室配备必要的设施硬件，并建立制度保证监测工作环境适应监测工作需求。检测实验室的设施通常包括空调、除湿机、干湿度温度计、通风橱、纯水机、冷藏柜、超声波清洗仪、电子恒温恒湿箱、灭火器等检测辅助设备。至少应明确以下规定：

a）防止交叉污染的规定。例如，规定监测区域应有明显标识；严格控制进入和使用影响检测质量的实验区域；对相互有影响的活动区域进行有效隔离，防止交叉污染。比较典型的交叉污染例子有：挥发酚项目的检测分析会对在同一实验室进行的氨氮检测分析造成交叉污染的影响；在分析总砷、总铅、总汞、总镉等项目时，如果不同的样品间浓度差异较大，规定高、低浓度的采样瓶和分析器皿分别用专用酸槽浸泡洗涤，以免交叉污染。必要时，用优级纯酸稀释后浸泡超低浓度样品所用器皿等。

b）对可能影响检测结果质量的环境条件，规定检测人员进行监控和记录，保证其符合相关技术要求。例如，万分之一以上精度的电子天平正常工作对环境温度、湿度有控制要求，检测实验室应有监控设施，并有记录表格记录环境条件。

c）规定有效控制危害人员安全和人体健康的潜在因素。例如配备通风厨、消防器材等必要的防护和处置措施。

d）对化学品、废弃物、火、电、气和高空作业等安全相关因素做出规定等。

⑨仪器设备和标准物质：检测用仪器设备和标准物质是保障检测数据量值溯源的关键载体。检测实验室应配备满足检测方法规定的原理、技术性能要求的设备，应对仪器设备的购置、使用、标识、维护、停用、租借等管理做出明确规定，保证仪器设备得到合理配置、正确使用和妥善维护，提高检测数据的准确可靠性。例如，对于设备的配备可规定：

a）根据检测项目和工作量的需要及相关技术规范的要求，合理配备采样、样品制备、样品测试、数据处理和维持环境条件所要求的所有仪器设备种类和数量，并对仪器技术性能进行科学的分析评价和确认。

b）如果需要借用外单位的仪器设备，必须严格按本单位仪器设备的管理受到有效控制。建立仪器设备配备情况一览表，往往有助于提高设备管理效率，仪器设备配备情况参考表 11-2。

表 11-2　仪器设备配备情况一览表（样表）

序号	设备名称	设备型号	出厂编号	检定/校准方式	检定/校准周期	仪器摆放位置
1	电子天平	TE 212L	####	检定	一年	205 室
……						

此外，应根据检测项目开展情况配备标准物质，并做好标准物质管理。配备的标准物质应该是有证标准物质，保证标准物质在其证书规定的保存条件下贮存，建立标准物质台账，记录标准物质名称、购买时间、购买数量、领用人、领用时

间和领用量等信息。

⑩其他：为保证质量管理体系覆盖检测的各个方面、环节，所有场所应能持续有效地实施质量管理活动，同时应对以下质量管理活动做出原则性的规定：

a）质量体系在哪些情形下，由谁提出、谁批准同意修改等。

b）如何正确使用管理质量体系各类管理和技术文件，即如何编制、审批、发放、修改、收回、标识、存档或销毁等处理各种文件。

c）如何购买对监测质量有影响的服务（如委托有资质的机构检定仪器即为购买服务），以及如何购买、验收和存储设备、试剂、消耗材料。

d）检测工作中出现的与相关规定不符合的事项，应如何采取措施。

e）质量管理、实际样品检测等工作中相关记录的格式模板应如何编制，以及实际工作过程中如何填写、更改、收集、存档和处置记录。

f）如何定期组织单位内部熟悉检测质量管理相关规定的人员，对相关规定的执行情况进行内部审核。

g）管理层如何就内部审核或者日常检测工作中发现的相关问题，定期研究解决。

h）检测工作中，如何选用、证实/确认检测方法。

i）如何对现场检测、样品采集、运输、贮存、接收、流转、分析、监测报告编制与签发等检测工作全过程的各个环节都采取有效的质量控制措施，以保证监测工作质量。

j）如何编制监测报告格式模板，实际检测工作中如何编写、校核、审核、修改和签发检测报告等。

11.2.2 程序文件

程序文件是规定质量活动方法和要求的文件，是质量手册的支持性文件，主要目的是对产生检测数据的各个环节、各个影响因素和各项工作全面规范。包括人员、设备、试剂、耗材、标准物质、检测方法、设施和环境、记录和数据录入发布等各关键因素，明确详细地规定某一项与检测相关的工作，执行人员是谁、经过什么环节、留下哪些记录，以实现在高时效地完成工作的同时保证数据质量。

编写程序文件时，应明确每个程序的控制目的、适用范围、职责分配、活动过程规定和相关质量技术要求，从而使程序文件具有可操作性。例如，制定检测工作程序，对检测任务的下达、检测方案的制定、采样器皿和试剂的准备、样品采集和现场检测、实验室内样品分析，以及测试原始积累的填写等诸多环节，规定分别由谁来实施，以及实施过程中应该填写哪些记录，以保证工作有序开展。

档案管理也是一项涉及较多环节的工作，涉及档案产生后的暂存、收集、交接、保管和借阅查询使用等一系列环节，在各个细节又需要保证档案的完整性，因此制定一个档案管理程序就显得比较重要了。这个程序可以规定档案产生人员如何暂存档案、暂存的时限是多长、档案收集由谁来负责、交给档案收集人员时应履行的手续、档案集中后由谁来负责建立编号、如何保存、借阅查阅时应履行的手续等。

又如检测方案的制定，方案制定人员需要弄清楚的文件有环评报告中的监测章节内容、环保部门做出的环评批复、执行的排放标准、许可证管理的相关要求、行业涉及的自行监测指南等。在明确管理要求后所制定的检测方案，宜请熟悉环境管理、环境监测、生产工艺和治理工艺的专业人员对方案进行审核把关，既有利于保证检测内容和频次等满足管理要求，又可避免不必要的人力、物力浪费。

一般来说，检测实验室需制定的程序性规定应包括人员培训程序、检测工作程序、设备管理程序、标准物质管理程序、档案管理程序、质量管理程序、服务和供应品的采购和管理程序、内务和安全管理程序、记录控制与管理程序等。

11.2.3　作业指导书

作业指导书是指特定岗位工作或活动应达到的要求和遵循的方法。对于下列情形往往需要检测机构制定作业指导书：

①标准检测方法中规定可采取等效措施，而检测机构又的确采取了等效措施。

②使用非母语的检测方法。

③操作步骤复杂的设备。

作业指导书应写得尽可能具体，且语言简洁不令人产生歧义，以保证各项操作的可重复。

11.2.4 记录

记录包括质量记录和技术记录。质量记录是质量体系活动产生的记录，如内审记录、质量监督记录等；技术记录是各项监测工作所产生的记录，如“pH 值分析原始记录表”“废水流量监测记录（流速仪法）”。记录是保证从检测方案的制定开始到样品采集、样品运输和保存、样品分析、数据计算、报告编制、数据发布的各个环节留下关键信息的凭证，证明数据生产过程满足技术标准和规范要求的基础。检测实验室的记录既要简洁易懂，也要信息量足够让检测工作重现。这就要求认真学习国家的法律法规等管理规定和技术标准规范，把握必须记录备查的关键信息，在设计记录表格样式的时候予以考虑。例如对于样品采集，除采样时间、地点、人员等基础信息外，还应包括检测项目、样品表观（定性描述颜色、悬浮物含量）、样品气味、保存剂的添加情况等信息。对于具体的某一项污染物的分析，需记录分析方法名称及代码、分析时间、分析仪器的名称型号、标准/校准曲线的信息、取样量、样品前处理情况、样品测试的信号值、计算公式、计算结果以及质控样品分析的结果等。

11.3 自行监测质控要点

自行监测的质量控制，既要抓住人员、设备、监测方法、试剂耗材等关键因素，也要重视设施环境等影响因素。每项检测任务都应有足够的证据表明其数据质量可信，在制定该项检测任务实施方案的同时，制定一个质控方案，或者在实施方案中有质量控制的专门章节，明确该项工作应针对性地采取哪些措施来保证数据质量。自行监测工作中，包含自行监测点位、项目和频次，采样、制样和分析应执行哪些技术规范等信息的监测方案在许可证发放时经过了环保部门审查，日常监测工作中，负责现场监测和采样、制样和分析样品、报告编制工作的具体人员，应采取必要的质控措施。质控措施可以是一个专门的方案，规定承担采样、制样和分析样品的人员应具备的技能（例如经过适当的培训后持有上岗证），各环节的执行人员应该落实哪些措施来自证所开展工作的质量，质量控制人员如何去查证各任务执行人员工作的有效性等。通常来说，质控方案就是保证数据质量所需要满足的人员、设备、监测方法、试剂耗材和环境设施等的共性要求。

11.3.1　人员

人员技能水平是自行监测质量的决定性因素，因此检测机构制定的规章制度性文件中，要明确规定不同岗位人员应具有的技术能力。例如应该具有的教育背景、工作经历、胜任该工作应接受的再教育培训，并以考核方式确认是否具有胜任岗位的技能。对于人员适岗的再教育培训，如行业相关的政策法规、标准方法、操作技能等，由检测机构内部组织或者参加外部培训均可。适岗技能考核确认的方式也是多样化的，如笔试或者提问、操作演示、实样测试、盲样考核等。无论采用哪种培训、考核方式，均应有记录来证实工作过程。例如内部培训，应至少有培训教材、培训签到表、外部培训有会议通知、培训考核结果证明材料等。需注意口头提问和操作演示等考核方式，也应有记录，如口头提问时记录信息至少包括考核者姓名、提问内容、被考核者姓名、回答要点、对于考核结果的评价；操作演示的考核记录至少包括考核者姓名、要求考核演示的内容、被考核者姓名、演示情况的概述以及评价结论。在具体执行过程中，切忌人员技能培训走过场，杜绝出现徒有各种培训考核记录但人员技能依然不高的窘境。例如某厂自行监测厂界噪声的原始记录中，背景值仅为 30 dB（A），暴露出监测人员对仪器性能和环境噪声缺乏基本的认知。

11.3.2 仪器设备

监测设备是决定数据质量的另一关键因素。2015 年 1 月 1 日起开始施行的《环境保护法》第二章第十七条明确规定：监测机构应当使用符合国家标准的监测设备，遵守监测规范。所谓符合国家标准，首先应根据排放标准规定的监测方法选用监测设备，也就是仪器的测定原理、检测范围，测定精密度、准确度以及稳定性等满足方法的要求；其次，设备应根据国家计量的相关要求和仪器性能情况确定检定/校准，列入《中华人民共和国强制检定的工作计量器具目录》或有检定规程的仪器应送有资质的单位进行检定，如烟尘监测仪、天平、砝码、烟气采样器、大气采样器、pH 计、分光光度计、声级计、压力表等。属于非强制检定的仪器与设备可以送有资质的计量检定机构进行校准，无法送去检定或者送去校准的仪器设备，应由仪器使用单位自行溯源，即自己制定校准规范，对部分计量性能或参数进行检测，以确认仪器性能准确可靠。

对于使用的仪器，要确保其得到规范使用。应明确规定如何对仪器设备进行使用、维护、维修和性能确认。例如，编写仪器设备操作规程（即仪器操作说明书）和维护规程（即仪器维护说明书），以保证使用人员能够正确使用或者维护仪器。与采样和监测结果的准确性和有效性相关的仪器设备，在使用前必须进行量值溯源，即用前述的检定、校准或者自校手段确认仪器性能。对于送到有检定或者校准资质的单位的仪器，收到设备的检定或者校准证书后，应查看检定/校准单位实施的检定/校准内容是否符合实际的检测工作要求。例如，配备有多个传感器的仪器，检测工作需要使用的传感器是否都得到了检定；对于有多个量程的仪器，其检定或者校准范围是否满足日常工作需求。对于仪器的检定、校准或者自校，并不是一劳永逸的，应根据国家的检定/校准规程或者使用说明书的要求，周期性地定期检定、校准或者自校，保持仪器在检定、校准或者自校有效期内使用，且每次监测前，都要使用标准溶液、标准气体确认仪器量值，在证实其量值持续符合相应技术要求后使用。如定电位电解法规定烟气中二氧化硫、氮氧化物，每次测量前必须用标气进行校准，示值误差≤±5%方可使用。此外，应规定仪器设备的唯一性标识、状态标识，避免误用。仪器设备的唯一性标识既可以是仪器的出厂编码，也可以是检测单位按自行制定的规则编写的代码。

仪器的相关记录应妥善保存。建议给检测仪器建立一仪一档。档案的目录包括仪器说明书、仪器验收技术报告、仪器的检定、校准证书或者自校原始记录和报告、仪器的使用日志、维护记录、维修记录等，档案一年归一次档，以免遗失。应特别注意及时并如实填写仪器使用日志，切忌事后补记，否则不实的仪器使用记录会影响数据判断是否真实。比较常见的明显与事实不符的记录有：同一台现场检测仪器在同一时间，出现在相距几百千米的两个不同检测任务中；仪器使用日志中记录的分析样品量远大于该仪器最大日分析能力等，这种记录会让检查人员对数据的真实性产生疑问。应该发布相关制度规范必须修改的原始记录该如何修改，避免原始记录被误改。

11.3.3　记录

规范使用监测方法，优先使用被检测对象适用的污染物排放标准中规定的监测方法。若有新发布的标准方法替代排放标准中指定的监测方法，应采用新标准。若新发布的监测方法与排放标准指定的方法不同，但适用范围相同的，也可使用。例如《固定污染源废气　氮氧化物的测定　非分散红外吸收法》（HJ 692—2014）《固定污染源废气　氮氧化物的测定　定电位电解法》（HJ 693—2014）的适用范围明确为固定污染源废气，因此两种方法均适用于火电厂废气中氮氧化物的监测。

正确使用监测方法。监测污染源排放情况所使用的方法包括国家标准方法和国务院行业部门以文件、技术规范等形式发布的标准方法，特殊情况下也会用等效分析法。为此，检测机构或者实验室往往需要根据方法的来源确定应实施方法证实还是方法确认，其中方法证实适用于国家标准方法和国务院行业部门以文件、技术规范等形式发布的方法，方法确认适用于等效分析方法。为实现正确使用监测方法，仅仅是检测机构实施了方法证实是不够的，还需要检测机构要求使用该监测方法的每个人员使用该方法获得的检出限、空白、回收率、精密度、准确度等各项指标均满足方法性能的要求，方可认为检测人员掌握了该方法，才算为正确使用监测方法奠定了基础。当然，并非每次检测工作中均需对方法进行证实。一般认为，初次使用标准方法前，应证实能够正确运用标准方法；标准方法发生了变化，应重新予以证实。

通常而言，方法证实至少应包括以下 6 个方面的内容：

①人员：人员的技能是否得到更新；是否能够适应方法的工作要求；人员数量是否满足工作要求。

②设备：设备性能是否满足方法要求；是否需要添置前处理设备等辅助设备；设备数量是否满足要求。

③试剂耗材：方法对试剂种类、纯度等的要求如何；数量是否满足；是否建立了购买使用台账。

④环境设施条件：方法及其所用设备是否对温度湿度有控制要求；环境条件是否得到监控。

⑤方法技术指标：日常工作所用的标准和试剂作为方法的技术指标，如校准曲线、检出限，空白、回收率、精密度、准确度等，是否均达到了方法要求。

⑥技术记录：日常检测工作须填写的原始记录格式是否包含了足够的关键信息。

11.3.4 试剂耗材

规范使用标准物质，包括以下注意事项：

①应优先考虑使用国家批准的有证标准样品，以保证量值的准确性、可比性与溯源性；

②选用的标准样品与预期检测分析的样品，尽可能在基体、形态、浓度水平等性状方面接近。其中基体匹配是需要重点考虑的因素，因为只有使用与被测样品基体相匹配的标准样品，在解释试验结果时才很少或没有困难。

③应特别注意标准样品证书中所规定的取样量与取样方法。证书中规定的固

体最小取样量、液体稀释办法等是测量结果准确性和可信度的重要影响因素，宜严格遵守。

④应妥善贮存标准样品，并建立标准样品使用情况记录台账。有些标准样品有特殊的储存条件要求，应根据标准样品证书规定的储存条件保存标准样品，并在标准样品的有效期内使用，否则可能会影响标准样品量值的准确性。

严格按照方法要求购买和使用试剂/耗材。每个方法都规定了试剂的纯度，需要注意的是，市售的与方法要求的纯度一致的试剂，不一定能满足方法的使用要求，对数据结果有影响的试剂、新购品牌或者产品批次不一致时，在正式用于样品分析前应进行空白样品试验，以验证试剂质量是否满足工作需求。对于试剂纯度不满足方法需求的情形，应购买更高纯度的试剂或者由分析人员自行净化。比较典型的案例是分析水中苯系物的二硫化碳，市售分析纯二硫化碳往往需要实验室自行重蒸，或者购买优级纯的才能满足方法对空白样品的要求；与此类似的还有分析重金属的盐酸、硝酸等，采用分析纯的酸往往会导致较高的空白和背景值，建议筛选品质可靠的优级纯酸。

牢记试剂/耗材有使用寿命。对于试剂，尤其是已经配制好的试剂，应注意遵守检测方法中对试剂有效期的规定。若没有特殊规定，建议参考执行《化学试剂　标准滴定溶液的制备》（GB/T 601—2002）中关于标准滴定溶液有效期的规定，即常温（15～25℃）下保存时间不超过 2 个月。特别应注意表观不被磨损类耗材的质保期，如定电位电解法的传感器、pH 计的电极等，这些仪器的说明书中明确规定了传感器或者电极的使用次数或者最长使用寿命，应严格遵守，以保证量值的准确性。

11.3.5　数据处理

数据的计算和报出也可能会发生失误，应高度重视。以火电厂排放标准为例，排放标准根据热能转化设施类型的不同，规定了不同的基准氧含量，实测的火电厂烟尘、二氧化硫、氮氧化物和汞及其化合物排放浓度，须折算为基准氧含量下的排放浓度，若忽略了此要求，将现场测试所得结果直接报出，必然产生较大偏差。对于废水检测，须留意在发生样品稀释后检测时，稀释倍数是否纳入了计算。已经完成的测定结果，还应注意计量单位是否正确，最好有熟悉该项目的工作人员校核，各项目结果汇总后，由专人进行数据审核后发出。录入电脑或者信息平台时，注意检查是否有小数点输入的错误。

完备的质量控制体系运行离不开有效的质量监督。检测机构或者实验室应设置覆盖其检测能力范围的监督员，这些监督员可以是专职的，也可以是兼职的。但是无论是哪种情形，监督员应该熟悉检测程序、方法，并能够评价检测结果，发现可能的异常情况。为了使质量监督达到预期效果，最好在年初就制订监督计划，明确监督人、被监督对象、被监督的内容、被监督的频次等。通常情况下，新进上岗人员，使用新分析方法或者新设备，以及生产治理工艺发生变化的初期等实施的污染排放情况检测应受到有效监督。监督的情况应以记录的形式予以妥善保存。此外，检测机构或者实验室应定期总结监督情况，编写监督报告，以保证质量体系中的各标准、规范和质量措施等切实得到落实。

第 12 章　信息记录与报告

监测信息记录和报告是相关法律法规的要求，也是排污许可证制度实施的重要内容，是排污单位必须开展的工作。信息记录和报告的目的是将排污单位及其与监测相关的内容记录下来，供管理部门和排污单位使用；同时定期按要求进行信息报告，以说明排污单位的环境守法状况，同时也为社会公众监督提供依据。本章围绕电镀工业应开展的信息记录和报告的内容进行说明，为电镀排污单位提供参考。

12.1　信息记录的目的与意义

说明污染物排放状况，自证是否正常运行污染治理设施、是否依法排污是法律赋予排污单位的权利和义务。自证守法，首先要有可以作为证据的相关资料，信息记录就是要将所有可以作为证据的信息保留下来，在需要的时候有据可查。具体来说，信息记录的目的和意义体现在以下几个方面：

①便于规范监测过程。认真记录各个监测环节的信息，便于规范监测活动，避免由于一时疏忽而遗忘个别程序，从而影响监测结果。通过对记录信息的分析，也可以发现影响监测过程的一些关键因素，这将有利于改进监测过程。

②可以实现信息间的相互校验。记录各种过程信息，可以更好地反映排污单位的生产、污染治理、排放状况，从而便于建立监测信息与生产、污染治理等相

关信息的逻辑关系，为实现信息间的互相校验、加强数据间的质量控制提供基础。通过记录各类信息，可以形成排污单位生产、污染治理、污染排放等全链条的证据链，避免单方面的信息不足以说明排污状况。

③丰富基础信息，利于科学研究。排污单位生产、污染治理、排放过程中的一系列过程信息，对研究排污单位污染治理和排放特征具有重要的意义。监测信息记录极大地丰富了污染源排放和治理的基础信息，这为开展科学研究提供了大量基础信息。基于这些基础信息，利用大数据分析方法，可以更好地探索污染排放和治理的规律，为科学制定相关技术要求奠定良好基础。

12.2 信息记录要求和内容

12.2.1 信息记录要求

信息记录是一项具体而琐碎的工作，做好信息记录对于排污单位和管理部门都很重要，一般来说，信息记录应符合以下要求。

①信息记录的目的在于真实反映排污单位生产、污染治理、排放、监测的实际情况，因此信息记录不需要专门针对需要记录的内容进行额外整理，只要保证所要求的记录内容便于查阅即可。为了便于查阅，排污单位应尽可能根据一般逻辑习惯整理成台账保存。保存方式可以是电子台账，也可以是纸质台账，以便于查阅为原则。

②信息记录的内容不限于标准规范中要求的内容，其他排污单位认为有利于说清楚本单位排污状况的相关信息，也可以予以记录。考虑到排污单位污染排放的复杂性，影响排放的因素有很多，而排污单位最了解哪些因素会影响排污状况，因此，排污单位应根据本单位的实际情况，梳理本单位应记录的具体信息，丰富台账资料的内容，从而更好地建立生产、治理、排放的逻辑关系。

12.2.2　信息记录内容

12.2.2.1　手工监测的记录

采用手工监测的指标，至少应记录以下几方面的内容：

①采样相关记录，包括采样日期、采样时间、采样点位、混合取样的样品数量、采样器名称、采样人姓名等。

②样品保存和交接相关记录，包括样品保存方式、样品传输交接记录。

③样品分析相关记录，包括分析日期、样品处理方式、分析方法、质控措施、分析结果、分析人员姓名等。

④质控相关记录，包括质控结果报告单等。

12.2.2.2　自动监测运维记录

自动监测的正确运行需要定期进行校准、校验和日常运行维护，校准、校验和日常运行维护开展情况直接决定了自动监测设备是否能够稳定正常运行，而通过检查运维公司对自动监测设备的运行维护记录，可以对自动监测设备的日常运行状态进行初步判断。因此，排污单位或者负责运行维护的公司要如实记录对自动监测设备的运行维护情况，具体包括自动监测系统运行状况、系统辅助设备运行状况、系统校准、校验工作等，仪器说明书及相关标准规范中规定的其他检查项目，以及校准、维护保养、维修记录等。

12.2.2.3　生产和污染治理设施运行状况

首先，污染物排放状况与排污单位生产和污染治理设施运行状况密切相关，记录生产和污染治理设施运行状况，有利于更好地说清楚污染物排放状况。

其次，受监测能力限制，可能无法做到全面连续监测。记录生产和污染治理设施运行状况可以辅助说明未监测时段的排放状况，同时也可以对监测数据是否具有代表性进行判断。

最后，由于监测结果可能受到仪器设备、监测方法等各种因素的影响，从而造成监测结果的不确定性。记录生产和污染治理设施运行状况，通过不同时段监测信息和其他信息的对比分析，可以对监测结果的准确性进行总体判断。

对于生产和污染治理设施运行状况，主要记录内容包括监测期间企业及各主要生产设施（包括废水、废气主要污染源相关生产设施）运行状况（包括停机、启动情况）、产品产量、主要原辅料使用量、取水量、主要燃料消耗量、燃料主要成分、污染治理设施主要运行状态参数、污染治理主要药剂消耗情况等。日常生产中上述信息也需整理成台账保存备查。

12.2.2.4 工业固体废物产生与处理状况

工业固体废物作为重要的环境管理要素，排污单位应对一般工业固体废物和危险废物的产生、处理情况进行记录，同时其信息也可以作为废水、废气污染物产生排放的辅助信息。一般工业固体废物和危险废物的记录内容包括产生量、综合利用量、处置量、贮存量、倾倒丢弃量，危险废物还应详细记录其具体去向。

12.3 生产和污染治理设施运行状况

应详细记录企业生产及污染治理设施运行状况，日常生产中也应参照以下内容记录相关信息，并整理成台账保存备查。

12.3.1 生产运行状况记录

根据厂区内生产运行实际情况，记录电镀生产设施的运行和停运状态，并根据批次，按照生产线记录镀种、工艺类型以及运行时间等。

记录厂内每条生产线的原辅材料用量和产量情况。若厂内不同生产线原辅材料交叉使用，且无法估算各生产线的原辅材料使用量或产量，也可以合起来进行记录，但要进行说明。应重点记录电镀液的主要成分、浓度、使用量及消耗量、温度、pH等，以及辅料如除油溶液、酸洗液、表面活性剂等的使用量。根据本厂实际购买的原辅材料进行整理记录，重点记录与污染物产生相关的原辅材料使用情况。

取水量（新鲜水）指调查年度从各种水源提取的并用于工业生产活动的水量总和，包括城市自来水用量、自备水（地表水、地下水和其他水）用量、水利工程供水量，以及企业从市场购得的其他水（如其他企业回用水量）。工业生产活动用水主要包括工业生产用水、辅助生产（包括机修、运输、空压站等）用水。厂区附属生活用水（厂内绿化、职工食堂、浴室、保健站、生活区居民家庭用水、企业附属幼儿园、学校、游泳池等用水）如果单独计量且生活污水不与工业废水混排的水量，可不计入取水量。

镀种加工面积、镀层厚度等产品信息，根据排污单位实际生产情况进行记录。

12.3.2　污水处理运行状况记录

为了佐证废水监测数据情况，按日记录废水处理量、废水回用量、废水排放量、污泥产生量（记录含水率）、废水处理使用的药剂名称及用量、鼓风机电量等；记录污水处理设施运行、故障及维护情况。

12.3.3　废气处理运行状况记录

为了佐证废气监测数据情况，根据批次按生产线记录电镀废气处理设施开停机时间、废气处理液 pH、废气排放时间及排放量等；按月记录废气处理使用的药剂名称及消耗量。

12.4　固体废物产生和处理情况

记录一般工业固体废物和电镀废水处理污泥等危险废物的产生量、综合利用量、处置量、贮存量，危险废物还应详细记录其具体去向。原料或辅助工序中产生的其他危险废物的情况也应记录，危险废物应严格执行危险废物相关管理要求。

对于委托外单位处置利用一般工业固体废物或者危险废物的，以及接收外单位一般工业固体废物或者危险废物的，应详细记录这些情况。对于自行综合利用、自行处置一般工业固体废物和危险废物的，还应当对本单位所拥有的处置场、焚烧装置等综合利用和处置设施及运行情况进行记录。

12.5 信息报告及信息公开

12.5.1 信息报告要求

为了排污单位更好地掌握本单位实际排污状况，也便于更好地对公众说明本单位的排污状况和监测情况，排污单位应编写自行监测年度报告，年度报告至少应包含以下内容：

①监测方案的调整变化情况及变更原因。

②企业及各主要生产设施（包括废水、废气主要污染源相关生产设施）全年运行天数，各监测点、各监测指标全年监测次数、超标情况、浓度分布情况。

③按要求开展的周边环境质量影响状况监测结果。

④自行监测开展的其他情况说明。

⑤排污单位实现达标排放所采取的主要措施。

自行监测年报不限于以上信息，任何有利于说明本单位自行监测情况和排放状况的信息，都可以写入自行监测年报中。另外，对于领取了排污许可证的排污单位，按照排污许可证管理要求，每年应提交年度执行报告，其中自行监测情况属于年度执行报告中的重要组成部分，排污单位可以将自行监测年报作为年度执行报告的一部分一并提交。

12.5.2　应急报告要求

由于排污单位非正常排放会对环境或者污水处理设施产生影响，因此对于超标的监测结果，排污单位应加密监测，并检查超标原因。短期内无法实现稳定达标排放的，应向生态环境主管部门提交事故分析报告，说明事故发生的原因，采取措施来减轻或防止污染，提出今后的预防及改进措施等；若因发生事故或者其他突发事件，排放的污水可能危及城镇排水与污水处理设施安全运行的，应当立即采取措施消除危害，并及时向城镇排水主管部门和生态环境主管部门等有关部门报告。

12.5.3　信息公开要求

排污单位应根据排污许可证、《企业事业单位环境信息公开办法》（环境保护部令 第 31 号）及《国家重点监控企业自行监测及信息公开办法（试行）》（环发〔2013〕81 号）进行信息公开，但不限于此，排污单位还可以采取其他便于公众获取的方式进行信息公开。

信息公开应重点考虑两类群体的信息需求。一是排污单位周围居民的信息需求，周边居民是污染排放的直接影响者，最关心污染物排放状况对自身及环境的影响，因此对污染物排放状况及周边环境质量状况有强烈的需求。二是排污单位同类行业或者其他相关者的信息需求，同一行业不同排污单位之间存在一定的竞争关系，当然都希望在污染治理上得到相对公平的对待，因此会格外关心同行的排放状况，对其排放状况信息有同行监督需求。

为了照顾这两类群体的信息需求，信息公开的方式应该便于这两类群体获取。排污单位可以通过在厂区外或当地媒体上发布监测信息，使周边居民及时了解排污单位的排放状况，这类信息公开相对灵活，以便于周边居民获取。而为了实现同行监督和一些公益组织的监督，也为了便于政府监督，有组织的信息公开更为高效。目前，各级生态环境主管部门都在建设不同类型的信息公开平台，排污单位也应根据相关要求在信息平台上发布信息，以便于各类群体间的相互监督。

第 13 章　自行监测数据报送

为了方便排污单位信息报送和管理部门采集相关信息，受生态环境部生态环境监测司委托，中国环境监测总站组织开发了全国污染源监测信息管理与共享平台，排污单位应通过该系统报送监测数据和相关信息。同时，发放了排污许可证的排污单位应通过全国排污许可证管理信息平台报送相关信息，为了便于填报，现已实现了全国污染源监测信息管理与共享平台和全国排污许可证管理信息平台的互联互通，排污单位可以通过两者其中之一登录系统填报监测数据。对于有地方监测数据管理平台的，可以通过数据交换的方式，实现数据的报送。

13.1　总体架构设计

根据《关于印发 2015 年中央本级环境监测能力建设项目建设方案的通知》（环办函〔2015〕1596 号），中国环境监测总站负责建设全国污染源监测数据管理与信息共享系统，面向企业用户、委托机构用户、环保用户、系统管理用户 4 类用户，针对各自不同业务需求，系统提供数据采集、监测体系建设运行考核、数据查询处理与分析、决策支持、数据采集移动终端版、自行监测知识库、排放标准管理、个人工作台、系统管理等功能。

另外，面向其他污染源监测信息采集系统（包括部级建设的固定污染源系统、全国排污许可证公开端、各省重点污染源监测系统）使用数据交换平台进行数据交换，减少企业重复填报。

系统整体架构如图 13-1 所示。

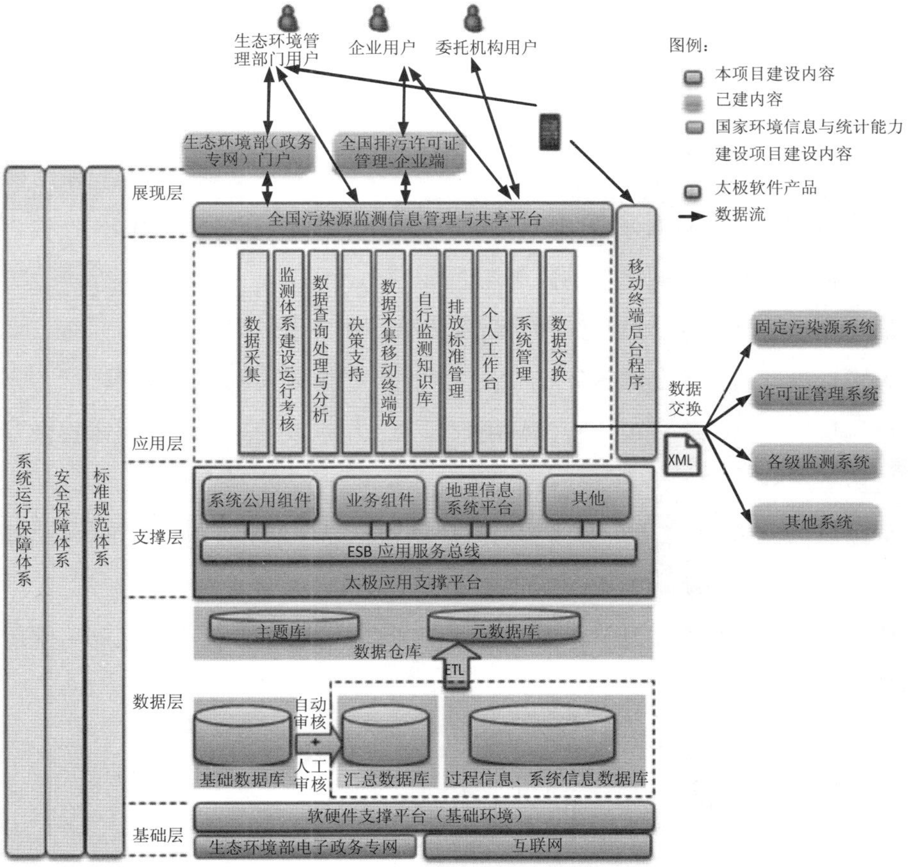

图 13-1　系统总体架构

系统总体架构采用 SOA 面向服务的五层三体系的标准成熟电子政务框架设计，以总线为基础，依托公共组件、通用业务组件和开发工具实现应用系统快速开发和系统集成。系统由基础层、数据层、支撑层、应用层、展现层五层及贯穿项目始终保障项目顺利实施和稳定、安全运行的系统运行保障体系、安全保障体系及标准规范体系构成。

基础层：在利用监测总站现有的软硬件及网络环境基础上配置相应的系统运行所需软硬件设备及安全保障设备。

数据层：建设项目的基础数据库、元数据库，并在此基础上建设主题数据库、空间数据库提供数据挖掘和决策支持。数据库依据原环保部相关标准及能力建设项目的数据中心相关标准建设。

支撑层：在应用支撑平台企业总线及相关公共组件的基础上，建设本系统的组件，为系统提供足够的灵活性和扩展性，为应用集成提供灵活的框架，也为将来业务变化引起的系统变化提供快速调整的支撑。

应用层：通过 ESB、数据交换实现与包括部级建设的固定污染源系统、全国排污许可证管理信息平台、各省污染源监测系统在内的其他系统对接。

展现层：面向生态环境主管部门用户、企业用户及第三方机构用户提供互联网访问服务。

标准规范体系：制定全国污染源监测信息管理与共享平台数据交换标准规范，确保各应用系统按照统一的数据标准进行数据交换。

为保持系统安全稳定运行，同步配套设计和建设了安全保障体系和系统运行保障体系。

13.2 应用层设计

全国污染源监测数据管理与信息共享平台提供的业务应用包括数据采集、监测体系建设运行考核、数据查询处理与分析、决策支持、数据采集移动终端版、自行监测知识库、排放标准管理、个人工作台、系统管理及数据交换系统 10 个子系统。系统功能架构如图 13-2 所示。

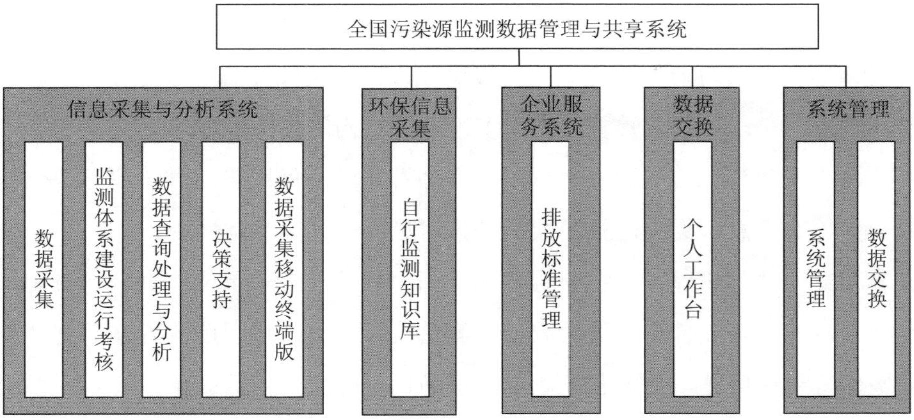

图 13-2　系统功能架构

①数据采集：包括对企业自行监测数据和管理部门进行的监督性监测数据的采集；需要面向全国重点监控企业采集监测数据，对不同年份的企业建立不同的企业基础信息库，提供信息填报、审核、查询、发布功能，并形成关联以持续监督。

同时满足各级生态环境主管部门录入监督性监测数据、质控抽测数据、监督检查信息与结果、采集全国自动监控数据、自动监测数据有效性审核情况、监测站标准化建设情况、环境执法与监管情况等。企业的基础信息录入完成后需由属地生态环境主管部门确认。由于不同来源数据的采集频次和采集方式不同，系统提供不同的数据接入方式。

②监测体系建设运行考核：根据管理要求，汇总监测体系建设运行总体情况，生成表格。实现按时间、空间、行业、污染源类型等统计应开展监测的企业数量、不具备监测条件的企业数量及原因、实际开展监测的企业数量以及监测点位数量、监测指标数量等各指标的具体情况。

③数据查询处理与分析：查询条件可以保存为查询方案，查询时可调用查询方案进行查询。

④决策支持：该发布系统除采用基本的数据分析方法外，需要支持 OLAP 等分析技术，对数据中心数据的快速分析访问，向用户显示重要的数据分类、数据

集合、数据更新的通知以及用户自己的数据订阅等信息。

提供环保搜索功能，用户可按权限快速查询各类环境信息，也可以直接从系统进行汇总、平均或读取数据，实现多维数据结构的灵活表现。

⑤数据采集移动终端版：数据采集移动端帮助环保用户随时随地了解企业情况并上报检查信息，提高污染源数据采集信息及时性、准确性。

⑥自行监测知识库：企业自行监测知识库系统对企业单位提供自行监测相关的法律法规、政策文件、排放标准、监测规范、方法、自行监测方案范例、相关处罚案例等查询服务，帮助和指导企业做好自行监测工作。

⑦排放标准管理：提供排放标准的维护管理和达标评价功能。管理用户可以对标准进行增删改查操作，以保持标准为最新版本。提供接口，数据录入编辑时、数据进行发布时均可调用该接口判定该数据是否超标，超标的给予提示并按超标比例不同给出不同的颜色提醒。

⑧个人工作台：包括信息提醒（邮件和短信）、通知管理、数据报送情况查询、数据校验规则设置与管理等。为不同用户提供针对性强、特定的用户体验，方便用户使用。

⑨系统管理：系统管理实现系统维护相关功能，系统维护人员和数据管理人员基于这些功能对数据采集和服务进行管理，综合信息管理主要包括系统管理、个人工作管理、数据管理等方面的功能。

⑩数据交换：建立数据交换共享平台，实现系统中各子系统间的内部数据交换，尤其是实现与外部系统的交换。

内部交换包括采集子系统与查询分析子系统，各子系统与信息发布子系统之间的数据交换。

外部交换主要是与其他信息系统的数据对接，将依据能力建设项目的相关标准制定监测数据标准、交换的工作流程标准、安全标准及交换运行保障标准等标准，制定统一的数据接口供各地现行污染源监测信息管理与共享数据。各相关系统按数据标准生成数据 XML 文件通过接口传递到本系统解析入库，以实现与本系统的互联互通，减少企业重复录入，提高数据质量。

13.3　排污单位自行监测数据报送方式和内容

13.3.1　排污单位自行监测数据报送方式

排污单位自行监测数据采集方式有两种：一种是可直接登录使用本系统录入自行监测方案及数据；另一种是使用各省（区、市）自建平台录入自行监测方案及数据，再向本系统传送。本系统与排污许可证管理信息系统互通，可从排污许可证管理信息系统获取已发证企业的基本信息，再将本系统采集的自行监测数据推送给排污许可证管理信息系统进行公开。

直接使用本系统采集和报送数据的企业，可先从排污许可证管理信息系统共享已发证企业基本信息，使用本系统录入完善企业自行监测方案、监测数据等信息，再将监测数据共享到排污许可证管理信息系统进行发布。企业自行监测数据报送流程如图 13-3 所示。

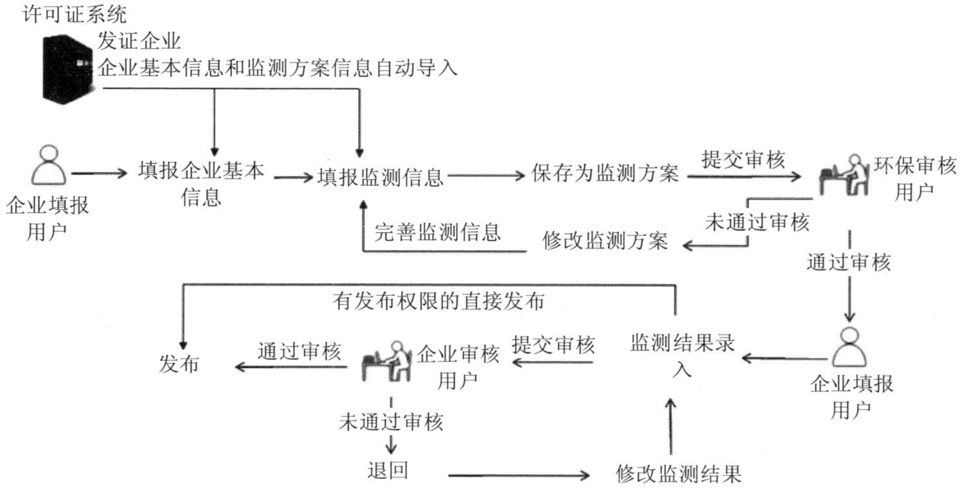

图 13-3　排污单位自行监测数据报送流程

如果各省（区、市）使用本地平台采集和发布信息，地方平台将发放许可证的企业信息和方案信息导入地方平台，再由企业在地方平台进行数据录入，然后由地方平台将数据导入国家平台。地方平台采集企业自行监测信息的报送流程如图 13-4 所示。

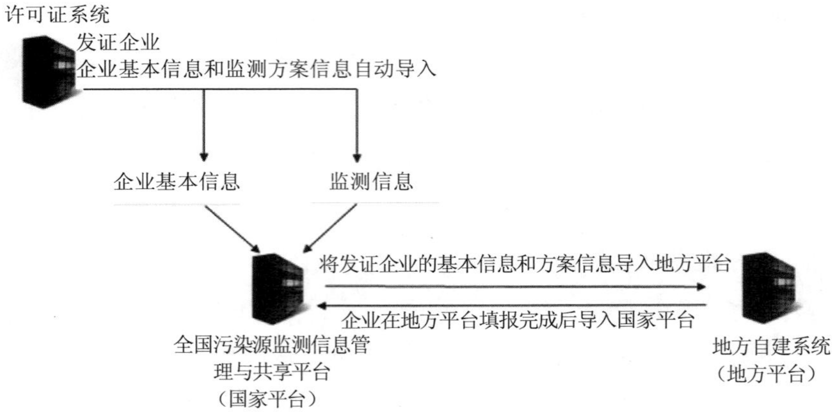

图 13-4　地方平台采集自行监测数据的报送流程

13.3.2　方案与数据填报流程

自行监测方案的填报流程：企业用户登录系统，录入企业基本信息、监测信息，保存成方案后提交所属生态环境主管部门审核（审核功能并非强制性，是否需要审核由生态环境主管部门根据本地区管理需求进行设置）。发放了许可证的企业，这两部分信息会自动从许可证系统导入本系统中，企业仅需要完善即可。

自行监测数据填报流程。方案审核通过的企业按监测方案进行监测数据的填报，企业内部可以进行数据审核，审核通过的进行发布，不通过的退回填报用户修改。具有审核权限的填报用户也可以直接发布。

13.3.3　报送内容

①企业基本信息：包括企业名称、统一社会信用代码、组织机构代码（与统一社会信用代码二选一）、企业类别、企业规模、注册类型、行业类别、法定代表人或主要负责人、企业注册地址、企业生产地址、企业地理位置。

②监测方案信息：包括各排放设备、排放口、监测点位、点位编号、监测项目、执行的排放标准及限值、监测方法、监测频次、委托服务机构等信息。

③监测数据：填报各监测点开展监测的各项污染物的排放浓度、相关参数信息、未监测原因等信息。

13.4　监测信息录入

13.4.1　基础信息录入

企业用户在系统主界面进入“数据采集”→“企业信息填报”→“基本信息录入”。基本信息录入功能提供企业用户将自己的基本信息录入系统中，主要包括：

录入【企业名称】【曾用名】等，选择【企业类别】【企业规模】【注册类型】等，上传【排污许可证】【单位平面图】，点击【提交】按钮即可上传企业的基本信息。其中【企业名称】【统一社会信用代码】和【组织机构代码】（与统一社会信用代码二选一）、【企业类别】【行业类别】【方案审核单位】【企业生产地址】【企业地理位置】为必填项。企业没有完成自己基本信息填报前不能进行监测点位信息等录入，当基本信息填写完成，才能进行其他的操作（图 13-5）。

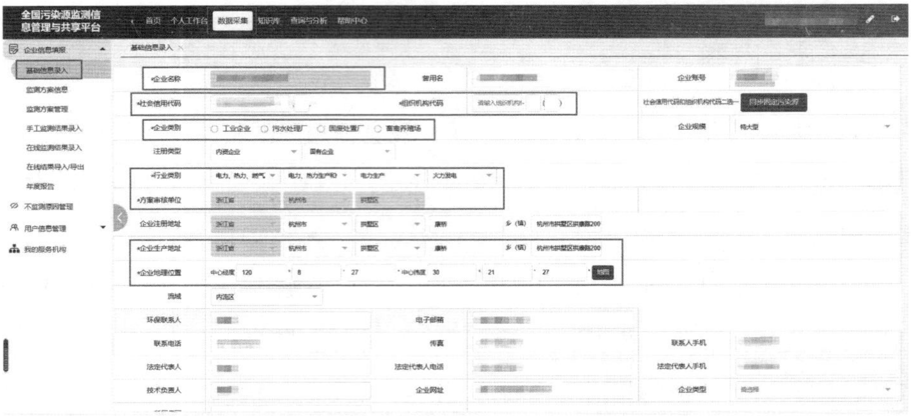

图 13-5　企业基础信息录入界面

13.4.2　监测方案信息维护

发放了许可证的企业，监测方案信息会自动从许可证系统导入本系统中，企业仅需要完善即可。本章以下内容以无排污许可证同步信息为主进行介绍，企业有排污许可证同步方案信息的不需要进行此操作，可参考此步骤编辑完善自行监测方案信息。

企业录入监测方案信息，选择排放类型，废气、废水、无组织、周边环境、厂界噪声，根据排放类型的不同录入的信息流程如下：

废气：首先录入排放设备信息及治理设施信息；其次在排放设备下添加监测点信息；再次录入监测点上应监测的项目信息；最后录入监测项目使用的设备和方法信息。

废水：首先录入监测点信息；其次根据监测点是排口还是进口，录入排口及治理设施信息或进口信息；再次录入监测点上应监测的项目信息，最后录入监测项目使用的设备和方法信息。

无组织、周边环境和厂界噪声：首先录入监测点信息；其次录入监测点上应监测的项目信息；最后录入监测项目使用的设备和方法信息。

企业用户在系统主界面进入“数据采集”→“企业信息填报”→“监测方案

信息”。在【选择方案版本】中如果选择“版本号名称”即可查看相应版本号的监测信息。如果想修改监测信息，点击右侧【加载该版本】即可，然后在【选择方案版本】处选择【当前编辑】。修改的过程可参照下面介绍的录入过程。录入新的监测信息，应在【选择方案版本】处选择【当前编辑】，然后点击右侧的【编辑】按钮进行编辑，如图 13-6 所示。

图 13-6　企业监测方案信息加载界面

许可证导入企业，进入系统，在监测方案信息当前编辑中，会有从排污许可证系统同步过来的监测方案信息，包含相关排放设备、监测点、监测项目、排放标准、限值、监测频次等信息，如图 13-7 所示。

图 13-7　许可证系统导入企业的监测方案信息界面

非排污许可证导入企业，首次进入系统界面，如图 13-8 所示。

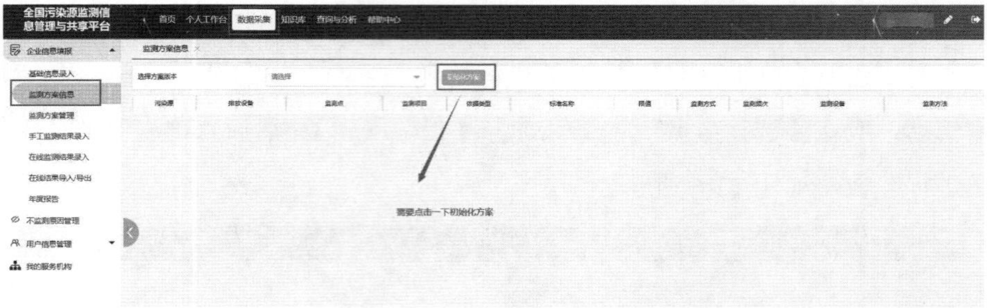

图 13-8 非排污许可证系统导入企业监测方案信息界面

点击初始化方案之后，如图 13-9 所示。

图 13-9 非排污许可证系统导入企业监测方案信息编辑界面

13.4.2.1 废气监测信息录入

（1）添加废气排放设备

一个企业的废气监测信息可以有多个排放设备，每个排放设备可以新增多个治理设施。

在编辑状态下，点击废气右上方的【增加排放设备】，弹出排放设备增加页面，通用的填报项目有【排序序号】【排放设备名称】【排放设备编号】，点击【新增治理设施】，在下方会增加一行治理设施填报项目，内容包括【安装顺序】【设施类别】【设施名称】【处理工艺】【处理效率】，每条项目的右侧均有删除 按钮，可以对错误的添加进行删除操作，如图 13-10、图 13-11 所示。

图 13-10　新增废气排放设备

图 13-11　新增治理设施

在【排放设备类型】处选择【燃烧】，需在页面上选择【燃烧类型】【燃烧技术】【低氮燃烧方式】等，输入【装机容量】，如图 13-12 所示。

图 13-12　完善排放设备信息——燃烧

在【排放设备类型】处选择【工艺过程】，需在页面上选择【产品名称】【工艺技术】等，输入【产能单位】【产能】，如图 13-13 所示。

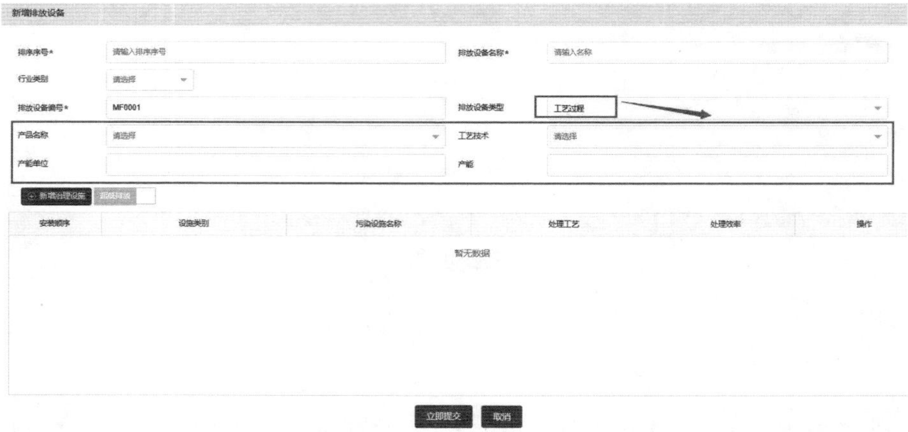

图 13-13　完善排放设备信息——工艺过程

在【排放设备类型】处选择【溶剂使用】，需在页面上选择【溶剂使用过程】【溶剂类型】【是否分组】，如图 13-14 所示。

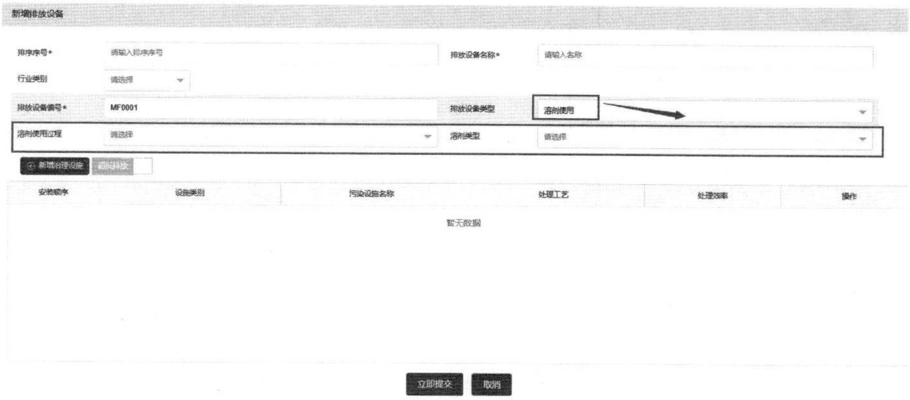

图 13-14　完善排放设备信息——溶剂使用

在【排放设备类型】处选择【储存运输】，需输入【运输产品】，如图 13-15 所示。

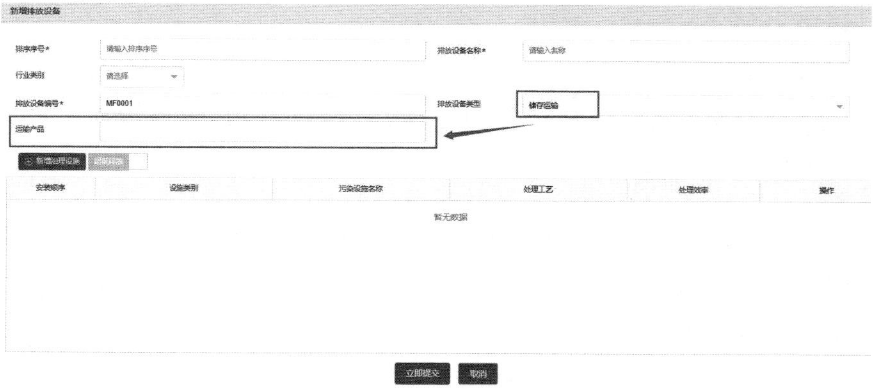

图 13-15　完善排放设备信息——储存运输

在【排放设备类型】处选择【废弃物处理】，需在页面上选择【废弃物类型】【处理方式】，输入【处理量】，如图 13-16 所示。

图 13-16　完善排放设备信息——废弃物处理

根据上述的不同条件填写完页面后，点击【立即提交】按钮即可。

（2）添加废气监测点

一个监测点可对应多个排放设备，一个排放设备只对应于一个监测点。在添加完废气排放设备之后，点击【+增加监测点】，弹出监测点新增页面。

1）选择已存在监测点

在【选择已存在监测点】处选择“是”，在【选择监测点】处选择对应的监测点。点击【立即提交】按钮即可，如图 13-17 所示。

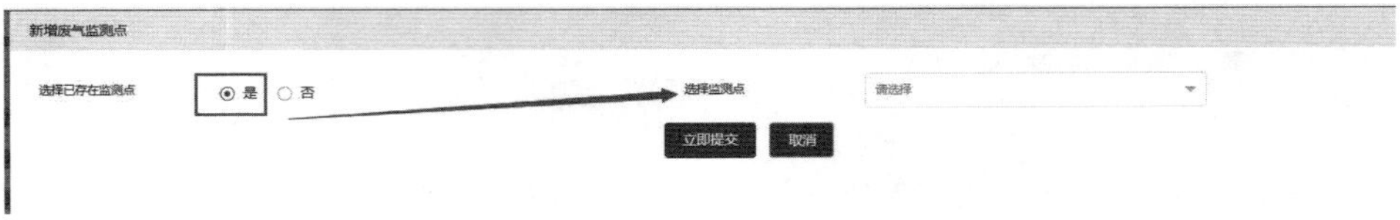

图 13-17　选择已存在监测点

2）新建监测点

在【选择已存在监测点】处选择“否”，依次输入【排序序号】【监测点名称】【监测点编号】【监测点位置】，选择【点位属性】，如果为【外排】，该检测点即为外排监测点；如果为【内部】，即需选择【关联外排监测点】，如图 13-18 所示。

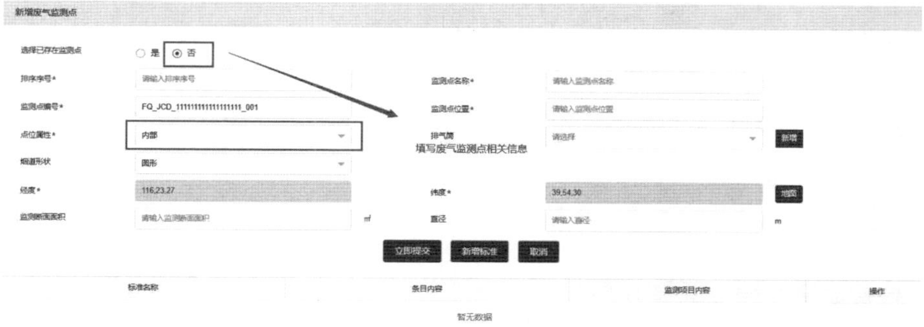

图 13-18　新建监测点

输入【经度】【纬度】【监测断面面积】等，点击 ⊕ 按钮可以新增监测点，点击按钮后在弹出的排气筒新增页面，输入【排气筒名称】【排气筒编号】等点击【立即提交】，如图 13-19 所示，即可新增一个监测点。

图 13-19　完善新增监测点信息

点击【新增标准】按钮可以新增一条标准，在弹出的标准新增页面中，选择需要添加的标准。选择一个标准后，打开下方的标准条目，选择要监测的项目，选择完毕后点击【立即提交】按钮，即可新增一条标准（图 13-20～图 13-22）。

图 13-20　新增执行标准

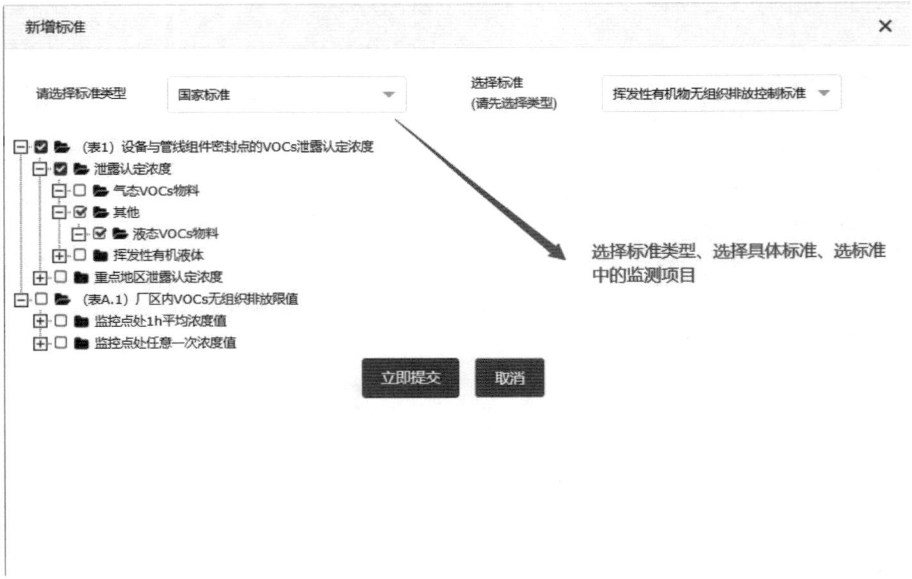

图 13-21　完善标准信息

填写完监测点信息后，点击【立即提交】按钮，即可新增一条监测点信息。

图 13-22　完成监测点新建

（3）添加废气监测项目

一个监测点可能有多个监测项目，在添加完【监测点】之后，点击【增加项目】，弹出监测项目新增页面（图 13-23）。

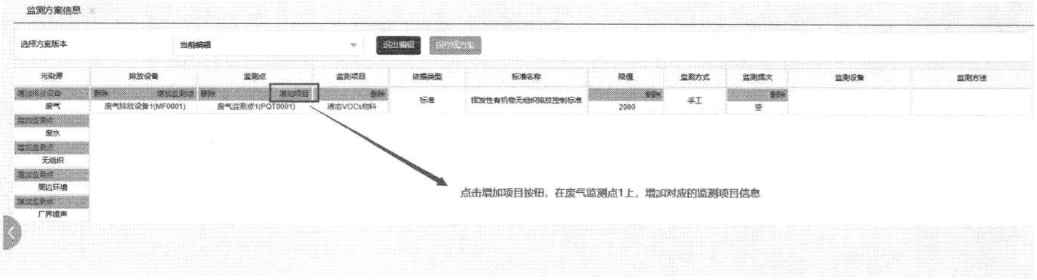

图 13-23　新增废气监测项目

输入【排序序号】【上限】【下限】等，选择【监测项目】【依据类型】【监测方式】等。依据类型有【排放标准】【排污许可证】【环评】【其他文件】，不同的依据类型有不同的选择项。选择【排放标准】时，需选择依据的排放标准和标准下的条目（图 13-24 和图 13-25）。

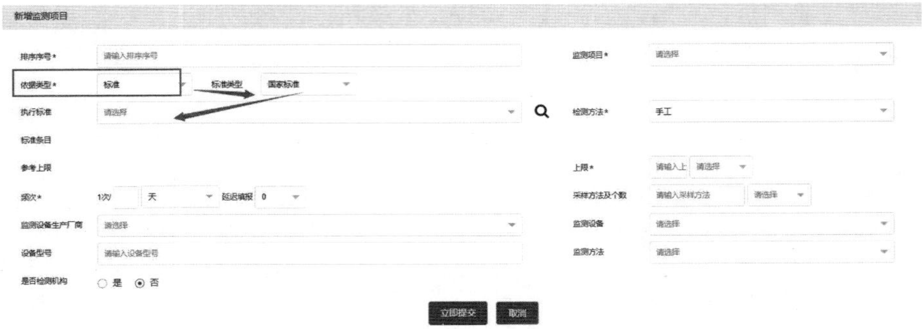

图 13-24 完善废气监测项目信息

选择【排污许可证】【环评】【其他文件】时，需上传依据文件。

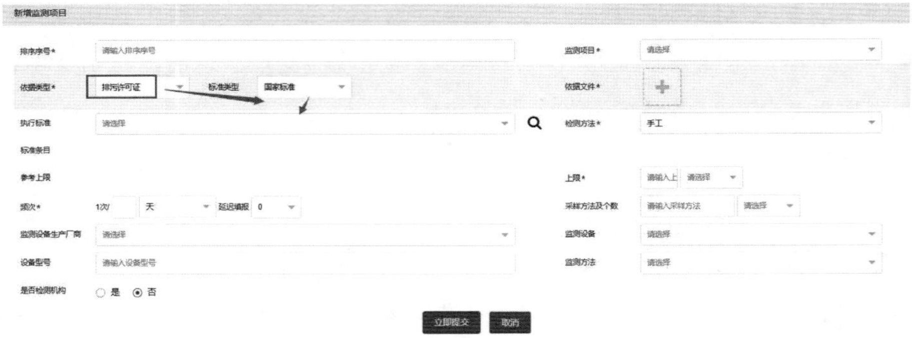

图 13-25 上传依据文件

监测方式有【手工】【自动】两种。当监测方式为手工时还需录入监测方法、监测设备、设备型号、生产厂商、单次采样个数。当监测方式为自动时还需录入监测频次、设备型号、集成商、设备编号、是否委托运营。填写完整信息后，点击【立即提交】上传监测项目信息（图 13-26）。

图 13-26　填写手工监测项目信息

（4）修改废气监测项目信息

修改废气排放设备、监测点、监测项目时，点击相应的名称，即可进入修改页面，修改过程可参照新增过程，如图 13-27 所示。

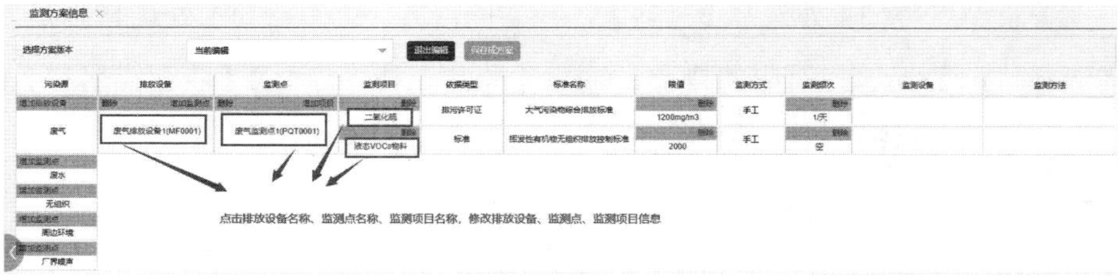

图 13-27　完善废气手工监测项目信息

（5）删除废气监测项目信息

需要删除废气排放设备、监测点、监测项目时，点击相应废气排放设备、监测点、监测项目一栏的【删除】按钮即可，如图 13-28 所示。

图 13-28　删除废气监测项目信息

13.4.2.2　废水监测信息录入

（1）添加废水监测点

在编辑页面下，点击废水右上方的【增加监测点】按钮，弹出监测点新增页面。

1）选择已有排口或进口添加监测点

在【监测点类型】处选择【排口】，在【是否选择已有排口】处选择“是”，在【选择排口】处选择对应的排口。输入【监测点排序序号】【监测点名称】【监测点编号】，点击【立即提交】按钮即可，如图 13-29 所示。

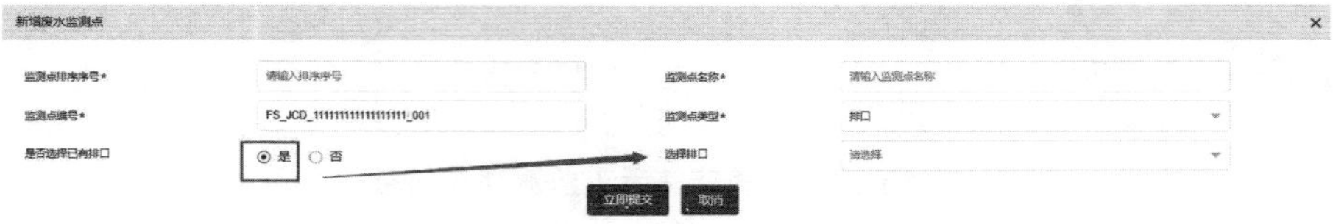

图 13-29　选择已有排口

在【监测点类型】处选择【进口】，在【是否选择已有进口】处选择“是”，在【选择进口】处选择对应的进口。输入【监测点排序序号】【监测点名称】【监测点编号】，点击【立即提交】按钮即可，如图 13-30 所示。

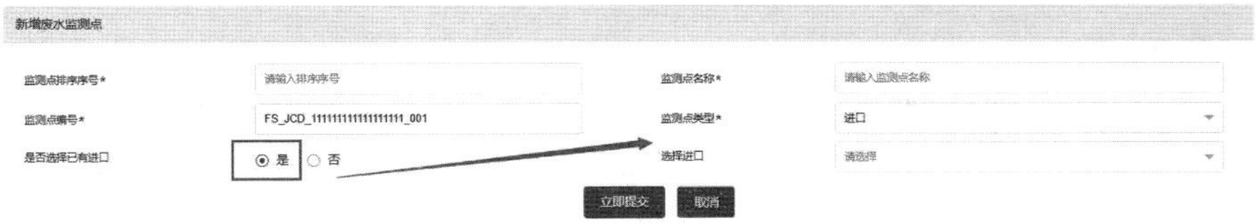

图 13-30　选择已有进口

2）新建排口或进口新建监测点

在【是否选择已有排口】处选择“否”,【监测点排序序号】【监测点名称】【监测点编号】选择【排放形式】【测流装置】，点击【新增标准】弹出新增标准页面，新增标准成功后，点击【立即提交】按钮回到新增监测点页面，在此页面确定填写完全部信息后，点击【立即提交】按钮即可，如图 13-31 和图 13-32 所示。

图 13-31　新建排口信息

图 13-32　新增执行标准

在【监测点类型】处选择【进口】，在【是否选择已有进口】处选择“否”，输入【监测点排序序号】【监测点名称】【监测点编号】【进口排序序号】【进口名称】【进口编号】。选择【进水口类型】【排放去向】【经度】【纬度】等，如图 13-33 所示。

图 13-33　新增进口信息

（2）添加废水监测项目

一个监测点可能有多个监测项目，再添加完【监测点】之后，点击【增加监测项目】，弹出监测项目新增页面。可参照“废气监测信息录入”第 3 部分“添加废气监测项目”，如图 13-34 所示。

图 13-34　新增废水监测项目信息

（3）修改废水监测信息项目

修改废水监测点、监测项目时，点击相应的名称即可进入修改页面，修改过程可参照新增过程，如图 13-35 所示。

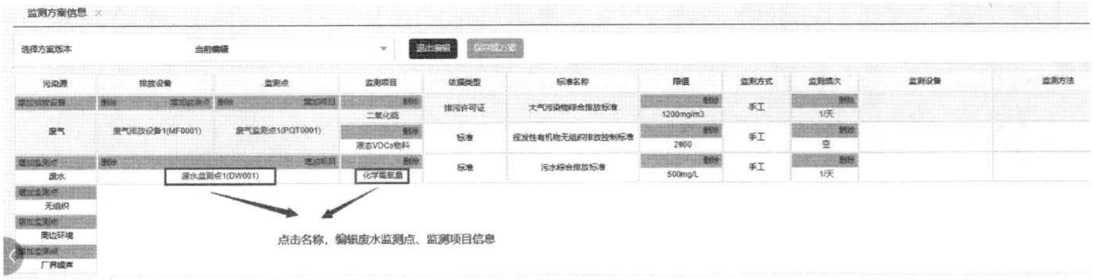

图 13-35　修改废水监测项目信息

（4）删除废水监测信息项目

删除废水监测点、监测项目时，点击相应名称上方或右侧的【删除】按钮即可，如图 13-36 所示。

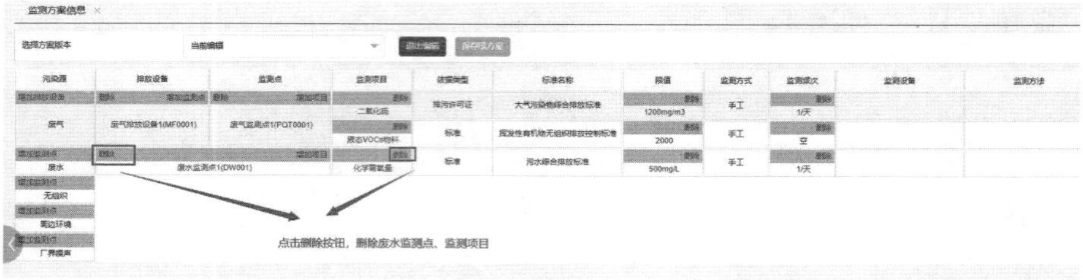

图 13-36　删除废水监测项目信息

13.4.2.3　无组织、周边环境和厂界噪声监测信息录入

（1）添加无组织、周边环境和厂界噪声监测点

在编辑页面下，点击无组织、周边环境和厂界噪声监测点右上方的【增加监测点】，弹出监测点新增页面。输入【排序序号】【监测点名称】【监测点编号】，选择【经度】【纬度】【开始时间】【结束时间】，周边环境还需选择【监测类型】。点击【新增标准】弹出新增标准页面，新增标准成功后，点击【提交】按钮回到新增监测点页面，在此页面确定填写完全部信息后，点击【提交】按钮即可。这3类监测点的新增页面类似，如图 13-37～图 13-39 所示。

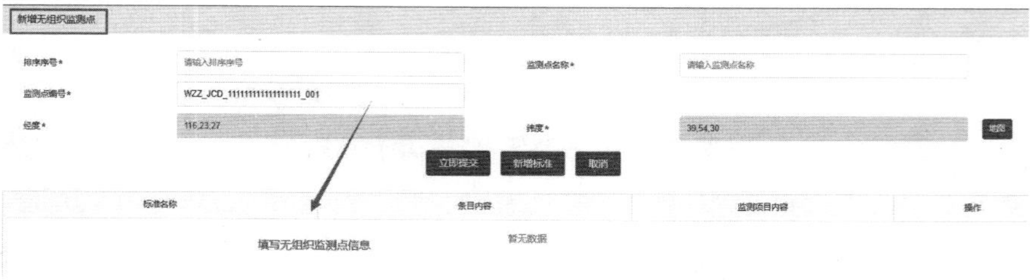

图 13-37　新增无组织监测点信息

图 13-38　新增周边环境监测点信息

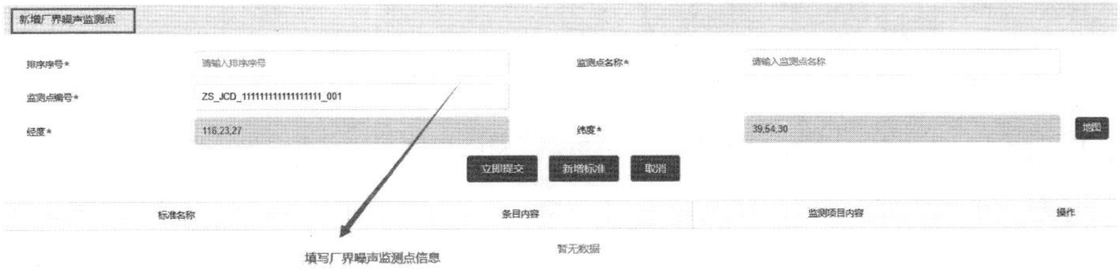

图 13-39　新增厂界噪声监测点信息

（2）添加无组织、周边环境和厂界噪声监测项目

一个监测点可能有多个监测项目，在添加完【监测点】之后，点击【增加项目】，弹出监测项目新增页面。可参照“废气监测信息录入”第 3 部分“添加废气监测项目”，如图 13-40 所示。

图 13-40　新增监测项目信息

（3）修改无组织、周边环境和厂界噪声监测信息项目

修改无组织、周边环境和厂界噪声监测点、监测项目时，点击相应的名称即可进入修改页面，修改过程可参照新增过程，如图 13-41 所示。

图 13-41　修改监测项目信息

（4）删除无组织、周边环境和厂界噪声监测信息项目

修改无组织、周边环境和厂界噪声监测点、监测项目时，点击相应名称右侧的【删除】按钮即可，如图 13-42 所示。

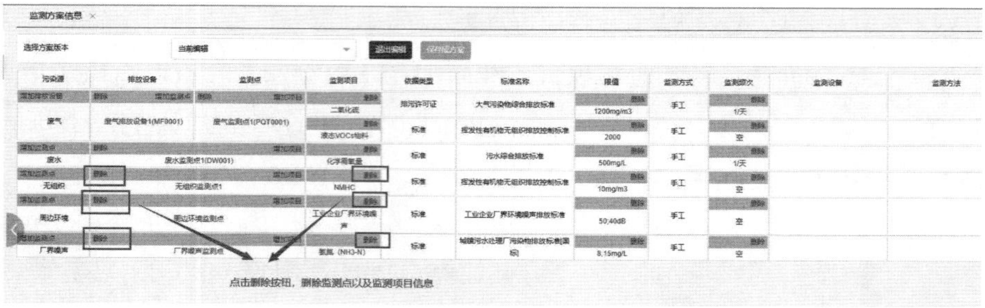

图 13-42　删除监测项目信息

13.4.2.4　完成监测方案

监测信息录入完成后，点击页面上的【保存成方案】按钮，会弹出新建监测方案页面，输入【方案名称】【方案版本】等，选择【公开开始时间】【公开结束

时间】【编制日期】，上传【单位平面图】【监测点位示意图】，最后点击【立即提交】按钮即可，如图 13-43 和图 13-44 所示。

图 13-43　监测方案内容

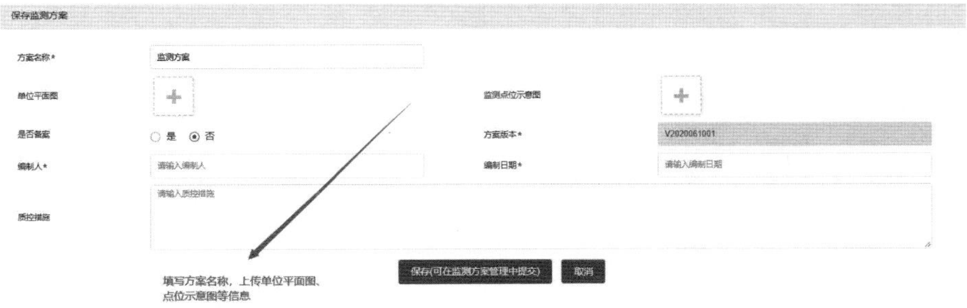

图 13-44　监测方案基本信息

13.4.2.5　监测方案管理

企业用户在系统主界面进入“数据采集”→“企业信息填报”→“监测方案管理”。

（1）查看

根据查询列表结果，点击每条数据右侧的查看🔍按钮，即可查看方案的部分信息，如图 13-45 所示。

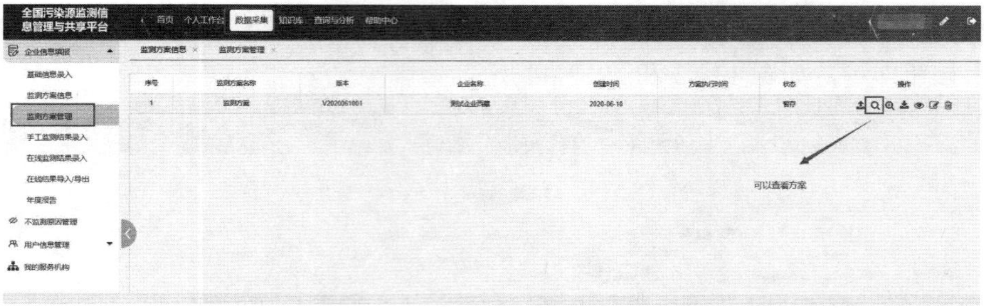

图 13-45　查看监测方案位置

进入监测方案查看信息页面后，点击右下方的【查看详情】按钮均可查看相应的详细信息，如图 13-46、图 13-47 所示。

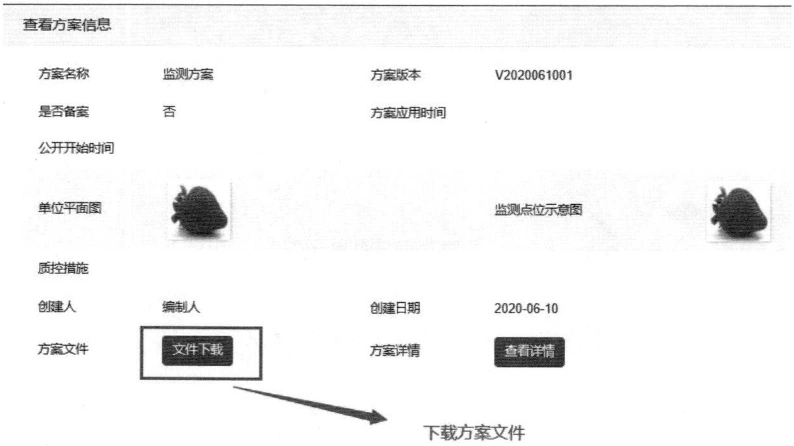

图 13-46　监测方案下载与查看

查看方案详情

污染源	排放设备	监测点	监测项目	依据类型	标准名称	限值	监测方式	监测频次	监测设备	监测方法
废气	废气排放设备1(MF0001)	废气监测点1(PQT0001)	二氧化硫	排污许可证	大气污染物综合排放标准	1200mg/m3	手工	1/天		
			液态VOCs物料	标准	挥发性有机物无组织排放控制标准	2000	手工	1/月		
废水	废水监测点1(DW001)		化学需氧量	标准	污水综合排放标准	500mg/L	手工	1/天		
无组织	无组织监测点1		NMHC	标准	挥发性有机物无组织排放控制标准	10mg/m3	手工	1/季度		
周边环境	周边环境监测点		工业企业厂界环境噪声	标准	工业企业厂界环境噪声排放标准	50;40dB	手工	1/天		
厂界噪声	厂界噪声监测点		氨氮（NH3-N）	标准	城镇污水处理厂污染物排放标准[国标]	8;15mg/L	手工	1/天		

图 13-47　监测方案内容查看

（2）修改

针对方案状态【未提交】的情况可以对方案进行修改，点击右侧的【修改】按钮，即可对方案进行修改，编辑页面的填写可参照 13.4.2.4 进行填写，如图 13-48 所示。

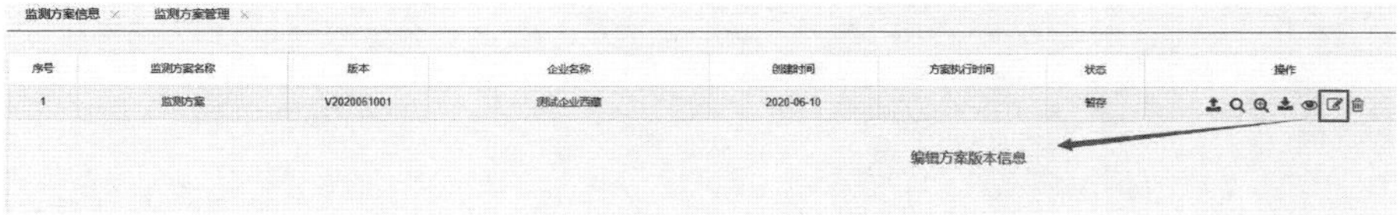

图 13-48　监测方案修改

（3）删除

针对方案状态【未提交】【审核失败】的情况可以对方案进行删除，点击右侧的【删除】按钮即可对方案进行删除，如图 13-49 所示。

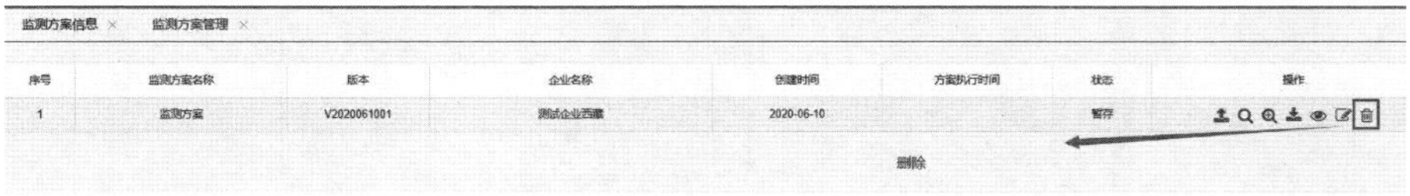

图 13-49　删除监测方案

（4）提交审核

针对方案状态【未提交】【审核失败】的情况可以对方案进行提交，点击右侧的提交按钮即可对方案进行提交，如图 13-50 所示。

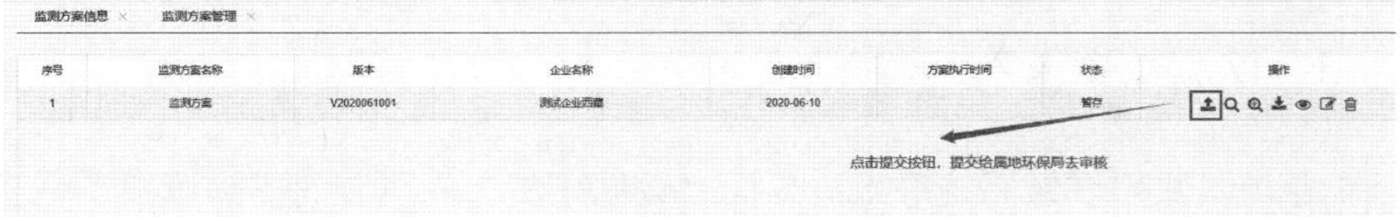

图 13-50　提交监测方案

（5）查看监测方案流程

查看监测方案流程如图 13-51 所示。

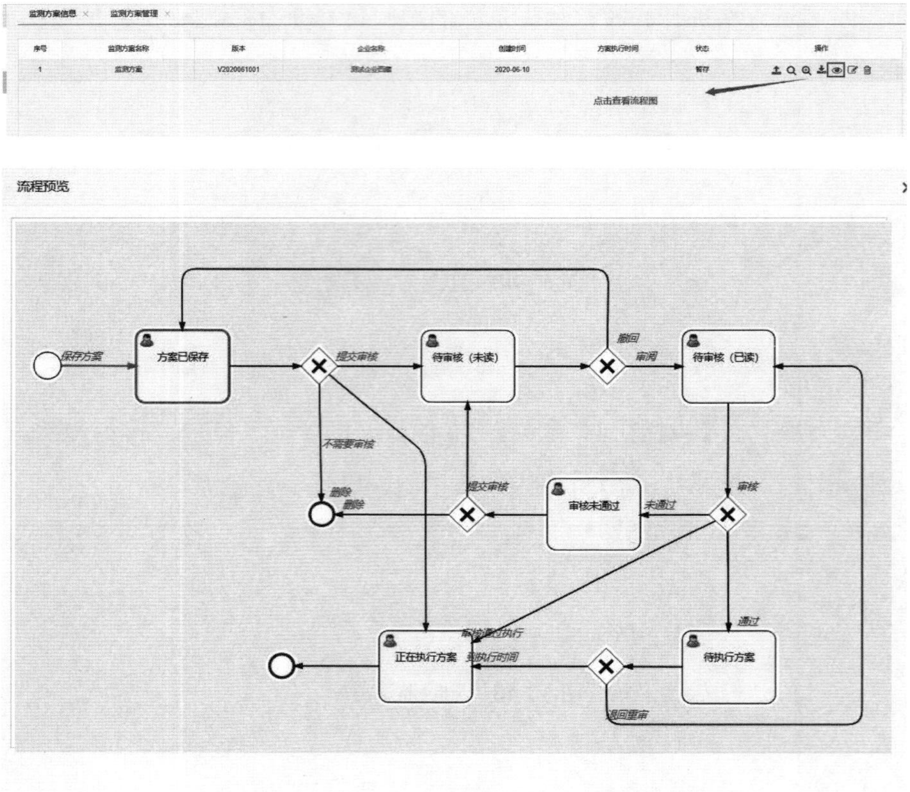

图 13-51　查看监测方案流程

13.4.3　监测数据录入

企业填报账户登录系统进入主界面“数据采集”→“企业信息填报”→“手工监测结果录入”。手工检测结果的录入是在方案审核完成之后，针对监测项目，监测方式为【手工】的，在“手工监测结果”中录入。

（1）录入手工监测结果

选择需要录入手工监测结果的采样日期，黄色代表未填报完成，绿色代表填报完成，橘色代表未填报完成且超期，红色矩形框代表有超标数据（图 13-52）。

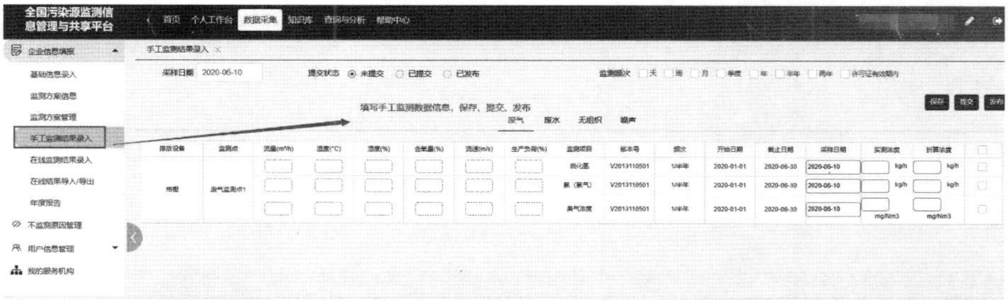

图 13-52　手工监测结果录入

企业选择完填报日期后，可选择不同的提交状态：【未提交】【已提交】【已发布】，下方会有【废水】【废气】【无组织】【周边环境】【噪声】中的一项或多项。

废水录入项有【监测点】【流量】【工作负荷】【监测项目】【频次单位】【频次】【截止日期】【监测结果】【备注原因】；

废气录入项有【排放设备】【监测点】【流量】【温度】【湿度】【含氧量】【流速】【生产负荷】【监测项目】等；

无组织录入项有【监测点】【风向】【风速】【温度】【压力】【监测项目】【频次单位】【频次】等。

周边环境录入项有【环境空气监测点】【湿度】【气温】【气压】【风速】【风向】【监测项目】【频次单位】等。

若录入的监测结果浓度超过标准值，文本所在输入框会变成红色，标识结果超标（图 13-53）。

（2）保存手工监测结果

此功能用于保存填报用户填完的手工监测结果，但不提交审核。只需在填报信息后，点击【保存】按钮，之前录入的信息即可进行保存，如图 13-54 所示。

图 13-53 手工监测结果超标提醒

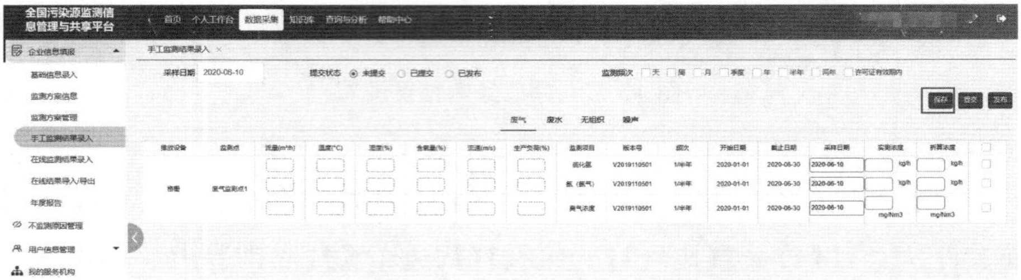

图 13-54 手工监测结果保存

（3）提交审核手工监测结果

此功能用于填报用户提交手工监测结果，针对需要提交的手工监测结果，在每条记录右侧或者全选框 ☐ 下进行勾选，再点击上方的【提交】按钮即可，如图 13-55 所示。

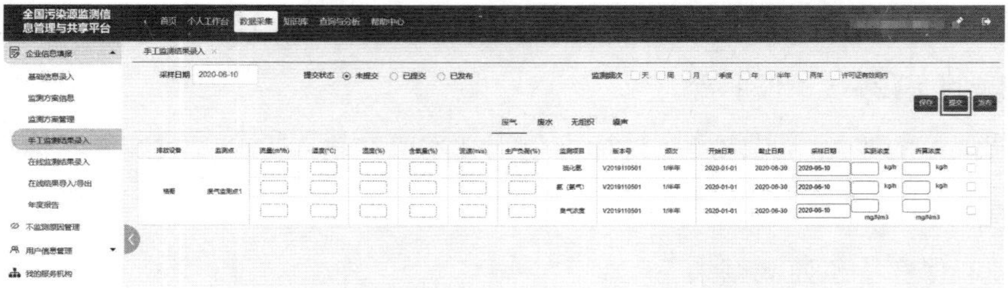

图 13-55 手工监测结果提交

（4）发布

此功能用于企业审核用户，对提交的手工监测结果进行发布处理。针对【提交状态】为【已提交】的手工监测结果，对需要发布的监测结果，在每条记录右侧或者全选框 ▭ 下进行勾选，然后点击【发布】按钮对其进行发布，如图 13-56 所示。

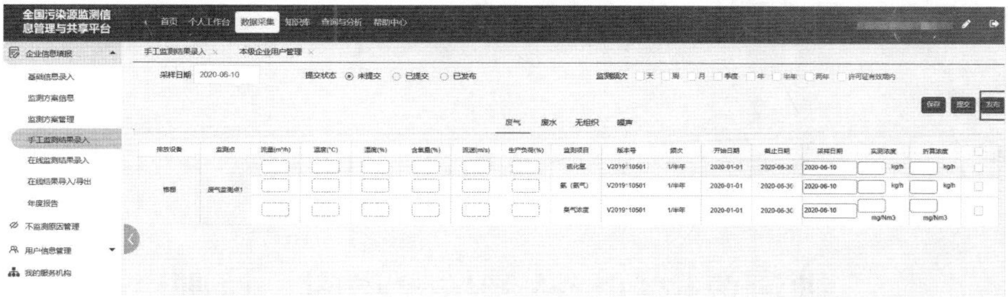

图 13-56　手工监测结果发布

（5）修改已发布数据

企业填报用户可以对已发布的手工数据进行修改，点击结果数据记录右侧的【修改】按钮即可修改数据信息，如图 13-57 所示。

图 13-57　修改已发布手工监测结果

附　录

附录 1

排污单位自行监测技术指南　总则

（HJ 819—2017）

前言

为落实《中华人民共和国环境保护法》《中华人民共和国大气污染防治法》《中华人民共和国水污染防治法》，指导和规范排污单位自行监测工作，制定本标准。

本标准提出了排污单位自行监测的一般要求、监测方案制定、监测质量保证和质量控制、信息记录和报告的基本内容和要求。

本标准为首次发布。

本标准由环境保护部环境监测司、科技标准司提出并组织制订。

本标准主要起草单位：中国环境监测总站。

本标准环境保护部 2017 年 4 月 25 日批准。

本标准自 2017 年 6 月 1 日起实施。

本标准由环境保护部解释。

1 适用范围

本标准提出了排污单位自行监测的一般要求、监测方案制定、监测质量保证和质量控制、信息记录和报告的基本内容和要求。

排污单位可参照本标准在生产运行阶段对其排放的水、气污染物，噪声以及对其周边环境质量影响开展监测。

本标准适用于无行业自行监测技术指南的排污单位；行业自行监测技术指南中未规定的内容按本标准执行。

2 规范性引用文件

本标准引用了下列文件或其中的条款。凡是未注明日期的引用文件，其最新版本适用于本标准。

GB 12348 工业企业厂界环境噪声排放标准

GB/T 16157 固定污染源排气中颗粒物测定与气态污染物采样方法

HJ 2.1 环境影响评价技术导则 总纲

HJ 2.2 环境影响评价技术导则 大气环境

HJ/T 2.3 环境影响评价技术导则 地面水环境

HJ 2.4 环境影响评价技术导则 声环境

HJ/T 55 大气污染物无组织排放监测技术导则

HJ/T 75 固定污染源烟气排放连续监测技术规范（试行）

HJ/T 76 固定污染源烟气排放连续监测系统技术要求及检测方法（试行）

HJ/T 91 地表水和污水监测技术规范

HJ/T 92 水污染物排放总量监测技术规范

HJ/T 164 地下水环境监测技术规范

HJ/T 166 土壤环境监测技术规范

HJ/T 194 环境空气质量手工监测技术规范

HJ/T 353　水污染源在线监测系统安装技术规范（试行）

HJ/T 354　水污染源在线监测系统验收技术规范（试行）

HJ/T 355　水污染源在线监测系统运行与考核技术规范（试行）

HJ/T 356　水污染源在线监测系统数据有效性判别技术规范（试行）

HJ/T 397　固定源废气监测技术规范

HJ 442　近岸海域环境监测规范

HJ 493　水质　样品的保存和管理技术规定

HJ 494　水质　采样技术指导

HJ 495　水质　采样方案设计技术规定

HJ 610　环境影响评价技术导则　地下水环境

HJ 733　泄漏和敞开液面排放的挥发性有机物检测技术导则

《企业事业单位环境信息公开办法》（环境保护部令　第 31 号）

《国家重点监控企业自行监测及信息公开办法（试行）》（环发〔2013〕81 号）

3　术语和定义

下列术语和定义适用于本标准。

3.1　自行监测　self-monitoring

指排污单位为掌握本单位的污染物排放状况及其对周边环境质量的影响等情况，按照相关法律法规和技术规范，组织开展的环境监测活动。

3.2　重点排污单位　key pollutant discharging entity

指由设区的市级及以上地方人民政府环境保护主管部门商有关部门确定的本行政区域内的重点排污单位。

3.3　外排口监测点位　emission site

指用于监测排污单位通过排放口向环境排放废气、废水（包括向公共污水处理系统排放废水）污染物状况的监测点位。

3.4 内部监测点位 internal monitoring site

指用于监测污染治理设施进口、污水处理厂进水等污染物状况的监测点位，或监测工艺过程中影响特定污染物产生排放的特征工艺参数的监测点位。

4 自行监测的一般要求

4.1 制定监测方案

排污单位应查清所有污染源，确定主要污染源及主要监测指标，制定监测方案。监测方案内容包括：单位基本情况、监测点位及示意图、监测指标、执行标准及其限值、监测频次、采样和样品保存方法、监测分析方法和仪器、质量保证与质量控制等。

新建排污单位应当在投入生产或使用并产生实际排污行为之前完成自行监测方案的编制及相关准备工作。

4.2 设置和维护监测设施

排污单位应按照规定设置满足开展监测所需要的监测设施。废水排放口，废气（采样）监测平台、监测断面和监测孔的设置应符合监测规范要求。监测平台应便于开展监测活动，应能保证监测人员的安全。

废水排放量大于 100 t/d 的，应安装自动测流设施并开展流量自动监测。

4.3 开展自行监测

排污单位应按照最新的监测方案开展监测活动，可根据自身条件和能力，利用自有人员、场所和设备自行监测；也可委托其他有资质的检（监）测机构代其开展自行监测。

持有排污许可证的企业自行监测年度报告内容可以在排污许可证年度执行报告中体现。

4.4 做好监测质量保证与质量控制

排污单位应建立自行监测质量管理制度，按照相关技术规范要求做好监测质量保证与质量控制。

4.5 记录和保存监测数据

排污单位应做好与监测相关的数据记录，按照规定进行保存，并依据相关法规向社会公开监测结果。

5 监测方案制定

5.1 监测内容

5.1.1 污染物排放监测

包括废气污染物（以有组织或无组织形式排入环境）、废水污染物（直接排入环境或排入公共污水处理系统）及噪声污染等。

5.1.2 周边环境质量影响监测

污染物排放标准、环境影响评价文件及其批复或其他环境管理有明确要求的，排污单位应按照要求对其周边相应的空气、地表水、地下水、土壤等环境质量开展监测；其他排污单位根据实际情况确定是否开展周边环境质量影响监测。

5.1.3 关键工艺参数监测

在某些情况下，可以通过对与污染物产生和排放密切相关的关键工艺参数进行测试以补充污染物排放监测。

5.1.4 污染治理设施处理效果监测

若污染物排放标准等环境管理文件对污染治理设施有特别要求的，或排污单位认为有必要的，应对污染治理设施处理效果进行监测。

5.2 废气排放监测

5.2.1 有组织排放监测

5.2.1.1 确定主要污染源和主要排放口

符合以下条件的废气污染源为主要污染源：

a）单台出力 14 MW 或 20 t/h 及以上的各种燃料的锅炉和燃气轮机组；

b）重点行业的工业炉窑（水泥窑、炼焦炉、熔炼炉、焚烧炉、熔化炉、铁矿烧结炉、加热炉、热处理炉、石灰窑等）；

c）化工类生产工序的反应设备（化学反应器/塔、蒸馏/蒸发/萃取设备等）；

d）其他与上述所列相当的污染源。

符合以下条件的废气排放口为主要排放口：

a）主要污染源的废气排放口；

b）“排污许可证申请与核发技术规范”确定的主要排放口；

c）对于多个污染源共用一个排放口的，凡涉及主要污染源的排放口均为主要排放口。

5.2.1.2 监测点位

a）外排口监测点位：点位设置应满足 GB/T 16157、HJ 75 等技术规范的要求。净烟气与原烟气混合排放的，应在排气筒，或烟气汇合后的混合烟道上设置监测点位；净烟气直接排放的，应在净烟气烟道上设置监测点位，有旁路的旁路烟道也应设置监测点位。

b）内部监测点位设置：当污染物排放标准中有污染物处理效果要求时，应在进入相应污染物处理设施单元的进出口设置监测点位。当环境管理文件有要求，或排污单位认为有必要的，可设置开展相应监测内容的内部监测点位。

5.2.1.3 监测指标

各外排口监测点位的监测指标应至少包括所执行的国家或地方污染物排放（控制）标准、环境影响评价文件及其批复、排污许可证等相关管理规定明确要求的污染物指标。排污单位还应根据生产过程的原辅用料、生产工艺、中间及最终产品，确定是否排放纳入相关有毒有害或优先控制污染物名录中的污染物指标，或其他有毒污染物指标，这些指标也应纳入监测指标。

对于主要排放口监测点位的监测指标，符合以下条件的为主要监测指标：

a）二氧化硫、氮氧化物、颗粒物（或烟尘/粉尘）、挥发性有机物中排放量较大的污染物指标；

b）能在环境或动植物体内积蓄对人类产生长远不良影响的有毒污染物指标（存在有毒有害或优先控制污染物相关名录的，以名录中的污染物指标为准）；

c）排污单位所在区域环境质量超标的污染物指标。

内部监测点位的监测指标根据点位设置的主要目的确定。

5.2.1.4 监测频次

a）确定监测频次的基本原则

排污单位应在满足本标准要求的基础上，遵循以下原则确定各监测点位不同监测指标的监测频次：

1）不应低于国家或地方发布的标准、规范性文件、规划、环境影响评价文件及其批复等明确规定的监测频次；

2）主要排放口的监测频次高于非主要排放口；

3）主要监测指标的监测频次高于其他监测指标；

4）排向敏感地区的应适当增加监测频次；

5）排放状况波动大的，应适当增加监测频次；

6）历史稳定达标状况较差的需增加监测频次，达标状况良好的可以适当降低监测频次；

7）监测成本应与排污企业自身能力相一致，尽量避免重复监测。

b）原则上，外排口监测点位最低监测频次按照表 1 执行。废气烟气参数和污染物浓度应同步监测。

表1 废气监测指标的最低监测频次

排污单位级别	主要排放口		其他排放口的监测指标
	主要监测指标	其他监测指标	
重点排污单位	月—季度	半年—年	半年—年
非重点排污单位	半年—年	年	年

注：为最低监测频次的范围，分行业排污单位自行监测技术指南中依据此原则确定各监测指标的最低监测频次。

c）内部监测点位的监测频次根据该监测点位设置目的、结果评价的需要、补充监测结果的需要等进行确定。

5.2.1.5 监测技术

监测技术包括手工监测、自动监测两种，排污单位可根据监测成本、监测指标以及监测频次等内容，合理选择适当的监测技术。

对于相关管理规定要求采用自动监测的指标，应采用自动监测技术；对于监测频次高、自动监测技术成熟的监测指标，应优先选用自动监测技术；其他监测指标，可选用手工监测技术。

5.2.1.6 采样方法

废气手工采样方法的选择参照相关污染物排放标准及 GB/T 16157、HJ/T 397 等执行。废气自动监测参照 HJ/T 75、HJ/T 76 执行。

5.2.1.7 监测分析方法

监测分析方法的选用应充分考虑相关排放标准的规定、排污单位的排放特点、污染物排放浓度的高低、所采用监测分析方法的检出限和干扰等因素。

监测分析方法应优先选用所执行的排放标准中规定的方法。选用其他国家、行业标准方法的，方法的主要特性参数（包括检出下限、精密度、准确度、干扰消除等）需符合标准要求。尚无国家和行业标准分析方法的，或采用国家和行业标准方法不能得到合格测定数据的，可选用其他方法，但必须做方法验证和对比实验，证明该方法主要特性参数的可靠性。

5.2.2 无组织排放监测

5.2.2.1 监测点位

存在废气无组织排放源的，应设置无组织排放监测点位，具体要求按相关污染物排放标准及 HJ/T 55、HJ 733 等执行。

5.2.2.2 监测指标

按本标准 5.2.1.3 执行。

5.2.2.3 监测频次

钢铁、水泥、焦化、石油加工、有色金属冶炼、采矿业等无组织废气排放较重的污染源，无组织废气每季度至少开展一次监测；其他涉及无组织废气排放的污染源每年至少开展一次监测。

5.2.2.4 监测技术

按本标准 5.2.1.5 执行。

5.2.2.5 采样方法

参照相关污染物排放标准及 HJ/T 55、HJ 733 执行。

5.2.2.6 监测分析方法

按本标准 5.2.1.7 执行。

5.3 废水排放监测

5.3.1 监测点位

5.3.1.1 外排口监测点位

在污染物排放标准规定的监控位置设置监测点位。

5.3.1.2 内部监测点位

按本标准 5.2.1.2 b）执行。

5.3.2 监测指标

符合以下条件的为各废水外排口监测点位的主要监测指标：

a）化学需氧量、五日生化需氧量、氨氮、总磷、总氮、悬浮物、石油类中排放量较大的污染物指标；

b)污染物排放标准中规定的监控位置为车间或生产设施废水排放口的污染物指标，以及有毒有害或优先控制污染物相关名录中的污染物指标；

c）排污单位所在流域环境质量超标的污染物指标。

其他要求按本标准 5.2.1.3 执行。

5.3.3 监测频次

5.3.3.1 监测频次确定的基本原则

按本标准 5.2.1.4 a）执行。

5.3.3.2 原则上，外排口监测点位最低监测频次按照表 2 执行。各排放口废水流量和污染物浓度同步监测。

表 2 废水监测指标的最低监测频次

排污单位级别	主要监测指标	其他监测指标
重点排污单位	日—月	季度—半年
非重点排污单位	季度	年

注：为最低监测频次的范围，在行业排污单位自行监测技术指南中依据此原则确定各监测指标的最低监测频次。

5.3.3.3 内部监测点位监测频次

按本标准 5.2.1.4 c）执行。

5.3.4 监测技术

按本标准 5.2.1.5 执行。

5.3.5 采样方法

废水手工采样方法的选择参照相关污染物排放标准及 HJ/T 91、HJ/T 92、HJ 493、HJ 494、HJ 495 等执行，根据监测指标的特点确定采样方法为混合采样方法或瞬时采样的方法，单次监测采样频次按相关污染物排放标准和 HJ/T 91 执行。污水自动监测采样方法参照 HJ/T 353、HJ/T 354、HJ/T 355、HJ/T 356 执行。

5.3.6 监测分析方法

按本标准 5.2.1.7 执行。

5.4 厂界环境噪声监测

5.4.1 监测点位

5.4.1.1 厂界环境噪声的监测点位置具体要求按 GB 12348 执行。

5.4.1.2 噪声布点应遵循以下原则：

a）根据厂内主要噪声源距厂界位置布点；

b）根据厂界周围敏感目标布点；

c）“厂中厂”是否需要监测根据内部和外围排污单位协商确定；

d）面临海洋、大江、大河的厂界原则上不布点；

e）厂界紧邻交通干线不布点；

f）厂界紧邻另一排污单位的，在临近另一排污单位侧是否布点由排污单位协商确定。

5.4.2 监测频次

厂界环境噪声每季度至少开展一次监测，夜间生产的要监测夜间噪声。

5.5 周边环境质量影响监测

5.5.1 监测点位

排污单位厂界周边的土壤、地表水、地下水、大气等环境质量影响监测点位参照排污单位环境影响评价文件及其批复及其他环境管理要求设置。

如环境影响评价文件及其批复及其他文件中均未作出要求，排污单位需要开展周边环境质量影响监测的，环境质量影响监测点位设置的原则和方法参照 HJ 2.1、HJ 2.2、HJ/T 2.3、HJ 2.4、HJ 610 等规定。各类环境影响监测点位设置按照 HJ/T 91、HJ/T 164、HJ 442、HJ/T 194、HJ/T 166 等执行。

5.5.2 监测指标

周边环境质量影响监测点位监测指标参照排污单位环境影响评价文件及其批复等管理文件的要求执行，或根据排放的污染物对环境的影响确定。

5.5.3 监测频次

若环境影响评价文件及其批复等管理文件有明确要求的，排污单位周边环境质量监测频次按照要求执行。

否则，涉水重点排污单位地表水每年丰、平、枯水期至少各监测一次，涉气重点排污单位空气质量每半年至少监测一次，涉重金属、难降解类有机污染物等重点排污单位土壤、地下水每年至少监测一次。发生突发环境事故对周边环境质量造成明显影响的，或周边环境质量相关污染物超标的，应适当增加监测频次。

5.5.4 监测技术

按本标准 5.2.1.5 执行。

5.5.5 采样方法

周边水环境质量监测点采样方法参照 HJ/T 91、HJ/T 164、HJ 442 等执行。

周边大气环境质量监测点采样方法参照 HJ/T 194 等执行。

周边土壤环境质量监测点采样方法参照 HJ/T 166 等执行。

5.5.6 监测分析方法

按本标准 5.2.1.7 执行。

5.6 监测方案的描述

5.6.1 监测点位的描述

所有监测点位均应在监测方案中通过语言描述、图形示意等形式明确体现。描述内容包括监测点位的平面位置及污染物的排放去向等。废水监测点需明确其所在废水排放口、对应的废水处理工艺，废气排放监测点位需明确其在排放烟道的位置分布、对应的污染源及处理设施。

5.6.2 监测指标的描述

所有监测指标采用表格、语言描述等形式明确体现。监测指标应与监测点位相对应，监测指标内容包括每个监测点位应监测的指标名称、排放限值、排放限值的来源（如标准名称、编号）等。

国家或地方污染物排放（控制）标准、环境影响评价文件及其批复、排污许可证中的污染物，如排污单位确认未排放，监测方案中应明确注明。

5.6.3　监测频次的描述

监测频次应与监测点位、监测指标相对应，每个监测点位的每项监测指标的监测频次都应详细注明。

5.6.4　采样方法的描述

对每项监测指标都应注明其选用的采样方法。废水采集混合样品的，应注明混合样采样个数。废气非连续采样的，应注明每次采集的样品个数。废气颗粒物采样，应注明每个监测点位设置的采样孔和采样点个数。

5.6.5　监测分析方法的描述

对每项监测指标都应注明其选用的监测分析方法名称、来源依据、检出限等内容。

5.7　监测方案的变更

当有以下情况发生时，应变更监测方案：

a）执行的排放标准发生变化；

b）排放口位置、监测点位、监测指标、监测频次、监测技术任一项内容发生变化；

c）污染源、生产工艺或处理设施发生变化。

6　监测质量保证与质量控制

排污单位应建立并实施质量保证与控制措施方案，以自证自行监测数据的质量。

6.1　建立质量体系

排污单位应根据本单位自行监测的工作需求，设置监测机构，梳理监测方案制定、样品采集、样品分析、监测结果报出、样品留存、相关记录的保存等监测的各个环节中，为保证监测工作质量应制定的工作流程、管理措施与监督措施，建立自行监测质量体系。

质量体系应包括对以下内容的具体描述：监测机构，人员，出具监测数据所需仪器设备，监测辅助设施和实验室环境，监测方法技术能力验证，监测活动质量控制与质量保证等。

委托其他有资质的检（监）测机构代其开展自行监测的，排污单位不用建立监测质量体系，但应对检（监）测机构的资质进行确认。

6.2 监测机构

监测机构应具有与监测任务相适应的技术人员、仪器设备和实验室环境，明确监测人员和管理人员的职责、权限和相互关系，有适当的措施和程序保证监测结果准确可靠。

6.3 监测人员

应配备数量充足、技术水平满足工作要求的技术人员，规范监测人员录用、培训教育和能力确认/考核等活动，建立人员档案，并对监测人员实施监督和管理，规避人员因素对监测数据正确性和可靠性的影响。

6.4 监测设施和环境

根据仪器使用说明书、监测方法和规范等的要求，配备必要的如除湿机、空调、干湿度温度计等辅助设施，以使监测工作场所条件得到有效控制。

6.5 监测仪器设备和实验试剂

应配备数量充足、技术指标符合相关监测方法要求的各类监测仪器设备、标准物质和实验试剂。

监测仪器性能应符合相应方法标准或技术规范要求，根据仪器性能实施自校准或者检定/校准、运行和维护、定期检查。

标准物质、试剂、耗材的购买和使用情况应建立台账予以记录。

6.6 监测方法技术能力验证

应组织监测人员按照其所承担监测指标的方法步骤开展实验活动，测试方法的检出浓度、校准（工作）曲线的相关性、精密度和准确度等指标，实验结果满足方法相应的规定以后，方可确认该人员实际操作技能满足工作需求，能够承担测试工作。

6.7 监测质量控制

编制监测工作质量控制计划，选择与监测活动类型和工作量相适应的质控方法，包括使用标准物质、采用空白试验、平行样测定、加标回收率测定等，定期进行质控数据分析。

6.8 监测质量保证

按照监测方法和技术规范的要求开展监测活动，若存在相关标准规定不明确但又影响监测数据质量的活动，可编写《作业指导书》予以明确。

编制工作流程等相关技术规定，规定任务下达和实施，分析用仪器设备购买、验收、维护和维修，监测结果的审核签发、监测结果录入发布等工作的责任人和完成时限，确保监测各环节无缝衔接。

设计记录表格，对监测过程的关键信息予以记录并存档。

定期对自行监测工作开展的时效性、自行监测数据的代表性和准确性、管理部门检查结论和公众对自行监测数据的反馈等情况进行评估，识别自行监测存在的问题，及时采取纠正措施。管理部门执法监测与排污单位自行监测数据不一致的，以管理部门执法监测结果为准，作为判断污染物排放是否达标、自动监测设施是否正常运行的依据。

7 信息记录和报告

7.1 信息记录

7.1.1 手工监测的记录

7.1.1.1 采样记录：采样日期、采样时间、采样点位、混合取样的样品数量、采样器名称、采样人姓名等。

7.1.1.2 样品保存和交接：样品保存方式、样品传输交接记录。

7.1.1.3 样品分析记录：分析日期、样品处理方式、分析方法、质控措施、分析结果、分析人姓名等。

7.1.1.4 质控记录：质控结果报告单。

7.1.2 自动监测运维记录

包括自动监测系统运行状况、系统辅助设备运行状况、系统校准、校验工作等；仪器说明书及相关标准规范中规定的其他检查项目；校准、维护保养、维修记录等。

7.1.3 生产和污染治理设施运行状况

记录监测期间企业及各主要生产设施（至少涵盖废气主要污染源相关生产设施）运行状况（包括停机、启动情况）、产品产量、主要原辅料使用量、取水量、主要燃料消耗量、燃料主要成分、污染治理设施主要运行状态参数、污染治理主要药剂消耗情况等。日常生产中上述信息也需整理成台账保存备查。

7.1.4 固体废物（危险废物）产生与处理状况

记录监测期间各类固体废物和危险废物的产生量、综合利用量、处置量、贮存量、倾倒丢弃量，危险废物还应详细记录其具体去向。

7.2 信息报告

排污单位应编写自行监测年度报告，年度报告至少应包含以下内容：

a）监测方案的调整变化情况及变更原因；

b）企业及各主要生产设施（至少涵盖废气主要污染源相关生产设施）全年运行天数，各监测点、各监测指标全年监测次数、超标情况、浓度分布情况；

c）按要求开展的周边环境质量影响状况监测结果；

d）自行监测开展的其他情况说明；

e）排污单位实现达标排放所采取的主要措施。

7.3 应急报告

监测结果出现超标的，排污单位应加密监测，并检查超标原因。短期内无法实现稳定达标排放的，应向环境保护主管部门提交事故分析报告，说明事故发生的原因，采取减轻或防止污染的措施，以及今后的预防及改进措施等；若因发生事故或者其他突发事件，排放的污水可能危及城镇排水与污水处理设施安全运行的，应当立即采取措施消除危害，并及时向城镇排水主管部门和环境保护主管部门等有关部门报告。

7.4 信息公开

排污单位自行监测信息公开内容及方式按照《企业事业单位环境信息公开办法》及《国家重点监控企业自行监测及信息公开办法（试行）》执行。非重点排污单位的信息公开要求由地方环境保护主管部门确定。

8 监测管理

排污单位对其自行监测结果及信息公开内容的真实性、准确性、完整性负责。

排污单位应积极配合并接受环境保护行政主管部门的日常监督管理。

附录 2

排污单位自行监测技术指南　电镀工业

（HJ 985—2018）

前言

为落实《中华人民共和国环境保护法》《中华人民共和国水污染防治法》《中华人民共和国大气污染防治法》《排污许可管理办法（试行）》，指导和规范电镀工业排污单位以及专门处理电镀废水的集中式污水处理厂自行监测工作，制定本标准。

本标准提出了电镀工业排污单位以及专门处理电镀废水的集中式污水处理厂自行监测的一般要求、监测方案制定、信息记录和报告的基本内容和要求。

本标准为首次发布。

本标准由生态环境部提出并组织制订。

本标准主要起草单位：中国环境监测总站、江苏省环境监测中心、厦门市环境监测中心站。

本标准生态环境部 2018 年 12 月 4 日批准。

本标准自 2019 年 3 月 1 日起实施。

本标准由生态环境部解释。

1 适用范围

本标准规定了电镀工业排污单位以及专门处理电镀废水的集中式污水处理厂自行监测的一般要求、监测方案制定、信息记录和报告的基本内容及要求。

本标准适用于电镀工业排污单位以及专门处理电镀废水的集中式污水处理厂，对其在生产运行时排放的水、气污染物，噪声以及对周边环境质量影响开展自行监测。

自备火力发电机组（厂）、配套动力锅炉的自行监测要求按照《排污单位自行监测技术指南　火力发电及锅炉》（HJ 820）执行。

2 规范性引用文件

本标准引用了下列文件或其中的条款。凡是未注明日期的引用文件，其最新版本适用于本标准。

GB 14554　恶臭污染物排放标准

GB 21900　电镀污染物排放标准

HJ/T 91.1　污水监测技术规范

HJ/T 164　地下水环境监测技术规范

HJ/T 166　土壤环境监测技术规范

HJ 819　排污单位自行监测技术指南　总则

HJ 820　排污单位自行监测技术指南　火力发电及锅炉

HJ 855　排污许可证申请与核发技术规范　电镀工业

《国家危险废物名录》（环境保护部令 第 39 号）

3 术语和定义

GB 21900 界定的以及下列术语和定义适用于本标准。

3.1 电镀工业排污单位 electroplating industry pollutant emission unit

指有电镀、化学镀、化学转化膜等生产工序和设施的排污单位，包括专业电镀排污单位和有电镀工序的排污单位。

3.2 专门处理电镀废水的集中式污水处理厂 centralized sewage treatment plant specially treated with electroplating wastewater

指位于电镀集中区内并拥有专门处理电镀废水集中处理设施的单位。

4 自行监测的一般要求

排污单位应查清本单位的污染源、污染物指标及潜在的环境影响，制定监测方案，设置和维护监测设施，按照监测方案开展自行监测，做好质量保证和质量控制，记录和保存监测数据，依法向社会公开监测结果。

5 监测方案制定

5.1 废水排放监测

5.1.1 监测点位

电镀工业排污单位须在废水总排放口，以及排放总铬、六价铬、总镍、总镉、总银、总铅、总汞相应的车间或生产设施排放口设置监测点位。

专门处理电镀废水的集中式污水处理厂须在废水总排放口，以及排放总铬、六价铬、总镍、总镉、总银、总铅、总汞相应的车间或生产设施排放口设置监测点位。

5.1.2 监测指标与频次

电镀工业排污单位的废水排放口监测指标及最低监测频次按照附表 2-1 执行。

附表 2-1　电镀工业排污单位废水监测指标最低监测频次

监测点位	监测指标	监测频次
车间或生产设施排放口	流量	自动监测
	总铬、六价铬、总镍、总镉、总银、总铅、总汞	日[a]
废水总排放口	流量	自动监测
	pH、化学需氧量、总氰化物、总铜、总锌	日
	总磷、总氮	月（日[a]）
	总铁、总铝、氨氮、氟化物、悬浮物、石油类	月
雨水排放口[b]	pH、悬浮物	日

注：1. 根据原辅料使用等实际生产情况，确定具体的重金属监测指标。

2. 设区的市级及以上环保主管部门明确要求安装自动监测设备的污染物指标，须采取自动监测。

[a] 总氮/总磷实施总量控制的区域，总氮/总磷最低监测频次按日执行。

[b] 雨水排放口有流动水排放时按日监测。若监测一年无异常情况，可放宽至每季度开展一次监测。

专门处理电镀废水的集中式污水处理厂的车间或生产设施排放口以及废水总排放口的监测指标及最低监测频次按照附表 2-2 执行。

附表 2-2　专门处理电镀废水的集中式污水处理厂废水监测指标最低监测频次

监测点位	监测指标	监测频次
车间或生产设施排放口[a]	流量	自动监测
	总铬、六价铬、总镍、总镉、总银、总铅、总汞	日
废水总排放口	流量、pH、化学需氧量	自动监测
	氨氮、总氮、总磷、总氰化物、总铜、总锌	日
	总铁、总铝、氟化物、悬浮物、石油类	月

注：1. 根据专门处理电镀废水的集中式污水处理厂上游企业排放废水涉及的污染物指标，确定应开展监测的金属指标。

2. 设区的市级及以上环保主管部门明确要求安装自动监测设备的污染物指标，须采取自动监测。

[a] 车间或生产设施排放口指含总铬、六价铬、总镍、总镉、总银、总铅、总汞废水分质处理的特定处理单元出水口（与其他废水混合前）。

5.2 废气排放监测

5.2.1 有组织废气排放监测点位、指标与频次

电镀工业排污单位的废气排放口监测指标及最低监测频次按照附表 2-3 执行。

附表 2-3 电镀工业排污单位废气监测指标最低监测频次

监测点位	监测指标	监测频次
酸碱废气排气筒	氯化氢、氮氧化物、硫酸雾、氟化物	半年
铬酸雾废气排气筒	铬酸雾	半年
含氰废气排气筒	氰化氢	半年
粉尘废气排气筒	颗粒物	半年

注：1. 2015 年 1 月 1 日（含）后取得环境影响评价批复的排污单位根据环境影响评价文件及其批复，以及实际生产情况等，确定具体的监测指标。

2. 排气筒废气监测要同步监测烟气参数。

3. 监测结果超标的，应增加相应指标的监测频次。

5.2.2 无组织废气排放监测点位、指标与频次

电镀工业排污单位无组织废气排放监测点位设置、监测指标及最低监测频次按照附表 2-4 执行。

附表 2-4 专业电镀企业无组织废气监测指标最低监测频次

监测点位	监测指标	监测频次
厂界	氯化氢、铬酸雾、硫酸雾、氰化氢、氟化物	年

注：1. 根据有组织废气排放情况，确定具体的监测指标。

2. 监测结果超标的，应增加相应指标的监测频次。

3. 若周边有敏感点，应适当增加监测频次。

专门处理电镀废水的集中式污水处理厂无组织废气排放监测点位设置、监测指标及最低监测频次按照附表 2-5 执行。

附表 2-5 专门处理电镀废水的集中式污水处理厂无组织废气监测指标最低监测频次

监测点位	监测指标	监测频次
厂界	臭气浓度[a]	年

注：[a] 2015 年 1 月 1 日（含）后取得环境影响评价批复的排污单位还应根据环境影响评价文件及其批复或其他环境管理要求确定是否监测 GB 14554 中的其他恶臭污染物。

5.3 厂界环境噪声监测

厂界环境噪声监测点位设置应遵循 HJ 819 中的原则，主要考虑噪声源在厂区内的分布情况和周边环境敏感点的位置。厂界环境噪声每季度至少开展一次昼夜监测，监测指标为等效 A 声级。周边有敏感点的，应提高监测频次。

5.4 周边环境质量影响监测

5.4.1 环境影响评价文件及其批复［仅限 2015 年 1 月 1 日（含）后取得的环境影响评价批复］、相关环境管理政策有明确要求的，按要求执行。

5.4.2 无明确要求的，排污单位可根据实际情况对周边地表水及沉积物、地下水和土壤开展监测。按照 HJ/T 91、HJ/T 164、HJ/T 166 及受纳水体环境管理要求设置地表水及沉积物、地下水和土壤监测点位，监测指标及最低监测频次按照附表 2-6 执行。

附表 2-6 周边环境质量影响监测指标及最低监测频次

目标环境	监测指标	监测频次
地表水	pH、总铬、六价铬、总镍、总镉、总银、总铅、总汞、总铜、总锌等	季度
地表水体沉积物	pH、总铬、总镍、总镉、总银、总铅、总汞、总铜、总锌等	年
地下水[a]	水位、pH、高锰酸盐指数、氰化物、总铬、六价铬、总铜、总锌、总镍、总铁等	年
土壤[a]	pH、总铬、总镍、总镉、总银、总铅、总汞、总铜、总锌等	年

注：根据原辅料使用等实际生产情况，确定具体的重金属监测指标。

[a] 厂界内的地下水和土壤监测按照相关技术规范和管理要求开展。

5.5 其他要求

5.5.1 除附表 2-1～附表 2-5 中的监测指标外，5.5.1.1 和 5.5.1.2 中的污染物指标也应纳入监测指标范围，并参照附表 2-1～附表 2-5 和 HJ 819 确定监测频次。

5.5.1.1 排污许可证、所执行的污染物排放（控制）标准、环境影响评价文件及其批复［仅限 2015 年 1 月 1 日（含）后取得的环境影响评价批复］、相关环境管理规定明确要求监测的污染物指标。

5.5.1.2 排污单位根据生产过程的原辅用料、生产工艺、中间及最终产品类型、监测结果确定实际排放的，在有毒有害或优先控制污染物相关名录中的污染物指标，或其他有毒污染物指标。

5.5.2 各指标的监测频次在满足本标准的基础上，可根据 HJ 819 中监测频次的确定原则提高监测频次。

5.5.3 采样方法、监测分析方法、监测质量保证与质量控制等按照 HJ 819 执行。

5.5.4 监测方案的描述、变更按照 HJ 819 执行。

6 信息记录和报告

6.1 信息记录

6.1.1 监测信息记录

手工监测的记录和自动监测运维记录按照 HJ 819 执行。

6.1.2 生产和污染治理设施运行状况信息记录

详细记录电镀工业排污单位及专门处理电镀废水的集中式污水处理厂的以下生产及污染治理设施运行状况，日常生产中也应参照以下内容记录相关信息，并整理成台账保存备查。

6.1.2.1 生产运行状况记录

记录电镀生产设施运行、停运状态。根据批次按生产线记录以下内容：

a）镀种、工艺类型、运行时间；

b）电镀液主要成分、浓度、使用量及消耗量、温度、pH；

c）辅料使用量和消耗量、纯水使用量；

d）镀种加工面积、镀层厚度等。

6.1.2.2 污染治理设施运行状况记录

（1）污水处理设施：接管到专门处理电镀废水的集中式污水处理厂的电镀工业排污单位，按含铬废水、含氰废水、酸碱废水等“分质收集”，分别记录废水排放量；专门处理电镀废水的集中式污水处理厂及自行处理废水的电镀工业排污单位，按照“分质收集”原则，分别记录相应电镀废水处理设施开停机时间、运行时间，并按日记录污水处理量、中水回用率、污水排放量、污泥产生量（记录含水率）、污水处理使用的药剂名称及用量、用电量等。

（2）废气处理设施：根据批次按生产线记录电镀废气处理设施开停机时间、废气处理液 pH、废气排放时间及排放量等，并按月记录废气处理使用的药剂名称及消耗量。

6.1.3 工业固体废物记录

记录一般工业固体废物和危险废物的产生量、综合利用量、处置量、贮存量，危险废物还应记录其具体去向。原料或辅助工序中产生的其他危险废物的情况也应记录。

附表 2-7 一般工业固体废物及危险废物来源

类别	来源	种类
一般工业固体废物	生产车间	废包装物、热镀锌锌灰、锌渣等，生活垃圾
危险废物	生产车间、废水/废气处理设施	槽液过滤产生的废渣、废弃槽液、废退镀液，废活性炭、废反渗透膜、废树脂、脱脂油泥、接触危险废物的弃用劳保用品及包装物、电镀污泥等
	专门处理电镀废水的集中式污水处理厂	电镀废水处理污泥，废水手工监测时产生的废水、废试剂等

注：其他可能产生的危险废物按照《国家危险废物名录》或国家规定的危险废物鉴别标准和鉴别方法认定。

6.2 信息报告、应急报告、信息公开

按照 HJ 819 执行。

7 其他

排污单位应如实记录手工监测期间的工况（包括生产负荷、污染治理设施运行情况等），确保监测数据具有代表性。

本标准规定的内容外，按 HJ 819 执行。

附录 3

自行监测质量控制相关模板和样表

附录 3-1 检测工作程序（样式）

1 目的

对检测任务的下达、检测方案的制定、采样器皿和试剂的准备、样品采集和现场检测、实验室内样品分析，以及测试原始积累的填写等各个环节实施有效的质量控制，保证检测结果的代表性、准确性。

2 适用范围

适用于本单位实施的检测工作。

3 职责

3.1 ×××负责下达检测任务。

3.2 ×××负责根据检测目的、排放标准、相关技术规范和管理要求制定检测方案（某些企业的检测方案是环保部门发放许可证时已经完成技术审查的，在一定时间段内执行即可，不必在每次检测任务均制定检测方案）。

3.3 ×××负责实施需现场检测的项目，×××采集样品并记录采集样品的时间、地点、状态等参数，并做好样品的标识，×××负责样品流转过程中的质量控制，负责将样品移交给样品接收人员。

3.4 ×××负责接收送检样品，在接收送检样品时，对样品的完整性和对应检测要求的适宜性进行验收，并将样品分发到相应分析任务承担人员。（如果没有集中接样后，在由接样人员分发样品到分析人员的制度设计，这一步骤可以省略。）

3.5 ×××负责本人承担项目样品的接收、保管和分析。

4 工作程序

4.1 方案制定

×××负责根据检测目的、排放标准、相关技术规范和环境管理要求，制定检测方案，明确检测内容、频次，各任务执行人，使用的检测方法、采用的检测仪器，以及采取的质控措施。经×××审核、×××批准后实施该检测方案。

4.2 现场检测和样品采集

×××采样人员根据检测方案要求，按国家有关的标准、规范到现场进行现场检测和样品采集，记录现场检测结果相关的信息，以及生产工况。样品采集后，按规定建立样品的唯一标识，填写采样过程质保单和采样记录。必要时，受检部门有关人员应在采样原始记录上签字认可。

4.3 样品的流转

采样人员送检样品时，由接样人员认真检查样品表观、编号、采样量等信息是否与采样记录相符合，确认样品量是否能满足检测项目要求，采样人员和接样人员双方签字认可（如果没有集中接样后，在由接样人员分发样品到分析人员的制度设计，这一步骤可以省略）。

分析人员在接收样品时，应认真查看和验收样品表观、编号、采样量等信息是否与采样记录相符合，并核实样品交接记录，分析人员确认无误后在样品交接单签字。

4.4 样品的管理

样品应妥善存放在专用且适宜的样品保存场所，分析人员应准确标识样品所处的实验状态，用“待测”“在测”和“测毕”标签加以区别。

分析人员在分析前如发现样品异常或对样品有任何疑问时，应立即查找原因，待符合分析要求后，再进行分析。

对要求在特定环境下保存的样品，分析人员应严格控制环境条件，按要求进行保存，保证样品在存放过程中不变质、不损坏。若发现样品在保存过程中出现异常情况，应及时向质量负责人汇报，查明原因及时采取措施。

4.5 样品的分析

分析人员按检测任务分工安排，严格按照方案中规定的方法标准/规范分析样品，及时填写分析原始记录、测试环境监控记录、仪器使用记录等相关记录并签字。

4.6 样品的处置

除特殊情况需留存的样品外，检测后的余样应送污水处理站进行处理。

5 相关程序文件

《异常情况处理程序》

6 相关记录表格

《废（污）水采样原始记录表》

《废气检测原始记录表》

《内部样品交接单》

《样品留存记录表》

《pH 分析原始记录表》

《颗粒物监测原始记录》

《烟气黑度测试记录表》

《现场监测质控审核记录》

《废水流量监测记录（流速仪法）》

附录 3-2　××××（单位名称）废（污）水采样原始记录表

（检）字【　　　】第　　　号　　　　　　　　共　　页，第　　页

采样时间	排污口编号	样品编号	水温/℃	pH	流量		监测项目	废（污）水表观描述	废（污）水主要来源	排放规律（以流速变化判断）
					m^3/h	m^3/d				
时　分										①连续稳定 ②连续不稳定 ③间断稳定 ④间断不稳定
时　分										
时　分										
时　分										
时　分										
时　分										
时　分										
时　分										
时　分										

治理设施运行情况	治理设施类型及名称						新鲜用水量/（t/d）	
	处理量/（t/d）	设计		建设日期		COD 设计去除率		回用水量/（t/d）
		实际		处理规律		氨氮设计去除率		生产负荷
	主要原料			主要产品				

备注：表观描述应包括颜色、气味、悬浮物含量情况等信息。回用水量不含设施循环水部分

检测人员：　　　　校对：　　　　审核：　　　　检测日期：　　年　　月　　日

附录 3-3 ××××（单位名称）内部样品交接单

（检）字【　　　　】第　　　号　　　　　　　　　　　　　　　　　　第　　页，共　　页

送样人		采样时间		接样人		接样时间	
样品名称及编号	样品类型	样品表观	样品数量	监测项目		质保措施	分析人员签字
备注	平行样品分析项目及编号： 加标样品分析项目及编号：						

填写人员：　　　　　　校对：　　　　　　审核：　　　　　　日期：　年　　月　　日

附录 3-4　重量法分析原始记录表

×环（监）【　　　　】第　　　　号　　　　　　　　　　　　第　　页，共　　页

分析项目		仪器名称型号		方法名称		送样日期		环境条件	室温/℃	
		仪器编号		方法依据		分析日期			湿度/%	

烘干/灼烧温度/℃		烘干/灼烧时间/h		恒重温度/℃		恒重时间/h	

样品名称及编号	器皿编号	取样量（ ）	初重/g			终重/g			样重/g	计算结果（ ）	报出结果（ ）	备注
			W_1	W_2	$W_{均}$	W_1	W_2	$W_{均}$	ΔW			

分析：　　　　　　　校对：　　　　　　　审核：　　　　　　　报告日期：　　年　　月　　日

附录 3-5 原子吸收分光光度法原始记录表

×环（检）字【　　　】第　　　号　　　　　　　　　　第　页，共　页

<table>
<tr><td>测定项目</td><td></td><td>方法名称</td><td colspan="2"></td><td>送样日期</td><td></td><td rowspan="2">环境条件</td><td>温度/℃</td><td></td></tr>
<tr><td>仪器名称、型号</td><td></td><td>方法依据</td><td colspan="2"></td><td>分析日期</td><td></td><td>湿度/%</td><td></td></tr>
<tr><td>仪器编号</td><td></td><td>波长/nm</td><td></td><td>狭缝/nm</td><td></td><td>灯电流/mA</td><td></td><td>火焰条件</td><td></td></tr>
<tr><td rowspan="4">标准曲线</td><td>浓度系列/（mg/L）</td><td></td><td></td><td></td><td></td><td></td><td></td><td></td><td></td></tr>
<tr><td>吸光度（A_i）</td><td></td><td></td><td></td><td></td><td></td><td></td><td></td><td></td></tr>
<tr><td>$A_i-A_{0均值}$</td><td colspan="2">$A_{0均值}$=</td><td></td><td></td><td></td><td></td><td></td><td></td></tr>
<tr><td>回归方程</td><td colspan="8">r=　　a=　　b=　　$y=bx+a$</td></tr>
<tr><td>样品前处理</td><td colspan="9"></td></tr>
</table>

样品名称及编号	稀释方法	取样体积/mL	查曲线值/（mg/L）	计算结果/（mg/L）	报出结果/（mg/L）	备注

分析：　　　　校对：　　　　审核：　　　　报告日期：　年　月　日

附录 3-6 容量法原始记录表

（检）字【　　】第　　号　　　　　　　　　　第　　页，共　　页

分析项目		接样时间		分析时间	
分析方法			方法依据		
标液名称		标液浓度		滴定管规格及编号	
样品前处理情况：					

样品名称及编号	稀释方法	取样量/mL	消耗标准溶液体积/mL	计算结果/（mg/L）	报出结果/（mg/L）	备注

分析：　　　　　校对：　　　　　审核：　　　　　报告日期：　　年　　月　　日

附录 3-7　pH 分析原始记录表

（检）字【　　　】第　　　　号　　　　　　　　　　　　　　　　　第　　页，共　　页

采样日期		分析日期	
分析方法		仪器名称型号	
方法依据		仪器编号	

标准缓冲溶液温度/℃		标准缓冲溶液定位值 I		标准缓冲溶液定位值 II		标准缓冲溶液定位值 III	

样品名称及编号	水温/℃	pH	备注

分析：　　　　　　　校对：　　　　　审核：　　　　　　报告日期：　　年　　月　　日

附录 3-8 标准溶液配制及标定记录表

环（检）字【　　　】第　　　号　　　　　　　　　　　　　　第　　页，共　　页

基准试剂恒重					
	基准试剂		恒重日期	年　月　日	
	烘箱名称型号		烘箱编号		
	天平名称型号		天平编号		
	干燥次数	第一次	第二次	第三次	第四次
	干燥温度/℃				
	干燥时间/h				
	总量/g				

基准溶液配制					
	基准试剂		配制日期	年　月　日	
	样品编号	1#	2#	3#	4#
	$W_{始}$/g				
	$W_{末}$/g				
	$W_{净}$/g				
	定容体积 $V_{定}$/mL				
	配制浓度 $C_{基}$/（mol/L）				

标准溶液标定							
	待标溶液		滴定管规格及编号		标定日期		
	标定编号	空白 1	空白 2	1#	2#	3#	4#
	基准溶液体积 $V_{基}$/mL						
	标准溶液消耗体积 $V_{标}$/mL						
	计算浓度 $C_{标}$/（mol/L）						
	平均浓度 $C_{标}$/（mol/L）						
	相对偏差/%						

基准溶液浓度计算：

$$C_{基}（mol/L）= 1\,000 \times W_{净}/M/V_{定}$$

注：M——基准试剂摩尔质量

标准溶液浓度计算：

$$C_{标}（mol/L）= C_{基} \times V_{基}/V_{标}$$

或

$$C_{标}（mol/L）= 1\,000 \times W_{净}/M/V_{定}$$

备注：

分析：　　　　校对：　　　　审核：　　　　报告日期：　年　月　日

附录 3-9 作业指导书样例

（氮氧化物化学发光测试仪作业指导书）

1 概述

1.1 适用范围

本作业指导书适用于化学发光法测试仪测定固定源排气中氮氧化物。

1.2 方法依据

本方法依据《固定污染源排气中颗粒物测定与气态污染物采样方法》（GB/T 16157—1996）、《固定源废气监测技术规范》（HJ/T 397—2007）以及 USEPA Method 7E。

1.3 方法原理及操作概要

试样气体中的一氧化氮（NO）与臭氧（O_3）反应，变成二氧化氮（NO_2）。NO_2变为激发态（NO_2^*）后在进入基态时会放射光，这一现象就是化学发光。

$$NO + O_3 \rightarrow NO_2^* + O_2$$

$$NO_2^* \rightarrow NO_2 + h\nu$$

这一反应非常快且只有 NO 参与，几乎不受其他共存气体的影响。NO 为低浓度时，发光光量与浓度成正比。

2 测试仪器

便携式氮氧化物化学发光法测试仪。

3 测试步骤

3.1 接通电源开关，让测试仪预热。

3.2 设置当次测试的日期及时间。

3.3　预热结束后，将量程设置为实际使用的量程，并进行校正。

从菜单中选择“校正”。进入校正画面后，自动切换成 NO 管路（不通过 NO_x 转换器的管路）。

3.3.1　量程气体浓度设置

1）按下后，设置量程气体浓度。

2）根据所使用的量程气体，变更浓度设置。

3）设置量程气体钢瓶的浓度，按下“enter”。

4）按下“back”键，决定变更内容后，返回到校正画面。

3.3.2　零点校正（校正时请先执行零点校正）

1）选择校正管路。进行零点校正的组分在校正类别中选择“zero”。

2）流入 N_2 气体后，等待稳定。

3）指示值稳定后按下。

4）按下“是”进行校正。完成零点校正。

3.3.3　量程校正

1）首先，为了进行 NO 的量程校正，NO 以外选择“—”，只有 NO 选择“span”。

2）校正类别中选择“span”的组分会显示窗口，用于确认校正量程和量程气体浓度。确认内容后，按下“OK”返回到校正画面。

3）流入 CO 气体后，等待稳定。

4）指示值稳定后按下。

5）按下“是”进行校正。

3.4　完成所有的校正后，按下返回到菜单画面、测量画面。

3.5　从测量画面按下每个组分的量程按钮，按组分设置测量浓度的量程。每个组分的测量值/换算值/滑动平均值/累计值量程及校正量程是通用的。变更任何一个值的量程，其他值的量程也会跟着变更。模拟输出的满刻度值也会同时变更。

3.5.1　选择想要变更的组分的量程。

3.5.2　选择想要变更的量程，按下“OK”决定。

3.6 测试过程数据记录保存

3.6.1 将有足够剩余空间且未 LOCK 的 SD 卡插入分析仪正面的 SD 卡插槽中。

3.6.2 从菜单 2/5 中选择“数据记录”。

3.6.3 选择“记录间隔”。

3.6.4 按下前进、后退键选择记录间隔，再按下“OK”决定。

3.6.5 选择保存文件夹。

3.6.6 选择保存文件夹后，按下。

3.6.7 确认开始记录时，按下“是”开始。

如果开始记录，记录状态就会从记录停止中变为记录中，同时 MEM LED 会亮黄灯。

3.6.8 停止记录时，请再次按下。确认停止记录时，按下“是”停止记录。

3.6.9 记录状态会再次从记录中变为记录停止中，同时 MEM LED 会熄灭。

4 测试结束

4.1 通过采样探头等吸入大气至读数降回到零点附近。

4.2 从菜单中选择测量结束。

4.3 按下“是”结束处理。

4.4 完成测量结束处理，显示关闭电源的信息后，请关闭电源开关。

附录 4

自行监测相关标准规范

附表 4-1 污染物排放标准

序号	排放标准名称及编号
1	《电镀污染物排放标准》（GB 21900—2008）
2	《污水综合排放标准》（GB 8978—1996）
3	《污水排入城镇下水道水质标准》（GB/T 31962—2015）
4	《锅炉大气污染物排放标准》（GB 13271—2014）
5	《火电厂大气污染物排放标准》（GB 13223—2011）
6	《大气污染物综合排放标准》（GB 16297—1996）
7	《恶臭污染物排放标准》（GB 14554—1993）
8	《危险废物焚烧污染控制标准》（GB 18484—2001）

注：标准统计截至 2020 年 12 月。

附表 4-2 相关监测技术规范标准

分类	标准号	标准名称
废气监测技术规范类	GB/T 16157—1996	《固定污染源排气中颗粒物测定与气态污染物采样方法》
	HJ/T 55—2000	《大气污染物无组织排放监测技术导则》
	HJ 75—2017	《固定污染源烟气（SO_2、NO_x、颗粒物）排放连续监测技术规范》
	HJ 76—2017	《固定污染源烟气（SO_2、NO_x、颗粒物）排放连续监测系统技术要求及检测方法》
	HJ/T 397—2007	《固定源废气监测技术规范》
	HJ 733—2014	《泄漏和敞开液面排放的挥发性有机物检测技术导则》
	HJ 905—2017	《恶臭污染环境监测技术规范》
废水监测技术规范类	HJ 91.1—2019	《污水监测技术规范》
	HJ/T 91—2002	《地表水和污水监测技术规范》
	HJ/T 92—2002	《水污染物排放总量监测技术规范》
	HJ 353—2019	《水污染源在线监测系统（COD_{Cr}、NH_3-N 等）安装技术规范》
	HJ 354—2019	《水污染源在线监测系统（COD_{Cr}、NH_3-N 等）验收技术规范》

分类	标准号	标准名称
废水监测技术规范类	HJ 355—2019	《水污染源在线监测系统（COD_{Cr}、NH_3-N 等）运行技术规范》
	HJ 356—2019	《水污染源在线监测系统（COD_{Cr}、NH_3-N 等）数据有效性判别技术规范》
	HJ 493—2009	《水质　样品的保存和管理技术规定》
	HJ 494—2009	《水质　采样技术指导》
	HJ 495—2009	《水质　采样方案设计技术规定》
	HJ 377—2019	《化学需氧量（COD_{Cr}）水质在线自动监测仪技术要求及检测方法》
	HJ 101—2019	《氨氮水质在线自动监测仪技术要求及检测方法》
	HJ 609—2019	《六价铬水质自动在线监测仪技术要求及检测方法》
	HJ/T 102—2003	《总氮水质自动分析仪技术要求》
	HJ/T 103—2003	《总磷水质自动分析仪技术要求》
	HJ/T 104—2003	《总有机碳（TOC）水质自动分析仪技术要求》
	HJ 798—2016	《总铬水质自动在线监测仪技术要求及检测方法》
	HJ 212—2017	《污染物在线监控（监测）系统数据传输标准》
	HJ 477—2009	《污染源在线自动监控（监测）数据采集传输仪技术要求》
	HJ/T 15—2007	《环境保护产品技术要求　超声波明渠污水流量计》
噪声监测技术规范类	GB 12348—2008	《工业企业厂界环境噪声排放标准》
	HJ 706—2014	《环境噪声监测技术规范噪声测量值修正》
其他技术规范类	HJ/T 166—2004	《土壤环境监测技术规范》
	HJ/T 164—2004	《地下水环境监测技术规范》
	HJ 194—2017	《环境空气质量手工监测技术规范》
	HJ 442—2008	《近岸海域环境监测规范》
	GB 3838—2002	《地表水环境质量标准》
	GB 3097—1997	《海水水质标准》
	GB/T 14848—2017	《地下水质量标准》
	GB 15618—2018	《土壤环境质量　农用地土壤污染风险管控标准（试行）》
	GB 36600—2018	《土壤环境质量　建设用地土壤污染风险管控标准（试行）》
	HJ 2.1—2016	《环境影响评价技术导则　总纲》
	HJ 2.3—2018	《环境影响评价技术导则　地表水环境》
	HJ 610—2016	《环境影响评价技术导则　地下水环境》
	HJ 819—2017	《排污单位自行监测技术指南　总则》
	HJ 820—2017	《排污单位自行监测技术指南　火力发电及锅炉》
	HJ 855—2017	《排污许可证申请与核发技术规范　电镀工业》
	HJ 985—2018	《排污单位自行监测技术指南　电镀工业》
	HJ/T 373—2007	《固定污染源监测质量保证与质量控制技术规范（试行）》

注：标准统计截至 2020 年 12 月。

附表 4-3 废水污染物相关监测方法标准

序号	监测项目	分析方法
1	pH	《水质 pH 值的测定 电极法》（HJ 1147—2020）
2	pH	便携式 pH 计法《水和废水监测分析方法》(第四版)国家环保总局(2002)3.1.6.2
3	水温	《水质 水温的测定 温度计或颠倒温度计测定法》（GB 13195—1991）
4	色度	《水质 色度的测定》（GB 11903—1989）
5	悬浮物	《水质 悬浮物的测定 重量法》（GB 11901—1989）
6	硫化物	《水质 硫化物的测定 亚甲基蓝分光光度法》（GB/T 16489—1996）
7	硫化物	《水质 硫化物的测定 碘量法》（HJ/T 60—2000）
8	硫化物	《水质 硫化物的测定 直接显色分光光度法》（GB/T 17133—1997）
9	硫化物	《水质 硫化物的测定 流动注射-亚甲基蓝分光光度法》（HJ 824—2017）
10	硫化物	《水质 硫化物的测定 气相分子吸收光谱法》（HJ/T 200—2005）
11	化学需氧量	《水质 化学需氧量的测定 重铬酸盐法》（HJ 828—2017）
12	化学需氧量	《水质 化学需氧量的测定 快速消解分光光度法》（HJ/T 399—2007）
13	化学需氧量	《高氯废水 化学需氧量的测定 氯气校正法》（HJ/T 70—2001）
14	五日生化需氧量（BOD_5）	《水质 五日生化需氧量（BOD_5）的测定 稀释与接种法》（HJ 505—2009）
15	氨氮	《水质 氨氮的测定 蒸馏-中和滴定法》（HJ 537—2009）
16	氨氮	《水质 氨氮的测定 纳氏试剂分光光度法》（HJ 535—2009）
17	氨氮	《水质 氨氮的测定 水杨酸分光光度法》（HJ 536—2009）
18	氨氮	《水质 氨氮的测定 连续流动-水杨酸分光光度法》（HJ 665—2013）
19	氨氮	《水质 氨氮的测定 流动注射-水杨酸分光光度法》（HJ 666—2013）
20	氨氮	《水质 氨氮的测定 气相分子吸收光谱法》（HJ/T 195—2005）
21	总氮	《水质 总氮的测定 碱性过硫酸钾消解紫外分光光度法》（HJ 636—2012）
22	总氮	《水质 总氮的测定 连续流动-盐酸萘乙二胺分光光度法》（HJ 667—2013）
23	总氮	《水质 总氮的测定 流动注射-盐酸萘乙二胺分光光度法》（HJ 668—2013）
24	总氮	《水质 总氮的测定 气相分子吸收光谱法》（HJ/T 199—2005）
25	总磷	《水质 总磷的测定 钼酸铵分光光度法》（GB 11893—1989）
26	总磷	《水质 磷酸盐和总磷的测定 连续流动-钼酸铵分光光度法》（HJ 670—2013）
27	总磷	《水质 总磷的测定 流动注射-钼酸铵分光光度法》（HJ 671—2013）
28	氯离子	《水质 无机阴离子（F^-、Cl^-、NO_2^-、Br^-、NO_3^-、PO_4^{3-}、SO_3^{2-}、SO_4^{2-}）的测定 离子色谱法》（HJ 84—2016）
29	动植物油类	《水质 石油类和动植物油类的测定 红外分光光度法》（HJ 637—2018）
30	总铬	《水质 总铬的测定》（GB/T 7466—1987）
31	总铬	《水质 铬的测定 火焰原子吸收分光光度法》（HJ 757—2015）
32	六价铬	《水质 六价铬的测定 二苯碳酰二肼分光光度法》（GB/T 7467—1987）

注：标准统计截至 2020 年 12 月。

附表 4-4　废气污染物相关监测方法标准

序号	监测项目	分析方法名称及编号
1	二氧化硫	《固定污染源排气中二氧化硫的测定　碘量法》（HJ/T 56—2000）
2	二氧化硫	《固定污染源废气　二氧化硫的测定　定电位电解法》（HJ 57—2017）
3	二氧化硫	《固定污染源废气　二氧化硫的测定　非分散红外吸收法》（HJ 629—2011）
4	二氧化硫	《环境空气　二氧化硫的测定　甲醛吸收-副玫瑰苯胺分光光度法》（HJ 482—2009）
5	二氧化硫	《环境空气　二氧化硫的测定　四氯汞盐吸收-副玫瑰苯胺分光光度法》（HJ 483—2009）
6	氮氧化物	《固定污染源废气　氮氧化物的测定　非分散红外吸收法》（HJ 692—2014）
7	氮氧化物	《固定污染源废气　氮氧化物的测定　定电位电解法》（HJ 693—2014）
8	氮氧化物	《固定污染源排气中氮氧化物的测定　盐酸萘乙二胺分光光度法》（HJ/T 43—1999）
9	氮氧化物	《固定污染源排气中氮氧化物的测定　紫外分光光度法》（HJ/T 42—1999）
10	氮氧化物	《固定源排气　氮氧化物的测定　酸碱滴定法》（HJ 675—2013）
11	氮氧化物	《环境空气　氮氧化物（一氧化氮和二氧化氮）的测定　盐酸萘乙二胺分光光度法》（HJ 479—2009）
12	颗粒物	《固定污染源排气中颗粒物测定与气态污染物采样方法》（GB/T 16157—1996）
13	颗粒物	《固定污染源废气　低浓度颗粒物的测定　重量法》（HJ 836—2017）
14	颗粒物	《锅炉烟尘测试方法》（GB 5468—1991）
15	颗粒物	《环境空气　总悬浮颗粒物的测定　重量法》（GB/T 15432—1995）
16	苯	《工作场所空气有毒物质测定　芳香烃类化合物》（GBZ/T 160.42—2007）
17	苯	《环境空气　苯系物的测定　固体吸附/热脱附-气相色谱法》（HJ 583—2010）
18	苯	《固定污染源废气　挥发性有机物的测定　固相吸附-热脱附/气相色谱-质谱法》（HJ 734—2014）
19	苯	《环境空气　苯系物的测定　活性炭吸附/二硫化碳解吸-气相色谱法》（HJ 584—2010）
20	苯	《环境空气　挥发性有机物的测定　吸附管采样-热脱附/气相色谱-质谱法》（HJ 644—2013）
21	甲苯	《工作场所空气有毒物质测定　芳香烃类化合物》（GBZ/T 160.42—2007）
22	甲苯	《环境空气　苯系物的测定　固体吸附/热脱附-气相色谱法》（HJ 583—2010）
23	甲苯	《固定污染源废气　挥发性有机物的测定　固相吸附-热脱附/气相色谱-质谱法》（HJ 734—2014）
24	甲苯	《环境空气　活性炭吸附/二硫化碳解吸-气相色谱法》（HJ 584—2010）
25	甲苯	《环境空气　挥发性有机物的测定　吸附管采样-热脱附/气相色谱-质谱法》（HJ 644—2013）
26	二甲苯	《工作场所空气有毒物质测定　芳香烃类化合物》（GBZ/T 160.42—2007）
27	二甲苯	《环境空气　苯系物的测定　固体吸附/热脱附-气相色谱法》（HJ 583—2010）

序号	监测项目	分析方法名称及编号
28	二甲苯	《固定污染源废气　挥发性有机物的测定　固相吸附-热脱附/气相色谱-质谱法》（HJ 734—2014）
29	二甲苯	《环境空气　苯系物的测定　活性炭吸附/二硫化碳解吸-气相色谱法》（HJ 584—2010）
30	二甲苯	《环境空气　挥发性有机物的测定　吸附管采样-热脱附/气相色谱-质谱法》（HJ 644—2013）
31	非甲烷总烃	《固定污染源废气　总烃、甲烷和非甲烷总烃的测定　气相色谱法》（HJ 38—2017）
32	非甲烷总烃	《环境空气　总烃、甲烷和非甲烷总烃的测定　直接进样-气相色谱法》（HJ 604—2017）
33	氨	《环境空气　氨的测定　次氯酸钠-水杨酸分光光度法》（HJ 534—2009）
34	氨	《空气和废气　氨的测定　纳氏试剂分光光度法》（HJ 533—2009）
35	氨	《空气质量　氨的测定　离子选择电极法》（GB/T 14669—1993）
36	硫化氢	《空气质量　硫化氢、甲硫醇、甲硫醚和二甲二硫的测定　气相色谱法》（GB/T 14678—1993）
37	硫化氢	《固定污染源排气中颗粒物测定与气态污染物采样方法》（GB/T 16157—1996）
38	臭气浓度	《空气质量　恶臭的测定　三点比较式臭袋法》（GB/T 14675—1993）
39	其他	《大气污染物综合排放标准》（GB 16297—1996）

注：标准统计截至 2020 年 12 月。

附表 4-5　危险废物相关监测方法标准

序号	分析方法名称及编号
1	《固体废物鉴别标准　通则》（GB 34330—2017）
2	《危险废物鉴别技术规范》（HJ/T 298－2007）
3	《危险废物鉴别标准　通则》（GB 5085.7—2007）
4	《危险废物鉴别标准　毒性物质含量鉴别》（GB 5085.6—2007）
5	《危险废物鉴别标准　反应性鉴别》（GB 5085.5—2007）
6	《危险废物鉴别标准　易燃性鉴别》（GB 5085.4—2007）
7	《危险废物鉴别标准　浸出毒性鉴别》（GB 5085.3—2007）
8	《危险废物鉴别标准　急性毒性初筛》（GB 5085.2—2007）
9	《危险废物鉴别标准　腐蚀性鉴别》（GB 5085.1—2007）

注：标准统计截至 2020 年 12 月。

附表 4-6　固体废物相关监测方法标准

序号	分析方法名称及编号
1	《固体废物　多氯联苯的测定　气相色谱-质谱法》（HJ 891—2017）
2	《固体废物　多环芳烃的测定　高效液相色谱法》（HJ 892—2017）
3	《固体废物　丙烯醛、丙烯腈、乙腈的测定　顶空-气相色谱法》（HJ 874—2017）
4	《固体废物　铅和镉的测定　石墨炉原子吸收分光光度法》（HJ 787—2016）
5	《固体废物　铅、锌和镉的测定　火焰原子吸收分光光度法》（HJ 786—2016）
6	《固体废物　有机物的提取　加压流体萃取法》（HJ 782—2016）
7	《固体废物　22 种金属元素的测定　电感耦合等离子体发射光谱法》（HJ 781—2016）
8	《固体废物　钡的测定　石墨炉原子吸收分光光度法》（HJ 767—2015）
9	《固体废物　金属元素的测定　电感耦合等离子体质谱法》（HJ 766—2015）
10	《固体废物　有机物的提取　微波萃取法》（HJ 765—2015）
11	《固体废物　有机质的测定　灼烧减量法》（HJ 761—2015）
12	《固体废物　挥发性有机物的测定　顶空-气相色谱法》（HJ 760—2015）
13	《固体废物　铍 镍 铜和钼的测定　石墨炉原子吸收分光光度法》（HJ 752—2015）
14	《固体废物　镍和铜的测定　火焰原子吸收分光光度法》（HJ 751—2015）
15	《固体废物　总铬的测定　石墨炉原子吸收分光光度法》（HJ 750—2015）
16	《固体废物　总铬的测定　火焰原子吸收分光光度法》（HJ 749—2015）
17	《固体废物　挥发性卤代烃的测定　顶空/气相色谱-质谱法》（HJ 714—2014）
18	《固体废物　挥发性卤代烃的测定　吹扫捕集/气相色谱-质谱法》（HJ 713—2014）
19	《固体废物　总磷的测定　偏钼酸铵分光光度法》（HJ 712—2014）
20	《固体废物　酚类化合物的测定　气相色谱法》（HJ 711—2014）
21	《固体废物　汞、砷、硒、铋、锑的测定　微波消解/原子荧光法》（HJ 702—2014）
22	《固体废物　六价铬的测定　碱消解/火焰原子吸收分光光度法》（HJ 687—2014）
23	《固体废物　挥发性有机物的测定　顶空/气相色谱-质谱法》（HJ 643—2013）
24	《固体废物　浸出毒性浸出方法 水平振荡法》（HJ 557—2010）
25	《固体废物　二噁英类的测定　同位素稀释高分辨气相色谱-高分辨质谱法》（HJ 77.3—2008）
26	《危险废物（含医疗废物）焚烧处置设施二噁英排放监测技术规范》（HJ/T 365—2007）

序号	分析方法名称及编号
27	《固体废物　浸出毒性浸出方法　醋酸缓冲溶液法》（HJ/T 300—2007）
28	《固体废物　浸出毒性浸出方法　硫酸硝酸法》（HJ/T 299—2007）
29	《固体废物　浸出毒性浸出方法　翻转法》（GB 5086.1—1997）
30	《固体废物　总铬的测定　硫酸亚铁铵滴定法》（GB/T 15555.8—1995）
31	《固体废物　六价铬的测定　硫酸亚铁铵滴定法》（GB/T 15555.7—1995）
32	《固体废物　总铬的测定　直接吸入火焰原子吸收分光光度法》（GB/T 15555.6—1995）
33	《固体废物　六价铬的测定　二苯碳酰二肼分光光度法》（GB/T 15555.4—1995）
34	《固体废物　砷的测定　二乙基二硫代氨基甲酸银分光光度法》（GB/T 15555.3—1995）
35	《固体废物　铜、锌、铅、镉的测定　原子吸收分光光度法》（GB/T 15555.2—1995）
36	《固体废物　总汞的测定　冷原子吸收分光光度法》（GB/T 15555.1—1995）
37	《固体废物　镍的测定　丁二酮肟分光光度法》（GB/T 15555.10—1995）
38	《固体废物　氟化物的测定　离子选择性电极法》（GB/T 15555.11—1995）
39	《固体废物　腐蚀性测定　玻璃电极法》（GB/T 15555.12—1995）
40	《固体废物　镍的测定　直接吸入火焰原子吸收分光光度法》（GB/T 15555.9—1995）
41	《固体废物　总铬的测定　二苯碳酰二肼分光光度法》（GB/T 15555.5—1995）

注：标准统计截至 2020 年 12 月。

附录 5

自行监测方案参考模板

××××公司
自行监测方案

企业名称：<u>×××　公司</u>

编制时间：<u>××××年××月</u>

一、企业概况

（一）基本情况

××××有限公司位于××××，全厂共建设两期工程：××××，分别于××××年和××××年建成投产。根据《排污单位自行监测技术指南　总则》（HJ 819—2017）及《排污单位自行监测指南　电镀工业》（HJ 985—2018）要求，公司根据实际生产情况，查清本单位的污染源、污染物指标及潜在的环境影响，制定了本公司环境的自行监测方案。

（二）排污情况

本厂生产工艺为××××。

废气、废水、噪声源与治理措施描述。

二、企业自行监测开展情况说明

公司自行监测手段采用手工监测+自动监测相结合，开展自动监测的项目有××××，其他未开展自动监测的项目均采用手工监测。

公司自动监测项目委托××××有限公司实现24 h运维。

手工监测项目××××，委托有CMA资质的××××有限公司进行委外检测。

三、监测方案

1．废气

废气自动监测参照HJ/T 75、HJ/T 76执行。废气手工采样方法的选择参照GB/T 16157、HJ/T 397执行，单次监测中，气态污染物采样，应可获得小时均值浓度。无组织排放采样方法参照HJ/T 55执行。

1.1 废气有组织监测方案

1.1.1 废气有组织监测点位、监测项目及监测频次

按照《固定源废气监测技术规范》（HJ/T 397—2007）及《固定污染源排气中颗粒物测定与气态污染物采样方法》（GB/T 16157—1996）布设监测点。气态污染物在各废气排气管垂直烟道断面中心点附近设一个采样点。

附表 5-1 废气有组织监测内容

厂房	废气类型	编号	高度/m	断面及尺寸/m		监测因子	监测频次
×	酸性废气	×	×	进口	×	氯化氢、硫酸雾、氮氧化物、甲醛、废气参数	×次/天，连续×天
			×	出口	×		
	碱性废气	×	×	出口	×	氨、氯化氢、硫酸雾、废气参数	
	酸性废气	×	×	出口	×	氯化氢、硫酸雾、氮氧化物、甲醛、废气参数	
×	碱性废气	×	×	进口	×	氨、废气参数	×次/天，连续×天
		×	×	出口	×	氨、氯化氢、硫酸雾、废气参数	
	有机废气	×	×	出口	×	苯、甲苯、二甲苯、非甲烷总烃、废气参数	
	酸性废气	×	×	出口	×	氯化氢、硫酸雾、锡及其化合物、氮氧化物、甲醛、废气参数	
	含氰废气	×	×	出口	×	氰化氢、氯化氢、硫酸雾、废气参数	
	有机废气	×	×	出口	×	苯、甲苯、二甲苯、非甲烷总烃、废气参数	
	含氰废气	×	×	出口	×	氰化氢、氯化氢、硫酸雾、废气参数	
	含尘废气	×	×	出口	×	颗粒物、废气参数	
×	酸性废气	×	×	出口	×	氯化氢、硫酸雾、氮氧化物、甲醛、废气参数	
	酸性废气	×	×	出口	×	氯化氢、硫酸雾、氮氧化物、甲醛、废气参数	
	有机废气	×	×	出口	×	苯、甲苯、二甲苯、非甲烷总烃、废气参数	
	酸性废气	×	×	出口	×	氯化氢、硫酸雾、氮氧化物、甲醛、废气参数	
	酸性废气	×	×	进口	×	氯化氢、硫酸雾、氮氧化物、甲醛、废气参数	
		×	×	出口	×		
	有机废气	×	×	进口	×	非甲烷总烃、废气参数	
		×	×	出口	×	苯、甲苯、二甲苯、非甲烷总烃、废气参数	
	含尘废气	×	×	出口	×	颗粒物、废气参数	
×	酸性废气	×	×	出口	×	氯化氢、硫酸雾、氮氧化物、甲醛、废气参数	
	有机废气	×	×	出口	×	苯、甲苯、二甲苯、非甲烷总烃、废气参数	
	酸性废气	×	×	进口	×	氯化氢、硫酸雾、废气参数	
		×	×	出口	×	氯化氢、硫酸雾、废气参数	
	酸性废气	×	×	出口	×	氯化氢、硫酸雾、氮氧化物、甲醛、废气参数	
	有机废气	×	×	出口	×	苯、甲苯、二甲苯、非甲烷总烃、废气参数	
	酸性废气	×	×	出口	×	氯化氢、硫酸雾、废气参数	
	含尘废气	×	×	出口	×	颗粒物、废气参数	

1.1.2　废气有组织排放监测分析方法

①手工监测主要依据《固定污染源排气中颗粒物测定与气态污染物采样方法》（GB/T 16157—1996）、《固定源废气监测技术规范》（HJ/T 397—2007）附录 A 或 GB 21900—2008 表 7。

②各监测项目具体分析监测分析方法见附表 5-2。

附表 5-2　废气有组织排放监测分析方法

序号	监测项目	监测方法	备注
1	氯化氢	《固定污染源排气中氯化氢的测定　硫氰酸汞分光光度法》（HJ/T 27—1999）	手动
2	氮氧化物	《固定污染源排气中氮氧化物的测定　紫外分光光度法》（HJ/T 42—1999）	手动
3	硫酸雾	《固定污染源废气　硫酸雾的测定　离子色谱法》（HJ 544—2016）附录 D	手动
4	氟化物	《大气固定污染源　氟化物的测定　离子选择电极法》（HJ/T 67—2001）	手动
5	铬酸雾	《固定污染源排气中铬酸雾的测定　二苯基碳酰二肼分光光度法》（HJ/T 29—1999）	手动
6	氰化氢	《固定污染源排气中氰化氢的测定　异烟酸-吡唑啉酮分光光度法》（HJ/T 28—1999）	手动
7	……	……	……

1.1.3　废气有组织排放监测结果评价标准

有组织排放监测结果排放限值按照《电镀污染物排放标准》（GB 21900—2008）（表 4 或表 5）、《大气污染物排放限值》（DB 44/27—2001）第×时段×级限值严者要求、《恶臭污染物排放标准》（GB 14554—1993）要求，见附表 5-3。

附表 5-3 废气有组织排放监测结果评价标准

<table>
<tr><th>废气类型</th><th>序号</th><th>监测项目</th><th>执行排放限值</th><th>执行排放标准</th></tr>
<tr><td rowspan="7">酸性废气</td><td>1</td><td>氯化氢</td><td>×××mg/m^3</td><td rowspan="7">《电镀污染物排放标准》（GB 21900—2008）表 4 或表 5</td></tr>
<tr><td>2</td><td>氮氧化物</td><td>×××mg/m^3</td></tr>
<tr><td>3</td><td>硫酸雾</td><td>×××mg/m^3</td></tr>
<tr><td>4</td><td>氟化物</td><td>×××mg/m^3</td></tr>
<tr><td>5</td><td>铬酸雾</td><td>×××mg/m^3</td></tr>
<tr><td>6</td><td>氰化氢</td><td>×××mg/m^3</td></tr>
<tr><td>……</td><td>……</td><td>……</td></tr>
<tr><td rowspan="2">有机废气</td><td>1</td><td>苯</td><td>×××mg/m^3</td><td rowspan="2">《大气污染物排放限值》（DB 44/27—2001）第×时段×级限值</td></tr>
<tr><td>……</td><td>……</td><td>……</td></tr>
<tr><td rowspan="2">碱性废气</td><td>1</td><td>氨</td><td>×××mg/m^3</td><td rowspan="2">《恶臭污染物排放标准》（GB 14554—1993）表 2</td></tr>
<tr><td>……</td><td>……</td><td>……</td></tr>
<tr><td>……</td><td>……</td><td>……</td><td>……</td><td>……</td></tr>
</table>

1.2 废气无组织排放监测方案

1.2.1 废气无组织监测点位、监测项目及最低监测频次

无组织排放监测点位布设按照《恶臭污染物排放标准》（GB 14554—1993）及 HJ/T 55—2000 执行，根据监测期间气象条件，分别在厂区和废水处理站上风向布设×个参照点、下风向布设×个监控点，监测内容见附表 5-4，监测点位见附图 5-1。

附表 5-4 废气无组织监测内容

<table>
<tr><th colspan="2">监测点位</th><th>测点编号</th><th>监测因子</th><th>监测频次</th></tr>
<tr><td rowspan="2">厂界</td><td>上风向厂界外对照点</td><td>×</td><td rowspan="2">硫酸雾、氯化氢、氰化氢、非甲烷总烃、苯、甲苯、二甲苯、甲醛、气象参数（风向、风速、气温、气压）……</td><td rowspan="4">×次/天，连续×天</td></tr>
<tr><td>下风向厂界外监控点</td><td>×</td></tr>
<tr><td rowspan="2">废水处理站</td><td>上风向参照点</td><td>×</td><td rowspan="2">氨、臭气浓度、气象参数……</td></tr>
<tr><td>下风向监控点</td><td>×</td></tr>
</table>

1.2.2 废气无组织排放监测方法

无组织废物的监测方法按照 GB 21900—2008 执行，监测项目具体监测分析方法见附表 5-5。

附表 5-5 废气无组织排放监测方法

序号	监测项目	监测方法
1	氯化氢	《固定污染源排气中氯化氢的测定 硫氰酸汞分光光度法》（HJ/T 27—1999）
2	氮氧化物	《固定污染源排气中氮氧化物的测定 紫外分光光度法》（HJ/T 42—1999）
3	硫酸雾	《固定污染源废气 硫酸雾的测定 离子色谱法》（HJ 544—2016）附录 D
4	氟化物	《大气固定污染源 氟化物的测定 离子选择电极法》（HJ/T 67—2001）
5	铬酸雾	《固定污染源排气中铬酸雾的测定 二苯基碳酰二肼分光光度法》（HJ/T 29—1999）
6	氰化氢	《固定污染源排气中氰化氢的测定 异烟酸-吡唑啉酮分光光度法》（HJ/T 28—1999）
……	……	……

1.2.3 废气无组织排放监测结果评价标准

按照《大气污染物综合排放标准》（GB 16297—1996）表 1 中二级标准要求进行评价，氨执行《恶臭污染物排放标准》（GB 14554—1993）表 2 标准，见附表 5-6。

附表 5-6 废气无组织排放监测结果评价标准

类别	序号	监测项目	执行标准限值	执行标准
废气无组织排放	1	氯化氢	0.25 mg/m^3	《大气污染物综合排放标准》（GB 16297—1996）表 1
	2	氮氧化物	0.15 mg/m^3	
	3	硫酸雾	1.5 mg/m^3	
	4	氟化物	20 mg/m^3	
	5	铬酸雾	0.007 5 mg/m^3	
	6	氰化氢	0.030 mg/m^3	
……	……	……	……	……

2 废水监测方案

2.1 废水监测点位、监测项目及监测频次

按照 HJ 985—2018 要求确定废水监测点位、监测项目及最低监测频次。废水手工采样方法的选择参照 HJ 494、HJ 495、HJ/T 91.1—2019 和 HJ/T 92 执行。

附表 5-7 废水监测内容

监测点位		编号	监测因子	监测频次
含氰废水	进口	×	总氰化物、流量	×次/天，连续×天
	出口	×	总氰化物、总铬、六价铬、总镉、总银、总铅、总汞、总镍、流量	
含镍废水	进口	×	总镍、流量	
	出口	×	总铬、六价铬、总镉、总银、总铅、总汞、总镍、流量	
含油墨/有机废水、综合废水	进口	×	化学需氧量、流量	
	出口	×	化学需氧量、总铬、六价铬、总镉、总银、总铅、总汞、总镍、流量	
综合调节池		×	化学需氧量、总铜	
生产废水排放口		×	pH、悬浮物、化学需氧量、五日生化需要量、氨氮、总磷、总氮、石油类、总氰化物、氰化物、总铜/铜、总锌/锌、总铁/铁、总铝、阴离子表面活性剂、氟化物、总铬、六价铬、总镉/镉、总银、总铅/铅、总汞/汞、总镍/镍、流量	
生活污水排放口		×	pH、悬浮物、化学需氧量、五日生化需要量、氨氮、总磷、动植物油、阴离子表面活性剂	
雨水排放口		×	pH、悬浮物、化学需氧量、石油类、总镍/镍、总铜/铜	有雨水时监测
……		……	……	……

2.2 废水污染物监测分析方法

废水自动监测参照 HJ/T 353、HJ/T 354、HJ/T 355 执行。依据《污水监测技术规范》（HJ 91.1—2019）开展废水污染物监测，废水污水物的测定按照相应排放标准中规定的污染物浓度测定方法标准执行，国家或地方另有规定的，从其规定。监测项目具体监测分析方法见附表 5-8。

附表 5-8 废水污染物监测分析方法

序号	编号	监测点位	监测项目	监测方法
1	×	生产废水排放口	总铬	GB 7466—1987
2			六价铬	GB 7467—1987
3			总镍	GB 11910—1989
4			总镉	GB 7475—1987
5			总银	GB 11907—1989
6			总铅	GB 7470—1987
7			总汞	GB 7468—1987
8			总铁	GB 11911—1989
9			pH	GB 6920—1986
10			化学需氧量	GB 11914—1989
11			总磷	GB 11894—1989
12			石油类	GB/T 16488—1996
……	……	……	……	……

2.3 废水污染物监测结果评价标准

废水污染物排放限制按照《电镀污染物排放标准》（GB 21900—2008）表 2 执行，地方另有地方标准的，从其规定。废水污染物排放评价标准见附表 5-9。

附表 5-9 废水污染物排放评价标准

排放口名称	监测项目	执行限值	执行标准
废水总排放口	pH		《电镀污染物排放标准》（GB 21900—2008）表 2
	化学需氧量		
	总氰化物		
	……		
……	……	……	……

3 厂界噪声监测方案

3.1 厂界噪声监测内容

厂界噪声监测点位位置具体要求按 GB 12348—2008 执行，监测项目及监测频次按照 HJ 819—2017 要求。按《工业企业厂界环境噪声排放标准》（GB 12348—2008）

5.3 节测点布设要求，厂界布 5 个测点，监测厂界噪声达标情况，监测因子为连续等效 A 声级，监测频次为每天昼夜各监测一次，连续监测 2 天，监测点位见附图 5-1。

附表 5-10 厂界噪声监测点位、监测项目及监测频次

类型	监测项目	监测点位	监测频次	监测方式
厂界噪声	L_{eqA}	厂东界外 1 m	季，昼、夜各一次	手工监测
	L_{eqA}	厂西界外 1 m	季，昼、夜各一次	手工监测
	L_{eqA}	厂南界外 1 m	季，昼、夜各一次	手工监测
	L_{eqA}	厂北界外 1 m	季，昼、夜各一次	手工监测
……	……	……	……	……

3.2 厂界噪声监测方法

附表 5-11 厂界噪声监测方法

监测项目	监测方法	备注
厂界噪声 L_{eqA}	《工业企业厂界环境噪声排放标准》（GB 12348—2008）	厂界噪声分白天（6：00—22：00）、昼夜（22：00—06：00）各测一次

3.3 厂界噪声评价标准

厂界东、西、北侧噪声执行《工业企业厂界环境噪声排放标准》（GB 12348—2008）中×类标准，昼间×dB（A），夜间×dB（A），厂界南侧为交通干道，南侧噪声执行《工业企业厂界环境噪声排放标准》（GB 12348—2008）×类标准，昼间×dB（A），夜间×dB（A）。厂界噪声评价标准见附表 5-12。

附表 5-12 厂界噪声评价标准

监测点位	监测项目	执行限值	执行标准
厂东界外 1 m	L_{eqA}	昼间×dB（A），夜间×dB（A）	《工业企业厂界环境噪声排放标准》（GB 12348—2008）×类
厂西界外 1 m	L_{eqA}	昼间×dB（A），夜间×dB（A）	
厂南界外 1 m	L_{eqA}	昼间×dB（A），夜间×dB（A）	
厂北界外 1 m	L_{eqA}	昼间×dB（A），夜间×dB（A）	

四、监测点位及示意图

公司自行监测采用自动监测和手工监测相结合的技术手段。公司自行监测点位见附图 5-1。

××××有限公司生产区平面图

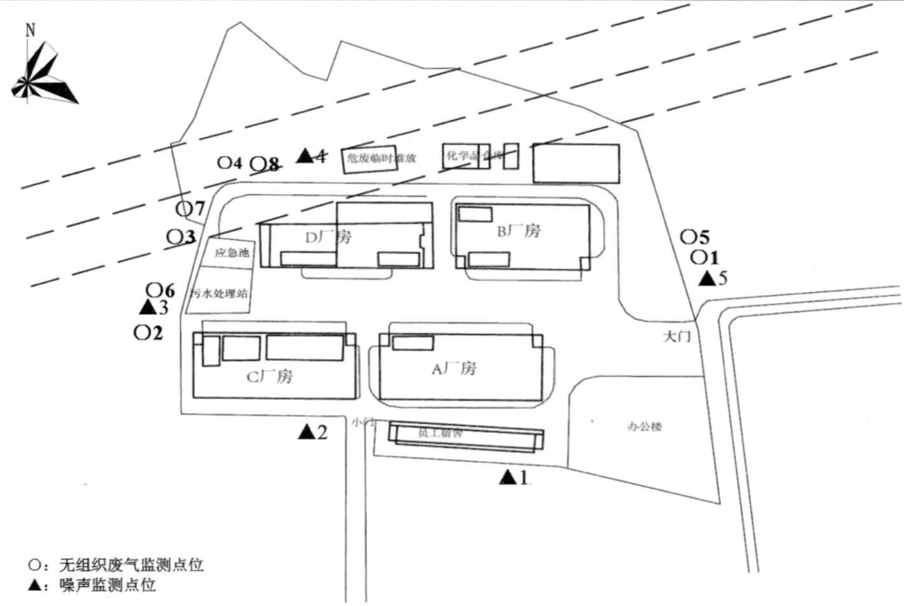

附图 5-1 监测点位示意

五、质量控制措施

主要从内部、外部对监测人员、实验室能力、监测技术规范、仪器设备、记录等质控管理提出适合本单位的质控管理措施。如：

××××公司自配有环境监测中心，中心实验室依据 CNAS-CL01：2006《检测和校准实验室能力认可准则》及化学检测领域应用说明建立质量管理体系，与所从事的环境监测活动类型、范围和工作量相适应，规范环境监测人、机、物、料、环、法的管理，满足认可体系共计25类质量和技术要素，实现了监测数据的“五性”目标。

监测中心制定《质量手册》《质量保证工作制度》《质量监督（员）管理制度》《检测结果质量控制程序》《检测数据控制与管理程序》《检测报告管理程序》，并依据管理制度每年制定年度实验室质量控制计划，得到有效实施。

质控分内部和外部两种形式，外部是每年组织参加由CNAS及CNAS承认的能力验证提供者（如原环保部标准物质研究所）组织的能力验证、测量审核，并对结果分析和有效性评价，得出仪器设备的性能状况和人员水平的结论。

内部质控使用有证标样、加标回收、平行双样和空白值测试等方式，定期对结果进行统计分析，形成质量分析报告。

（1）人员持证上岗

公司有×人参加了××××培训，并取得证书。委托运维的××××有限公司，具有××××资质证书，且运维人员持有××××合格证书。

（2）烟气自动监控系统（CEMS）

公司两台机组烟气测量表计均有××××认证和标志，烟气在线监测系统（CEMS）××××，满足国家计量标准要求。公司两台机组烟气监测实施自行监测，主要是对废气中的氮氧化物、烟尘、二氧化硫等进行实时监测，公司两台机组烟气排放安装实时的烟气在线连续监控系统（即CEMS系统），均与××××联网并实时连续上传相关环保数据。

（3）实验室能力认定

委托有资质的环境监测机构——××××公司开展手工监测项目。

（4）监测技术规范性

废气监测平台、监测断面和监测孔的设置均符合××××等的要求，同时按照××××对自动监测设备进行校准与维护。监测技术方法首先采用国家标准方法，在没有国标方法时，采用行业标准方法或环保部推荐方法。

（5）仪器要求

仪器设备档案必须齐全，且所有监测仪器、量具均经过质检部门检定合格并在有效期内使用。

（6）记录要求

自动监测设备应保存仪器校验记录。校验记录必须根据南京市环保局在线监测科要求，按照规范进行，记录内容需完整准确，各类原始记录内容应完整，不得随意涂改，并有相关人员签字。

手工监测记录必须提供原始采样记录，采样记录的内容须准确完整，至少 2 人共同采样和签字，不得随意涂改；采样必须按照《环境空气质量手工监测技术规范》（HJ/T 194—2005）、《固定源废气监测技术规范》（HJ/T 397—2007）和《固定污染源监测质量保证与质量控制技术规范》（HJ/T 373—2007）中的要求进行；样品交接记录内容需完整、规范。

（7）环境管理体系

公司成立环保技术监督领导小组，公司各相关专业负责人为工作小组成员，负责对公司环保设施运行、维护和技术改造的管理。环保设施与主设备同等管理，发电部负责生产与环保设施的安全、环保运行管理，技术支持部负责环保设施的维护和技改管理，确保公司环保设施正常达标运行。公司环保归口于××××部，负责公司环保管理工作，建立环保指标体系，对公司环保工作进行月度绩效考核管理，确保环保体系运行正常。

六、信息记录和报告

（一）信息记录

1．手工监测的记录

1.1 采样记录：采样日期、采样时间、采样点位、混合取样的样品数量、采样器名称、采样人姓名等。

1.2　样品保存和交接：样品保存方式、样品传输交接记录。

1.3　样品分析记录：分析日期、样品处理方式、分析方法、质控措施、分析结果、分析人姓名等。

1.4　质控记录：质控结果报告单。

2．监测和运维记录

手工监测和自动监测的记录均按照《排污单位自行监测技术指南　总则》执行。自动监测记录烟尘、二氧化硫、氮氧化物排放浓度及烟气量、氧含量等；手工监测记录由有资质的环境监测机构提供盖章件的检测结果。自动监测结果的电子版和手工监测结果纸质版环境管理台账均保存三年。

3．生产和污染治理设施运行状况记录

①按照燃煤发电机组记录每日的运行小时、用煤量、发电煤耗、实际发电量、实际供热量、负荷率等；

②每天记录煤质分析，包括收到基灰分、干燥无灰基挥发分、收到基全硫、低位发热量等；

③自动监测记录烟尘、二氧化硫、氮氧化物排放浓度，以及烟气量、氧含量等；

④及时记录废气治理设施（脱硝、除尘及脱硫）的运行、异常和故障情况，以及时向上级报备。

4．固体废物（危险废物）产生与处理状况

记录监测期间各类固体废物和危险废物的产生量、综合利用量、处置量、贮存量、倾倒丢弃量，危险废物记录其集体去向。

（二）信息报告

每年年底编写第二年的自行监测方案。自行监测方案包含以下内容：

监测方案的调整变化情况及变更原因；

企业及各主要生产设施（至少涵盖废气主要污染源相关生产设施）全年运行天数，各监测点、各监测指标全年监测次数、超标情况、浓度分布情况；

自行监测开展的其他情况说明；

实现达标排放所采取的主要措施。

（三）应急报告

①当监测结果出现超标，该公司对超标的项目增加监测频次，并检查超标原因。

②若短期内无法实现稳定达标排放的，公司应向×××区环境保护局提交事故分析报告，说明事故发生的原因，采取减轻或防止污染的措施，以及今后的预防及改进措施。

③若因发生事故或者其他突发事件，排放的污水可能危及城镇排水与污水处理设施安全运行的，应当立即采取措施消除危害，并及时向城镇排水主管部门和生态环境主管部门报备。

七、自行监测信息公布

（一）公布方式

自动监测和手工监测分别在××××和××××（网址：××××）进行信息公开。

（二）公布内容

基础信息，包括单位名称、组织机构代码、法定代表人、生产地址、联系方式，以及生产经营和管理服务的主要内容、产品及规模；

排污信息，包括主要污染物及特征污染物的名称、排放方式、排放口数量和分布情况、排放浓度和总量、超标情况，以及执行的污染物排放标准、核定的排放总量；

防治污染设施的建设和运行情况；

建设项目环境影响评价及其他环境保护行政许可情况；

公司自行监测方案；

未开展自行监测的原因；

自行监测年度报告；

突发环境事件应急预案。

（三）公布时限

①企业基础信息随监测数据一并公布，基础信息、自行监测方案一经审核备案，一年内不得更改；

②手工监测数据根据监测频次按时；

③自动监测数据实时公布，废气自动监测设备产生的数据为时均值；

④每年 1 月底前公布上年度自行监测年度报告。

参考文献

[1] 中华人民共和国国家环境保护保准. 排污单位自行监测技术指南 电镀工业：HJ 985—2018[S]. 北京：生态环境部，2018.

[2] 中华人民共和国环境保护部. 排污单位自行监测技术指南 电镀工业编制说明[R]. 北京，2018.

[3] 中华人民共和国国家环境保护保准. 排污许可证申请与核发技术规范 电镀工业：HJ 855—2017[S]. 北京：生态环境部，2017.

[4] 中华人民共和国国家保准. 电镀污染物排放标准：GB 21900—2008[S]. 北京：环境保护部，2008.

[5] 中华人民共和国国家环境保护保准. 电镀废水治理工程技术规范：HJ 2002—2010[S]. 北京：环境保护部，2010.

[6] 中华人民共和国国家环境保护保准. 排污单位自行监测技术指南 总则：HJ 819—2017[S]. 北京：环境保护部，2017.

[7] 张秀荣. 企业的环境责任研究[D]. 北京：中国地质大学，2006：21-26.

[8] 钱文涛. 中国大气固定源排污许可证制度设计研究[D]. 北京：中国人民大学，2014.

[9] 曲格平. 中国环境保护四十年回顾及思考（回顾篇）[J]. 环境保护，2013（10）：10-17.

[10] 王军霞，陈敏敏，穆合塔尔·古丽娜孜，等. 美国废水污染源自行监测制度及对我国的借鉴[J]. 环境监测管理与技术，2016，28（2）：1-5.

[11] 王军霞，陈敏敏，唐桂刚，等. 我国污染源监测制度改革探讨[J]. 环境保护，2014，42（21）：24-27.

[12] 王军霞，陈敏敏，唐桂刚，等. 污染源，监测与监管如何衔接——国际排污许可证制度及污染源监测管理八大经验[J]. 环境经济，2015（Z7）：24.

[13] 杨希刚. 火力发电行业开展排污单位自行监测关键问题探讨[J]. 中国环境监测，2019，35（4）：149-155.

[14] 王军霞，刘通浩，敬红，等. 支撑排污许可制度的固定源监测技术体系完善研究[J]. 中国环境监测，2021，37（2）：76-82.

[15] 王军霞，杨伟伟，刘通浩，等. 排污单位自行监测关键环节问题研究[J]. 环境影响评价，2019，41（1）：37-40.

[16] 尹卫萍. 关于化工园区开展自行监测的探讨[J]. 环境监控与预警，2018，10（05）：56-58.

[17] 朱龙基. 电镀清洁生产研究[D]. 山东大学，2007.

[18] BHAGAWAN D，POODARIS，POTHURAJUT，et al. Effect of operational parameters on heavy metal removal by electrocoagulation [J]. Environmental Science and Pollution Research，2014，21（24）：14166-14173.

[19] 黄启明，等. 电镀工业节能减排技术[M]. 北京：化学工业出版社，2010.

[20] 高小娟，李瑞玲，俞岚，等. 电镀工业园区的建设、运营及环境管理[J]. 电镀与环保，2019，39（04）：24-27.

[21] 田涛，李闯，高海龙. 江苏省电镀园区环境规范化管理研究[J]. 电镀与涂饰，2019，38（24）：1377-1382.

[22] 周荣忠，谢锦文，代振鹏，等. 电镀废水处理工程设计及运行[J]. 电镀与涂饰，2020，39（23）：1687-1693.

[23] 郭瑞，矫云阳，杨强威，等. 我国电镀行业危险废物环境管理对策[J]. 环境与可持续发展，2020，45（03）：112-115.

[24] 孙怡陶，候素霞，王茜茜，等. 河北省电镀制版厂土壤重金属污染特征及生态风险评价[J]. 电镀与涂饰，2020，39（06）：356-362.

[25] 毛鹍，陆森森，毛丽娜，等. 电镀工业排污许可管控探讨[J]. 环境保护与循环经济，2018，38（12）：83-85.

[26] 吕晓君，武春艳，张松安，等. 排污许可制改革对电镀行业的挑战与机遇探讨[J]. 电镀与涂饰，2017，36（23）：1288-1293.

[27] 王军霞，唐桂刚，赵春丽. 企业污染物排放自行监测方案设计研究——以造纸行业为例[J]. 环境保护，2016，44（23）：45-48.

[28] 张静，王华. 火电厂自行监测关键问题研究[J]. 环境监测管理与技术，2017，29（03）：5-7+17.

[29] 闻欣，张迪生，王军霞，等. 化学合成类制药工业污染排放自行监测方案设计要点[J]. 环境监测管理与技术，2018，30（05）：4-7.

[30] 刘亚军，张志峰. 排污单位自行监测检查中发现的典型问题及改进建议[J]. 环境监控与预警，2020，12（02）：63-66.

[31] 王军霞，敬红，陈敏敏，等. 排污许可制度证后监管技术体系研究[J]. 环境污染与防治，2019，41（08）：984-987.

[32] 邹海英，陈文韬，袁素芬，等. 排污许可制度实施的精细化管理探索[J]. 四川环境，2019，38（02）：129-133.

[33] 卢然，孙宁，贾杰林，等.《电镀污染物排放标准》（GB 21900—2008）执行中常见问题的探讨[J]. 电镀与涂饰，2018，37（09）：400-403.

[34] 中华人民共和国国家环境保护保准. 污水监测技术规范：HJ 91.1—2019[S]. 北京：生态环境部，2019.

[35] 中华人民共和国国家环境保护保准. 水污染源在线监测系统（COD_{Cr}、NH_3-N 等）运行技术规范：HJ 355—2019[S]. 北京：环境保护部，2019.

[36] 中华人民共和国国家环境保护保准. 环境空气质量手工监测技术规范：HJ 194—2017[S]. 北京：环境保护部，2017.

[37] 邬坚平，钱华. 上海市恶臭污染投诉的调查分析[J]. 海市环境科学，2003（增刊）：85-189.

[38] 王亘，耿静，冯本利，等. 天津市恶臭投诉现状与对策建议[J]. 环境科学与管理，2008，33（9）：49-52.

[39] 中华人民共和国国家保准. 工业企业厂界环境噪声排放标准：GB 12348—2008[S]. 北京：环境保护部，2008.

[40] 中华人民共和国国家保准. 声环境质量标准：GB 3096—2008[S]. 北京：环境保护部，2008.

[41] 中华人民共和国环境保护行业标准. 土壤环境监测技术规范：HJ/T 166—2004[S]. 北京：国家环境保护总局，2004.

[42] 中华人民共和国国家环境保护保准. 地下水环境监测技术规范：HJ/T 164—2020[S]. 北京：生态环境部，2020.

[43] 中国环境总站. 国家地表水环境质量监测网监测任务作业指导书（试行）[R]. 北京：2017.

[44] 环境保护部. 关于印发《国家监控企业污染源自动监测数据有效性审核办法》和《国家重点监控企业污染源自动监测设备监督考核规程》的通知[EB/OL].［2018-02-12］. http：//www.zhb.gov.cn/gkml/hbb/bwj/200910/t20091022_174629.htm.